转型期城市区域重大火灾风险认知、评估和防范

Risk Cognition, Assessment and Prevention Countermeasures for Urban Major Fire during the Socioeconomic Transition Period in China

张文辉 著

中国建筑工业出版社

图书在版编目(CIP)数据

转型期城市区域重大火灾风险认知、评估和防范/张文辉著.
北京：中国建筑工业出版社，2009
ISBN 978-7-112-10738-4

Ⅰ.转… Ⅱ.张… Ⅲ.城市-火灾-风险分析 Ⅳ.TU998.12

中国版本图书馆 CIP 数据核字(2009)第 013726 号

转型期城市区域重大火灾
风险认知、评估和防范
Risk Cognition, Assessment
and Prevention Countermeasures
for Urban Major Fire during the
Socioeconomic Transition Period in China

张文辉 著

*

中国建筑工业出版社出版、发行(北京西郊百万庄)
各地新华书店、建筑书店经销
北京天成排版公司制版
北京云浩印刷有限责任公司印刷

*

开本：787×1092 毫米 1/16 印张：14¼ 字数：355 千字
2009 年 7 月第一版 2009 年 7 月第一次印刷
印数：1—3000 册 定价：35.00 元
ISBN 978-7-112-10738-4
(17671)

版权所有 翻印必究
如有印装质量问题，可寄本社退换
(邮政编码 100037)

以城市现代化转型和重构为背景,以安全资源利用为目标,以风险的结构性体制性变迁为主线,结合案例城市的火灾风险状况与特点,本书系统地展开了城市区域重大火灾风险的宏观研究,首次提出并实现了适用于转型期的我国大中城市重大火灾风险的宏观认知、综合评估和战略防范的理论和方法的系统研究。这也为转型期城市重大灾害风险研究中的共性问题和通用策略提供了一种宏观型、资源利用型(而非资源配置型)的研究技术路线。

　　本书可供广大的从事城市消防管理的干部和科研人员、主管城市消防工作的高层管理干部,以及从事城市公共安全、城市规划与建设、城市灾害管理等城市管理工作的高层管理干部阅读使用;也可供从事城市其他方面管理工作的高层管理干部、MPA学员阅读参考。

* * *

责任编辑:许顺法
责任设计:赵明霞
责任校对:安　东　王雪竹

序

随着城市和区域的发展，城市和区域遇到的灾害也逐渐增多，灾害带来的灾难和造成的损失也显得愈来愈严重，大家对这一点的认识，也愈来愈深刻。记得我们曾在1988年前后，于瑞典斯德哥尔摩举行的一次防治工业灾害和事故的学术讨论会上提出，应当将工厂企业用于防治工业灾害和事故的方法和措施，推广、应用到城市的防灾和救灾工作中去。同年，我们也曾在北京中科院地震所召开的学术会议上提出，要把城市防灾救灾工作看作一项系统工程来对待，要重视这方面的问题。

值得称道的是上海市人民政府和同济大学的领导很早就重视城市的防灾救灾工作，并在市科委和市建委的直接领导下，于1989年3月，在同济大学正式成立了"上海防灾救灾研究所"。

之后，同济大学经济与管理学院的好多位博士和硕士研究生，在防灾救灾方面进行了大量的研究，并撰写了许多论文。首先是现任青岛海洋大学工商管理系主任、博士生导师于庆东教授，他研究了海洋灾害经济问题。其次是目前在复旦大学管理学院任教的张显东博士和上海市黄埔区信息委主任梅广清博士等，研究了自然灾害对今后和邻近区域国民经济发展影响的定量分析模型，为建立灾害经济学添了砖、加了瓦。此外，目前在上海民政局工作的钦培坚学友，上海师范大学的张毅学友，上海消防研究所的杨小时学友，以及江留华学友等从多方面研究了城市、区县的救灾防灾工作。上海市建设和交通委员会处长徐梅博士则开拓了研究城市地下工程防灾救灾工作的先河。

与此同时，服务于消防战线的我们的一批学友们，特别是目前在公安部消防总局任总工程师的朱力平少将，公安部第三研究所胡传平所长，广西壮族自治区消防总队周天副总队长，公安部上海消防研究所杨政副研究员，以及正在上海体育学院管理系任教的马辉老师等，分别研究了消防灭火救援圈理论，消防站点选址的优化，危险源风险大小的计算，消防设施灭火能力的计算和优化，以及消防站点设备投资管理的优化等各个方面的消防问题。他们从消防专业的特点出发，结合了管理学的理论和方法，进行了系统的研究，不但在理论上取得了丰硕成果，而且在实践中取得了实实在在的成效。

本专著作者、同济大学经济与管理学院教师张文辉博士，同许多消防领域的学友们一起，在我国科技部科技攻关计划重点项目的直接支持下，研究了城市区域重大火灾的风险问题。张文辉老师的研究有他明显的特色。首先是他的研究全面地考虑了我国当前正处于从计划经济体制转向社会主义市场经济体制的转型期，转型期与一般时期相比，有着许多不同的特点；其次是张文辉老师结合他本身的特长，他没有把很多精力放在消防工作中的具体业务和技术问题上，而是把研究的重点放在从系统理论的角度出发，宏观地研究分析了我国当前社会影响城市区域重大火灾风险的因素；再次，他的研究不仅从理论上定性地进行系统的分析，而且采用了定性与定量密切结合的分析方法，通过大量的统计数据，深入地分析了各种影响因素是否重要及重要的程度。因此，大大地提高了研究成果的现实性和实用性。

譬如说，在转型期，我国城市人口迅速增长，特别是流动人口的增加，许多农村人口向城市转移，增大了城市区域的火灾风险；民营工商业的迅速崛起，出现了一批新的化工企业，这些企业一旦出现爆炸、失火，往往需要采用现代的灭火技术才能奏效；现实生活中，各种能源消耗量的迅速增长，也扩大了城市区域火灾风险的范围和程度。但是这些风险因素中，究竟哪几个最为重要？它们达到了何等程度？这是需要通过像张文辉老师这样的研究，才能得到比较科学的看法的。

值得一提的是，张文辉老师在这本专著中所展示的理论认知，宏观探讨，统计分析，以及防范对策等系列的、系统的方法，有很高的科学性和宽广的适用性。许多相关或相似的研究领域，都可以参考、使用。

在专著正式出版之际，我热烈祝贺张文辉老师取得的丰硕而新颖的成果，同时我也借这块宝地，多说了几句在这一领域里我们的一些学友所做的努力和取得的成果，也借以说明张文辉老师所研究的问题的重要性和特点。我还想借此宝地，感谢国务院科技部，上海市人民政府科委和建委，国家自然科学基金会，前国家教委博士点基金等领导和基金组织给我们的指导和帮助；也感谢中国工程院院士、沈祖炎教授长久以来领导的上海防灾救灾研究所的多位研究人员，包括前常务副所长陈德侇研究员，韩新副研究员，以及上海、浙江、江苏（包括所属的一些市（区））的科技部门和消防部门等长期以来给我们的指导和帮助。我更希望我国城市和区域的防灾救灾工作，能取得更大的进展，造福于广大人民。

同济大学　经济与管理学院　教授　　　沈荣芳
上海防灾救灾研究所　前副所长
2008 年 9 月 11 日于加拿大　蒙特利尔

目 录

序 ··· 沈荣芳

第一章 问题的提出 ··· 1
   1.1 研究转型期的城市区域重大火灾风险的必然性 ································· 1
   1.2 研究转型期的城市区域重大火灾风险的必要性 ································· 2
      1.2.1 对重大火灾风险的认识亟待宏观化 ·· 3
      1.2.2 对重大火灾风险的评估亟待系统化 ·· 4
      1.2.3 对重大火灾风险的防范亟待战略化 ·· 4
   1.3 本书研究的宏观目标和总体思路 ·· 5
      1.3.1 研究的宏观目的：以安全资源利用为目标 ································· 5
      1.3.2 研究的总体思路：以风险结构变迁为主线 ································· 6
   1.4 本书研究的技术路线和若干术语 ·· 8
   1.5 本章要点 ·· 8

第二章 国内外城市区域火灾风险研究综述 ······································ 9
   2.1 城市区域火灾风险认知的结构化演进 ·· 9
      2.1.1 国外认知的自发的结构化演进 ··· 9
      2.1.2 国内认知的自觉的结构化演进 ·· 10
   2.2 城市区域火灾风险评估的宏观化演进 ··· 12
      2.2.1 单一指标的评估 ·· 13
      2.2.2 多指标微观评估及其宏观化 ··· 14
      2.2.3 限于微观目标的多指标宏观评估 ··· 20
   2.3 城市区域火灾风险防范的战略化演进 ··· 26
      2.3.1 风险防范对象和性质的战略化演进 ······································ 27
      2.3.2 风险防范理念和方法的战略化演进 ······································ 29
   2.4 研究机遇和本书的研究取向 ·· 33
      2.4.1 实证研究的数据条件初步形成 ·· 33
      2.4.2 资源利用型的研究目标和基于风险结构变迁的宏观路线亟待确立 ··· 34
   2.5 本章要点 ··· 34

第三章　转型期的城市区域火灾风险的系统分析 ·············· 36

- 3.1 研究转型期的城市区域火灾风险需要引入现代系统科学 ·············· 36
- 3.2 火灾风险与社会经济的现代化转型之间存在宏观联系 ·············· 37
  - 3.2.1 转型期社会经济的结构性变迁进程异化出火灾风险 ·············· 37
  - 3.2.2 转型期的火灾风险日益凸现出宏观特点 ·············· 38
  - 3.2.3 转型期的火灾风险系统是一个宏观体系 ·············· 41
- 3.3 转型期的火灾风险是城市现代化重构作用下的无序灾变系统 ·············· 43
  - 3.3.1 定义火灾风险系统需要对"区域灾害系统论"作出哲学改进 ·············· 43
  - 3.3.2 火灾风险系统中的致灾因子具有危险性 ·············· 45
  - 3.3.3 火灾风险系统中的承灾体具有脆弱性 ·············· 46
  - 3.3.4 火灾风险系统中的孕灾环境具有稳定性（易损性） ·············· 46
  - 3.3.5 火灾风险系统存在形成机制和发展机制 ·············· 47
  - 3.3.6 城市重构及其无序灾变是现代化影响火灾风险的组织途径和实现方式 ·············· 47
  - 3.3.7 转型期的重大火灾风险可以从现代化系统秩序性的角度进行基本定义 ·············· 49
  - 3.3.8 根据火灾风险的秩序性定义建立宏观管理准则并定义可接受风险 ·············· 50
  - 3.3.9 宏观型火灾风险管理理论亟待创立暨构建有效安全及管理的理论框架 ·············· 51
- 3.4 有效防范转型期的火灾风险需要探索消防安全战略规划理论 ·············· 52
  - 3.4.1 战略规划（概念规划）是城市消防安全规划的必由之路 ·············· 52
  - 3.4.2 城市消防战略规划的安全优化模型是一种理论假说 ·············· 53
  - 3.4.3 面向资源利用目标的消防安全优化模型可以得到初步检验 ·············· 55
- 3.5 从宏观和战略视角系统地重点研究转型期的重大火灾风险 ·············· 56
  - 3.5.1 重点认识和评估转型期的重大火灾风险 ·············· 56
  - 3.5.2 火灾风险的宏观认知和综合评估要服务于战略防范 ·············· 57
  - 3.5.3 必须坚持马克思主义，正确采用系统工程方法 ·············· 57
- 3.6 城市区域（重大）火灾风险的系统分析 ·············· 58
- 3.7 本章要点 ·············· 59

第四章　转型期城市区域重大火灾风险系统的宏观认知 ·············· 61

- 4.1 社会经济结构性因素及其宏观变迁影响着重大火灾风险 ·············· 61
  - 4.1.1 人口转移及城市化模式的影响 ·············· 62
  - 4.1.2 产业转型及经济增长方式的影响 ·············· 63
  - 4.1.3 经济转制及市场化方式的影响 ·············· 67
  - 4.1.4 能源转变及天人关系的影响 ·············· 72
  - 4.1.5 火灾惯性及耗散方式的影响 ·············· 72
- 4.2 宏观因素影响重大火灾危险性的时序结构分析 ·············· 73
  - 4.2.1 人口转移影响的时序结构分析 ·············· 73
  - 4.2.2 产业转型影响的时序结构分析 ·············· 74
  - 4.2.3 经济转制影响的时序结构分析 ·············· 75

4.2.4　能源转变影响的时序结构分析 ……………………………………… 76
　　　4.2.5　火灾惯性影响的时序结构分析 ……………………………………… 77
　　　4.2.6　从重大火灾危险性的时序结构量化分析得出的宏观性结论 ……… 77
　4.3　宏观因素影响重大火灾脆弱性的空间结构分析 ……………………………… 77
　　　4.3.1　人口转移影响的空间结构分析 ……………………………………… 78
　　　4.3.2　产业转型影响的空间结构分析 ……………………………………… 78
　　　4.3.3　经济转制影响的空间结构分析 ……………………………………… 79
　　　4.3.4　能源转变影响的空间结构分析 ……………………………………… 80
　　　4.3.5　火灾惯性影响的空间结构分析 ……………………………………… 81
　　　4.3.6　从重大火灾脆弱性的空间结构量化分析得出的宏观性结论 ……… 81
　4.4　宏观因素影响重大火灾易损性的受体结构分析 ……………………………… 81
　　　4.4.1　人口转移影响的受体结构分析 ……………………………………… 82
　　　4.4.2　产业转型影响的受体结构分析 ……………………………………… 83
　　　4.4.3　经济转制影响的受体结构分析 ……………………………………… 84
　　　4.4.4　能源转变影响的受体结构分析 ……………………………………… 85
　　　4.4.5　火灾惯性影响的受体结构分析 ……………………………………… 86
　　　4.4.6　从重大火灾易损性的受体结构量化分析得出的宏观性结论 ……… 87
　4.5　对重大火灾风险的宏观认知的初步结论 ……………………………………… 87
　　　4.5.1　研究宏观风险源需要注重整体效果和结构变迁效应 ……………… 87
　　　4.5.2　宏观风险源的具体指标的影响作用各有重轻 ……………………… 88
　　　4.5.3　只有积极转变现代化方式，才能从根本上减少重大火灾风险 …… 89
　　　4.5.4　重大火灾风险可以按照宏观风险源分类分级 ……………………… 89
　　　4.5.5　火灾风险的分类分级不能改变风险的相对性 ……………………… 90
　　　4.5.6　今后需要研究宏观风险源的结构性临界值 ………………………… 90
　4.6　本章要点 ………………………………………………………………………… 91

第五章　转型期城市区域重大火灾宏观风险的综合评估 …………………………… 92
　5.1　基于风险结构变迁的评估指标体系(MRAI-UMF-H) ………………………… 92
　　　5.1.1　定义风险评估指标体系需要将系统化评估与宏观化认知结合起来 … 92
　　　5.1.2　设计风险评估指标体系需要将系统化评估与战略化防范结合起来 … 93
　　　5.1.3　构建风险评估指标体系可以围绕火灾风险系统的结构功能 ……… 96
　　　5.1.4　构建风险评估指标体系也可以围绕火灾风险的系统要素(宏观风险源) … 99
　　　5.1.5　风险评估指标体系具有监测功能和应用价值 ……………………… 101
　　　5.1.6　风险评估指标体系仍然有待改进 …………………………………… 102
　5.2　基于风险结构变迁的评估指标体系的计算方法 ……………………………… 104
　　　5.2.1　宏观数据需要采用 Z-score 方法进行无量纲处理 ………………… 104
　　　5.2.2　基于风险结构变迁的宏观评估需要采用因子分析方法 …………… 105
　　　5.2.3　处理宏观的权重关系需要采用层次分析中的改进方法——G_1法 … 105
　　　5.2.4　基于风险结构变迁的综合评估适宜采用指数法合成 ……………… 107
　　　5.2.5　风险评估指标体系的算法同样有待改进 …………………………… 109

5.3 消防安全城市(城区)评选中火灾总体风险的数据包络分析 110
    5.3.1 数据包络分析适用于基于风险结构变迁的火灾总体风险评估 110
    5.3.2 基于MRAI-UMF-H提取总体风险评估的指标体系 111
    5.3.3 建立数据包络分析模型评估火灾风险的相对有效性 113
    5.3.4 引入G_1法计算效率权重并用线性加权综合法合成总体风险 114
5.4 案例城市重大火灾宏观风险的试评估 115
    5.4.1 根据调查研究选择样本城区并对数据做标准化处理 115
    5.4.2 建立因子模型群用以试评宏观风险及其危险性、脆弱性和易损性 117
    5.4.3 宏观风险试评估显示各城区相对风险由于其区位特点出现较大落差 118
    5.4.4 宏观性总体风险试评估得出"风险水平可以忽略"的判断 119
    5.4.5 抓住风险构成的突出环节，做好消防安全战略规划 120
5.5 本章要点 124

第六章 面向概念规划，构建重大火灾宏观风险的防范策略 127

6.1 面向消防概念规划，有效防范宏观危险性的主要对策 127
    6.1.1 主动转变城市化模式，提高人口时序结构的安全性 128
    6.1.2 切实转变经济增长方式，提高产业时序结构的安全性 142
    6.1.3 努力创新市场化模式，提高市场化时序结构安全性 154
    6.1.4 优化现代能源结构，提高能源时序结构的安全性 170
    6.1.5 积极预防，提高火灾惯性的时序结构的安全性 172
6.2 面向消防概念规划，有效防范宏观脆弱性的主要对策 173
    6.2.1 重视暂住人口因素，优化人口空间结构的安全水平 173
    6.2.2 重视重化工业因素，优化产业空间结构的安全水平 175
    6.2.3 重视市场化规模和开放性，优化市场化空间结构的安全水平 177
    6.2.4 以工业用油和用电为重点，优化能源空间结构的安全水平 178
    6.2.5 优化火灾惯性的空间结构的安全水平 179
6.3 面向消防概念规划，有效防范宏观易损性的主要对策 180
    6.3.1 重视一般火灾的人口易损性，优化人口受体结构的安全水平 180
    6.3.2 重视第二产业因素，优化产业受体结构的安全水平 183
    6.3.3 重视非公有企业因素，提高市场化受体结构的安全水平 184
    6.3.4 重视一般火灾的能源易损性，优化能源受体结构的安全水平 184
    6.3.5 优化火灾惯性的受体结构，提高安全水平 185
6.4 本章要点 188

第七章 结束语 190

附录 研究的技术路线和若干术语 195

参考文献 201

致谢 213

后记 215

第一章 问题的提出

当前我国社会经济处在一个转型时期。转型是改革开放以来我国现代化建设的基本过程。在转型中实现科学发展,在发展中实现平稳转型,努力推进社会主义和谐社会建设,这是转型期现代化建设的基本追求。

但是,在我国城市消防安全工作的理论和实践中,如何科学、宏观地认识转型期的城市区域重大火灾风险系统;如何系统、规范地评估重大火灾风险;如何从战略高度积极有效地加以防范;甚至如何通过重大火灾风险的典型分析,为其他类型的城市重大灾害风险研究中的共性问题提供通用性的借鉴[1]。诸如此类,在国内外学术探索和业务探索中都缺乏关注和研究。

目前,人们对转型期的城市区域重大火灾风险系统及其活动的认识不够宏观,未能依据现代化转型这一深刻背景科学而定量地认知重大火灾风险。同时,人们对转型期的重大火灾风险的评估不够系统和规范,未能揭示并依据城市区域火灾系统的基本结构和功能对重大火灾风险进行系统分析和综合评估。相应地,人们对转型期的重大火灾风险的防范工作还缺乏战略思考,难以深化为城市社会经济的结构性的本质安全,难以适应转型期的城市消防工作环境的急剧变化及其巨大挑战。

在社会经济转型期,重大火灾风险评估和防范工作能够与时俱进,城市消防安全工作能够因时制宜,"平安城市"的规划、建设和管理工作能够取得实效,都不能指望"毕其功于一役";而是要将其纳入系统化、宏观化和战略化的科学轨道。因此,研究转型期的城市区域重大火灾风险,是当前我国城市公共(消防)安全建设中的一项重要的基础性科学工作。

1.1 研究转型期的城市区域重大火灾风险的必然性

探索和研究转型期的城市区域重大火灾风险,是重大火灾风险的社会属性所决定的,也是转型期的城市公共(消防)安全工作日益提高的社会重要性所决定的,势所必然,具有重大意义。

(1) 构成了科学研究的发展方向和研究前沿之一 新近的研究表明,城市重大火灾风险属于机器文明时代的技术灾害风险。这一微观判断有助于改变人们对城市重大火灾的认识的局限性;城市重大火灾也因此不再属于意外性的"事故"或"突发事件"的范畴。同时,机器文明或技术文明,是一定时代的社会文明,因此,微观性的技术灾害风险相应构成了宏观性的社会灾害风险。

可以说，重大火灾风险在宏观意义上属于走向工业社会时代的社会灾害风险，具有社会属性，并具有相应的结构性、体制性的特点。因此，研究转型期的城市区域重大火灾风险是灾害科学的基本内容，构成了科学研究的重要发展方向和研究前沿之一，具有重大科学创新意义，值得研究。

(2) 是实现现代化和社会经济转型的迫切需要　　当前，我国社会正在从自给、半自给的产品经济社会向市场经济社会转型，从农业社会向工业社会转型，从乡村社会向城镇社会转型。这种转型是社会经济现代化创新的过程，是一个市场化、工业化和城市化的进程，是经济与社会的体制和结构的转变，是一种整体性发展，也是从一个无序方式到有序方式的循环演进和螺旋式上升的过程。

在这一从传统到现代的转型过程中，以城市火灾为代表的重特大灾害及事故非常严重，未来的形势更是不容乐观。正如张国顺指出：在和平年代的城市经济和工业生产活动中，最大的安全问题是预防重特大事故的发生，尤其是预防重特大城市燃烧爆炸事故的发生。显然，市场化、工业化和城市化的进程不能以人民的生命和财产损失为代价，现代化建设的终极价值在于人民福利的发展和社会文明的进步。因此，研究转型期的城市区域重大火灾风险是实现现代化和社会经济转型的迫切需要。

(3) 是实现和谐社会和安全发展的迫切需要　　研究转型期的城市区域重大火灾风险也是实现和谐社会和安全发展的迫切需要，是深化改革开放的迫切需要，关乎民心所向，关乎执政之本。据测算，以往每年各类灾害及事故所造成的直接间接的经济损失约占国内生产总值的 2% 左右。所以，城市公共安全工作如果做好了，城市火灾等灾害和损失如果减少了，社会如果日益和谐稳定，不仅保障了生命和财产安全，而且可以减少国内生产总值的损失，实现可持续发展，这必将极大地推进全面建设小康社会的进程。

总之，研究转型期的城市重大火灾风险具有非常重要的社会现实意义。根据全面建设小康社会的现代化建设目标，遵循社会经济可持续发展和安全发展的战略原则，根据加入世界贸易组织后深化改革开放的要求，根据转型期重大火灾风险和消防工作的特点，如何认识、评估和防范以重大火灾风险为典型的城市重大事故风险，这是一个亟待破解的问题。

1.2　研究转型期的城市区域重大火灾风险的必要性

在社会经济转型期，城市公共（消防）安全建设一直是我国社会主义现代化建设的重要内容之一，重大火灾风险评估和防范工作始终是我国城市消防安全建设的重中之重。在可持续发展和"安全发展"的科学发展观的指导下，中国政府和广大人民对重大火灾风险日益重视，消防工作走上了一个新的台阶。

然而，当前我国社会主义市场经济体制刚刚建立，工业化进程尚未完成，城市化水平严重落后，社会主义物质文明、精神文明和政治文明建设还需要进一步加强，整个社会经济仍然处于社会主义初级阶段。人们对转型期的重大火灾风险的形成和发展的认识和防范仍然存在不少局限，需要在实践中和理论上不断加以改进和完善。因此，转型期的重大火灾风险研究势在必行。

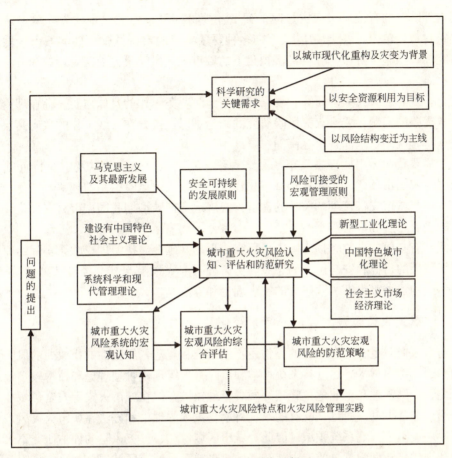

图 1-1 本书的基本研究逻辑

本书所研究的转型期的城市区域重大火灾风险的宏观认知、评估和防范，是以城市现代化重构及灾变为背景，以宏观的安全资源利用为目标，以风险的结构性（体制性）变迁为主线。这构成了火灾科学研究的关键需求，也构成了本书进行宏观研究的基本取向。这与既往的国内外的相关研究成果和现行的城市消防安全工作实践相比，更注重了宏观认知、综合评估和战略分析；强调了重大火灾风险研究的宏观诉求和战略诉求的结合、系统性和前瞻性的结合、定性分析和定量评估的结合、风险评估与风险管理的结合，以及理论研究和试点应用的结合；在坚持和恪守马克思主义的基本立场和方法的同时，又充分借鉴了科学研究领域的人类先进文明成果。因此，它具有重要的理论意义和实用价值。

1.2.1 对重大火灾风险的认识亟待宏观化

造成转型期的我国城市火灾频发、重特大事故多发的重要原因之一是：消防安全观念比较落后，风险意识淡薄，对城市火灾风险活动的认识不够宏观，城市公共安全管理中的不少宏观性战略性问题没有很好地加以认识和解决，全局意识和战略思想匮乏，系统化综合性评估与战略管理因此相对缺乏。

国内外既有的有关城市火灾风险的研究主要针对城市中的单一要素［单一建（构）筑物，建筑材料，单位，各类场所］，面向多种要素集成的宏观性整体性的城市区域火灾风险的研究尚处于起步阶段，社会经济视角下的城市火灾风险研究的宏观理论和方法更是处在空白状态。

而且，现有的火灾风险研究，要么偏重于消防业务工作的具体需要，存在理论研究受制于业务需要的问题；要么火灾风险研究的结论难以获得处在一线工作的政府高层和消防官兵的理解和应用，因而被束之高阁。

这就需要我们运用社会主义市场经济理论、新型工业化理论以及中国特色城市化理论，加强对我国市场化、工业化和城市化建设与城市火灾风险关系的理解，加强城市经济增长和发展与城市灾害管理的关系的理解，宏观地把握转型期我国城市火灾风险管理工作所面临的主要矛盾和科研需求。

因此，有必要在借鉴和扬弃国内外研究成果的基础上，按照理论联系实际的原则，坚持可持续发展的目标和安全发展的思想，努力揭示火灾风险与社会经济转型的紧密联系，积极提出和构建城市火灾风险研究的宏观理论和方法。

1.2.2 对重大火灾风险的评估亟待系统化

目前，人们对重大火灾风险的评估还不够系统和规范，经验性的粗放式的风险评估仍然较为普遍。国内学术界尽管将系统科学和风险管理等现代管理理论和技术较多地运用于市场研究、金融管理和企业危机管理等微观管理领域，但在城市火灾等安全领域相关的研究与应用还非常少见。而且，既有的系统科学与工程的理论和方法在城市火灾风险中的应用和探索还局限于微观系统领域。因此，城市区域(重大)火灾风险的评估研究不仅缺乏以社会经济现代化转型为背景的宏观认知基础，也缺乏对城市区域(重大)火灾风险系统的全面分析和整体把握。

这突出地表现在对**有关城市区域(重大)火灾风险的系统结构、基本要素、成因机理和发展特点等方面的基本认识还不够系统完整；火灾风险评估的指标体系不够系统，指标体系的基本构成和要素不够合理；进而在火灾风险评估、城市消防安全规划等方面缺乏系统性的思考和建设**。

因此，要运用系统科学和风险管理等现代科学理论，系统全面地认识和把握城市区域火灾风险活动，不能停留在粗放的经验性认识水平上；要努力揭示转型期的重大火灾风险系统的基本结构、要素和功能，以便选择系统合理的评估指标，建立起系统合理的风险评估指标体系。

1.2.3 对重大火灾风险的防范亟待战略化

转型期的城市重大火灾是典型的城市灾害，是消防管理工作的重要对象。由于我国当前存在工业化与城市化相脱节等方面的诸多矛盾，传统的城市消防和工业安全的宏观管理模式在社会主义市场经济条件下难以适应现代城市社会经济迅猛发展的需要，从而带来了城市公共安全方面的一系列问题。这些问题具体表现为：工业区与居民区混杂，重大事故频发，事故隐患积聚，灾害不断升级。其中，火灾尤为典型，日益成为我国城市现代化进程中的"拦路虎"，不利于按照社会经济可持续发展的要求全面实现小康社会建设。

造成这一局面的关键因素是，**人们对重大火灾风险防范工作缺乏战略管理**。其原因不仅在于人们对火灾风险的认识不够宏观、对火灾风险的评估不够系统，而且也在于人们习惯于传统小农经济社会条件下的灾害管理观念和消防管理模式，局限于对城市中单一要素的火灾风险防范，"头痛医头，脚痛医脚"，对转型期的城市重大火灾风险防范工作缺乏战略思考，尚未建立起适合转型期特点的重大火灾风险防范工作的基本思想和战略管理体系。这进一步造成城市消防安全建设的随意性、盲目性、短缺性与不确定性，加深了城市消防安全与社会经济发展要求之间不相协调的状况和难以为继的局面。

因此，有必要探索并依据火灾风险宏观认知和综合评估的前沿研究，按照理论联系实际的原则，坚持党的十六届五中全会提出的"安全发展"这一科学发展思想，运用系统科学、风险管理和战略管理理论，努力探索转型期的城市区域（重大）火灾风险的基本防范策略，逐步形成适合转型期特点的城市区域重大火灾风险防范的基本思想和战略管理体系。

另外，城市重大火灾风险研究的前沿需求是将火灾风险的认知、评估和防范工作与现代化转型这一基本现实紧密联系起来，进而要求火灾风险研究的系统化、宏观化和战略化。这本质上是学术研究工作在不断贴近现实的同时进一步科学化的过程；而科学技术的迅猛发展，比如，系统科学的兴起、综合评价理论的探索、和谐社会理论的提出，为火灾风险研究的科学化提供了现实可能。

1.3 本书研究的宏观目标和总体思路

认识上具有宏观性和前瞻性、评估上具有系统性并能定量化、防范上具有战略性和通用的借鉴价值，这一切必将有利于客观认识、整体分析转型期的城市重大火灾风险的变迁和发展状况，既可以比较准确地分析一个城市公共（消防）安全的综合情况，又可以与其他城市或同一城市的其他区域比较所存在的差距，更可以充分揭示转型期的城市公共风险管理工作与急剧变化的社会经济现代化环境之间存在的巨大落差和战略取向。为此，转型期的城市重大火灾风险认知、评估和防范的宏观研究要积极拓展理论研究，敢于进行学术创新，尤其是要**以城市现代化转型和重构为背景，以安全资源利用为目标，以风险的结构性（体制性）变迁为主线**，切实展开重大火灾风险的宏观研究。

1.3.1 研究的宏观目的：以安全资源利用为目标

本书的研究对象是转型期的我国大中城市的重大火灾的宏观风险，并将之作为城市灾害风险的典型，而且结合案例城市（H城）的特点进行研究。

(1) 本书研究的基本目的 本书研究的基本目的是：以安全资源利用为目标，以城市现代化重构及其火灾风险的结构性变迁为主线，根据建设有中国特色社会主义理论，和社会主义市场经济体制建设、新型工业化道路以及中国特色城市化建设的实践，从社会经济转型与消防安全的基本矛盾出发，围绕着火灾风险的认知不够宏观、火灾风险的评估不够系统和火灾风险的防范缺乏战略等三个方面的关键问题展开探索和研究。

首先，以社会经济现代化转型为视角，树立宏观性、全局性的城市区域重大火灾风险的认识、思想和理念。

然后，依据重大火灾风险及其结构性变迁因素的宏观认知和火灾风险系统的基本结构，构建起一个宏观型的重大火灾风险评估的指标体系，建立相应的综合评估方法。

并且，根据宏观认知和综合评估中所显示的基本信息来探讨重大火灾风险的防范策略。

最终，初步实现适用于转型期的我国大中城市的城市区域重大火灾风险的宏观认知、综合评估和战略防范的理论和方法的系统研究。

(2) 本书研究的主要内容 根据上述基本的研究目的，本书主要由火灾风险系统的宏观认知、火灾风险的综合评估和火灾风险的防范策略这三大部分组成。

1) 火灾风险系统的宏观认知 从城市现代化建设与重构的国情出发，从重大火灾风险研究的关键性科研需要出发，分析中国城市火灾风险与城市化、工业化和市场化等社会经济现代化转型和变迁的紧密联系，从时序结构、空间结构和受体结构这三个方面定量地提出城市区域火灾风险的宏观结构变迁分析及其宏观要素的实证研究，为探索转型期的重大火灾风险理论建立认识论依据。

2) 火灾风险的综合评估 基于火灾风险系统的基本结构、要素和功能的分析和火灾风险系统的宏观认知，根据权威部门提供的统计资料，按照安全发展的战略要求和风险可接受原则，对城市区域可能出现的重大火灾的宏观风险提出一套系统合理的评估指标体系，并依托有关合作研究单位进行相应的试点研究和案例应用分析，为探索转型期的重大火灾风险理论建立方法论依据。

3) 火灾风险的防范策略 基于火灾风险的综合评估和火灾风险系统的宏观认知，从社会经济转型与消防安全的基本矛盾出发，提出防范重大火灾风险的战略对策，探索重大火灾风险防范工作的战略化、现代化取向及模式，为探索转型期重大火灾风险理论建立实践论依据。

(3) 本书希望解决的关键技术 本书希望解决的关键技术是：以安全资源利用为目标，以风险结构变迁为主线，在宏观认知转型期的重大火灾风险的基础上，采用结构性指标构建系统合理的风险评估指标体系，实现适用于转型期的重大火灾宏观风险的综合评估研究，并为重大火灾风险的战略防范工作提供实证性的决策依据。而广义的关键技术是一套研究**火灾风险的宏观认知、综合评估和战略防范**的完整而契合的"技术链"。

1.3.2 研究的总体思路：以风险结构变迁为主线

本书从转型期的国情和基本特点出发，从城市公共安全的关键性科研需要和宏观、战略视角出发，将重大火灾风险与现代化转型紧密联系起来，系统分析和宏观认知火灾风险的宏观结构、基本要素、成因机理和发展特点，提出评估指标体系和计算方法；然后，以重大火灾风险的宏观认知和综合评估为基础，从安全生产层面上提出防范策略，为提高我国城市组织防御重大火灾的综合能力和整体水平提供科学依据。

本书的研究思路如图1-2所示。围绕着"适用于转型期的我国大中城市的重大火灾风险的宏观认知、综合评估和战略防范的理论和方法的系统研究"这一总目标，本书将研究的重点放在了火灾风险的宏观认知、火灾风险的综合评估和火灾风险的防范策略这三个主要部分。

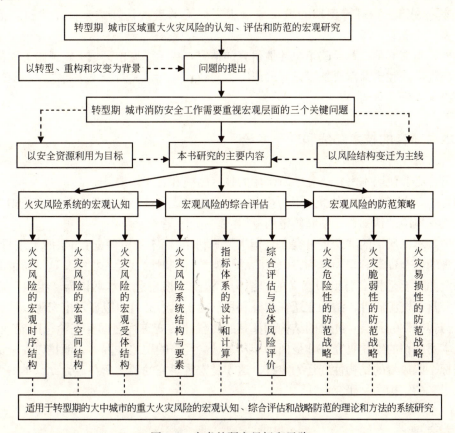

图1-2 本书的研究目标和思路

（1）第一部分的研究，涉及火灾风险与社会经济现代化转型的关系，城市区域火灾风险系统的基本的宏观的结构变迁性要素，火灾风险系统的宏观时序结构、宏观空间结构和宏观受体结构及其变迁等方面的内容；运用定性分析与定量分析相结合的方法，揭示重大火灾风险活动的社会经济属性和基本活动特点，初步探讨了重大火灾风险的宏观风险源分类分级。详见本书的第四章。

（2）第二部分的研究，涉及重大火灾风险系统的基本结构和功能，基于社会经济结构变迁的风险评估指标体系的设计和计算，相对有效性分析和总体风险评估，以及重大火灾风险指数及其总体水平的实证分析等方面的内容。详见本书的第五章。

（3）第三部分的研究，涉及重大火灾风险及其危险性、脆弱性和易损性的防范战略等方面的内容。详见本书的第六章。

本书的第一部分和第二部分是重中之重。火灾宏观风险的综合评估取决于火灾风险的宏观认知和量化分析，同时又服务于火灾风险防范的战略需要；而火灾风险防范的战略实现有助于形成火灾风险的宏观属性及其形成因素、发展特点与变化趋势的全新认识。所以，这三个部分可以构成一个有机统一的研究体系，是认识论与方法论的有机统一，是理论和实践的互动发展和紧密结合，既能够系统全面，又能够突出重点。为此，本书在第三章对转型期的城市区域火灾风险的宏观认知、综合评估和防范战略进行了系统分析。

另外，本书的第二章反映了综述性研究的情况，揭示了城市区域火灾风险方面的研究路线的演进特点和当前需要加以拓展的研究方向；而第七章则对全书进行总结、提炼创新点并提出未来研究方向。

1.4 本书研究的技术路线和若干术语

这里有必要说明本书在研究中所采用的技术路线和若干术语。

简言之，本书在研究中所采用的技术路线是从宏观和战略的角度系统研究我国当前城市重大火灾风险的认知、评估和防范问题（具体参见附录）。

其中，**本书所谓的"宏观研究"是指从资源利用（而不是资源配置）层面上进行研究，是以宏观的安全资源利用为目标，以风险的结构性（体制性）变迁为主线**。这里所谓的需要利用的资源主要是指具有组织意义的"结构"资源。换言之，本书认为"组织"或"结构"本身具有资源属性，结构变迁在资源利用层面上具有并且可以显示出宏观属性；它进一步又与转型期的社会、经济的结构和体制的现代化转变进程之间存在紧密的宏观联系。因此，本书所谓的宏观研究并非是因为涉及了社会经济的现象性因素，而是以安全资源利用为目标，以风险的结构性变迁为主线，这才是宏观研究的要义所在。为此，本书采用了马克思主义的结构主义研究方法。

1.5 本章要点

研究转型期的城市重大火灾风险是灾害科学研究中的前沿性课题，它是实现现代化的迫切需要，是实现和谐社会和安全发展的迫切需要，是深化改革开放的迫切需要，关乎民心所向，关乎执政之本，具有举足轻重的社会现实意义。

当前，对转型期的城市区域重大火灾风险系统的认识亟待宏观化，对重大火灾宏观风险的评估亟待系统化，对火灾宏观风险的防范亟待战略化。因此，对转型期的城市重大火灾风险研究势在必行，具有重要的理论意义和实用价值。

以城市现代化转型和重构及其灾变为背景，以宏观的安全资源利用为目标，以风险的结构性（体制性）变迁为主线，这构成了城市灾害（火灾）管理领域科学研究的关键需求，也构成了本书进行宏观研究的基本取向。为此，这一章进一步说明了本书研究的基本目的、总体思路、技术路线和主要术语。

第二章
国内外城市区域火灾风险研究综述

任何新事物的形成和发展过程都是对旧事物的扬弃过程,是继承中的发展和发扬中的改进。研究城市区域重大火灾风险的认知、评估和防范,首先要了解当前这一领域在理论建设和业务实践中的研究状况,才能把握研究的主动权。

这一章的基本目标是梳理城市区域火灾风险研究的基本线索和重大机遇。本书在研究中提出了火灾风险研究的宏观化、系统化和战略化的结构主义路线。

2.1 城市区域火灾风险认知的结构化演进

为了充分把握国内外的研究动态和方向,首先要准确界定城市区域(重大)火灾风险,尤其是要充分认识和评价人们关于城市区域火灾风险认知的现状和发展趋势。只有这样,才能提出火灾风险研究的新的出发点。

长期以来,人们对火灾风险(Fire Risk)的认识有一个不断深入和发展的过程。这首先归因于火灾风险本身就是一种社会复杂现象,涉及社会、经济、政治、军事、文化和技术等诸多领域,并在不同的微观环境或宏观环境下呈现出不同的特征,以至于人们很难在某一历史阶段全面认识火灾风险(尤其是城市区域火灾风险),并给出一个可以让人们普遍接受的概念和定义。其次,随着时代的变迁和各国或各城市的现代化建设进程的不断推进,火灾风险的成因机理和表现方式也在不断发生变化,并在不同的历史阶段、国家、地区和城市显示出不同的特征。因此,笔者认为,只有从演进的角度,才能更全面和更深刻地认识火灾风险和城市区域(重大)火灾风险。

2.1.1 国外认知的自发的结构化演进

在国外,人们对火灾风险的内涵缺乏一致的认识,始终未能形成一个可以让人们普遍接受的概念界定。这种认识上的不一致性集中在火灾风险与火灾危险性(Fire Danger)以及火灾危害性(Fire Hazard)的关系方面,并由传统的建筑火灾等火灾领域延伸到了新兴的城市区域火灾领域。

国际标准化组织(ISO) 在 1987 年指出:人们最初认为,火灾危险性包含火灾危害性和火灾风险这双重含义;这里的火灾风险仅指发生火灾的可能性[2]。也就是说,火灾危险性涵盖了火灾的可能性及其后果;而火灾风险仅是其中的一部分,即发生火灾的可能性。显然,在当时,火灾风险还并不是一个独立的概念,而是火灾危险性这一概念的派生物。

著名学者 **Kaplan** 在 1996 年美国风险分析协会年会上介绍了 14 种人们常用的风险定

义,其中最普遍的是"风险为可能发生的危险"[3]。这一定义由于并不能反映出所遭受危险的可能性的大小,并且隐略了相应的危害程度,所以用它来表述火灾的风险的时候,仅仅指可能引致火灾的事件。这样,火灾风险与火灾危险性及危害性的关系在这里是不明确的。这一情况可以说明,到20世纪90年代中期风险并包括火灾风险已经是一个相对独立的概念。但是,由于风险只是可能发生的危险事件,所以,这时人们有关风险、火灾风险及至城市区域火灾风险的认识是基于西方式一元思维的"点状"概念。

但是,在**美国2001年发布的"风险、危害及价值评估"**这一城市区域火灾风险评估方法中,火灾风险是指火灾事故发生的概率可能性和事故后果这两大因素,可能性分值与后果分值的乘积构成火灾风险[4]。这实际上已经沿用了**国际标准化组织**1999年提出的关于风险的定义。也就是,"所谓风险是衡量危险性的指标,是某一有害事故发生的可能性与事故后果的组合"[5]。这样,火灾风险与火灾危险性是基本等同的,并仍然涵盖了火灾危害性。据此,火灾风险与火灾危险性都需要表示为 **Fire Risk**。

所以,笔者认为,**到了世纪之交的时候,人们有关风险、火灾风险及至城市区域火灾风险的认识不再简单地停留于"点状"的一元思维,而是出现了一定的"裂变",初步形成了一定的结构化认知**。但是,如果不考虑火灾风险与火灾危险性之间是否存在从属关系,从这一意义而言,这时西方人士有关火灾风险的概念无非是起初的火灾危险性这一概念的翻版;换言之,是火灾风险对火灾危险性在概念的语言形式上的替换。也正因为此,关于火灾风险及至城市区域火灾风险的结构化认知并不是一个主动的过程,并不是西方人士的自觉努力;同时,**这也是一个不彻底的过程,本质上仅仅从"点状"认知发展到了"线状"认知阶段**。而之前的1995年 H. J. Roux 在讨论火灾风险的时候,提出了火灾风险的量化含义是"火灾风险=(火灾次数/单位时间)×(暴露量/每次火灾)×(损失/暴露量)"[6]。这实际上充分反映了西方学者关于火灾风险的"线状"认知。

2.1.2 国内认知的自觉的结构化演进

在我国,1994年中国科技大学**霍然**等几位学者认为:"危险性是指事件发生的可能,而危害性则是指事件发生的后果及其影响"。他们主张,"在火灾危险评估时,将危险性与危害性分开讨论比较恰当,不宜将危害评估纳入危险评估之中"。据此,关于火灾危险性与火灾风险的关系,他们认为,"风险指的是可能发生的危险或灾祸,它可以包含了危险性和危害性两重意义"[7]。这里的火灾危险性和火灾危害性都从属于火灾风险,而火灾危害性并不从属于火灾危险性。

笔者认为,这种概念界定显然与国外的观点是不同的,与国际标准化组织的定义相比更是天壤之别。这里,火灾风险不再等同于火灾危险性;而在火灾风险涵盖了火灾危险性的同时,火灾危险性又不再涵盖火灾危害性,而是火灾风险中的两个相互独立的构成因素。因此,这种界定显然充分传承了东方式的系统思维传统,在城市及建筑这样的结构性对象的火灾风险研究中得到了激发和反映;而且,这一对火灾风险的结构性认知毫无疑问是一个主动、自觉的过程。所以,**关于火灾风险结构的主动认知和明确界定是在中国出现和形成的**。

2000年，中国地震局地质研究所易立新指出，"要衡量某一系统火灾危险性的大小，我们必须回答两个问题：①哪些因素是影响系统火灾危险状态的主要因素。②比较各单元火灾危险性大小，对各单元火灾危险性进行排序，从而建立优化的管理制度。我们把系统火灾危险性用火灾危险指数 D 表示，数学表达的一般公式为 $D=f(X_1, X_2, \cdots, X_n)$，$X_1, X_2, \cdots, X_n$ 为系统火灾危险要素"。而关于火灾风险，易立新认为，"火灾风险应包含下面几层意思：①火灾风险包含了危险概念的全部含义，火灾危险指数是风险内容的重要指标；②风险包含了评价的抗灾能力，抗灾能力可以用社会消防发展水平和公众消防意识来表示；③风险包含了评价对象的自然属性和社会属性；④风险绝对量的大小可以通过历史统计的损失量在一定程度上得到体现；⑤由于评价者出发点不同，风险评价涵盖的内容不尽相同"。最后，易立新"提出用火灾风险指数 R 来表示某一地域单元的火灾风险，$R=f(D, F, C)$。其中 D 表示火灾危险指数，F 代表抗灾指数，C 代表单元特征指数"[8]。

易立新的观点显然与霍然等人的观点是基本类似的，都是一种具有文化意义的结构化的主动界定。不同的是，**易立新将霍然等人的关于火灾风险的结构性界定从城市建筑火灾风险扩展到城市区域火灾风险甚至更为一般化的火灾风险的概念系统中；并将这种定性的界定运用指数形式具体化为一种定量的形式**。当然，这里的火灾风险在涵盖了以火灾危险指数为代表的火灾危险性的同时，又涵盖了抗灾指数和单元特征指数。而后两者可以将之理解为火灾危害性的细分形式。因此，**易立新基本确立了城市区域火灾风险的结构化认知，并在定性意义和定量意义、自然属性和社会属性等双重层面上对这种结构化认知进行了多侧面的积极拓展，而且充分保留了进一步拓展或适应性改进的灵活性。**

但是，我国学者对火灾风险及至城市区域火灾风险的结构化认知工作在相当一段时间内并未引起理论界的深切关注，其内在的理论价值没有得到积极普遍的认同和充分有效的挖掘。相反，学术界有相当一部分的学者继续与国外的权威的概念界定保持高度一致。比如，在2004年出版的《**火灾风险评估方法学**》一书中，陆守香首先将火灾风险理解为"火灾风险为潜在火灾事件产生后的后果及其发生的概率"；并进一步认为："在火灾风险分析中，……危险性不仅指火灾事件发生的可能性，而且也包括火灾危险的程度及产生危害的后果"[9]。这种观点与前述国外最新的权威判断是基本一致的。

笔者认为，这种情况说明，对火灾风险及至城市区域火灾风险的系统化思维和结构化认知也是需要在曲折中前进的。而这种前进中的曲折依然能够表明：**概念界定中的所发生的系统思维向非系统思维的挑战，结构性认知向"点状"认知或"线状"认知的挑战，现代观点向传统观点的挑战，东方文化向西方文化的挑战，这一切都不会仅仅停留在概念认识的意义上，恰恰是在酝酿并初步显示了理论研究的崭新出发点和未来发展方向**。对火灾风险及至城市区域火灾风险本身在认识上的突破，必然孕育着重要的理论创新和方法之变革。同时，这种曲折中的前进又表明，如果对火灾风险及至城市区域火灾风险的系统化思维和结构化认知仅仅停留在概念界定层面上是远远不够的，否则不仅导致概念的创新性理解难以获得普遍的认同和价值的发现，而且也会错失进一步的理论创新与概念创新的呼应和互动，错失理论创新的潜力和契机。

总之，笔者认为，**火灾风险的含义在国内外的出现、界定及其自发或自觉的结构化演进过程，本质上孕育着有关城市区域火灾风险的理论研究的崭新出发点**。为了系统研究城市区域火灾风险，必须运用现代系统科学和系统思维，对火灾风险系统及其变迁进行完整准确、层次分明、主次有别，而又纹理清晰的理论探索和创新；必须形成关于城市火灾风险系统及其变迁的结构主义的新理论或系统化的新思想，实现火灾风险认知的结构主义的理性回归和完整解读。

2.2 城市区域火灾风险评估的宏观化演进

（1）城市火灾风险评估路线立足于火灾风险分类

分析火灾风险评估的基本路线和动态，首先需要从城市的基本性质和特点出发把握火灾风险的类型。笔者认为，城市区域火灾风险属于一定区域或某一未定区域的集成要素的火灾风险，不同于单一要素［比如，单一建（构）筑物］的火灾风险。但是，建筑是城市的基本形态。因此，城市区域火灾风险仍然包括了城市的某一建筑区域或建筑性集成要素所形成的火灾风险。而社会经济活动又是城市的基本性状。没有人口和市场等诸多社会经济因素的集散活动，城市就难以形成其集散功能。因此，城市区域火灾风险又进一步涵盖了城市区域的社会经济的集成要素所构成的火灾风险。换言之，城市区域火灾风险至少可以分为城市区域的建筑形态型火灾风险（简称"形态风险"）和社会经济性状型火灾风险（简称"性状风险"）。而上述两者的有机结合，意味着宏观性状的微观表现，于是又可以产生出城市区域的基于多种重大危险源之集成的火灾风险，这就构成了城市区域火灾风险的第三种情形（简称"多源风险"）。具体归纳如下：

1) 城市区域的建筑形态型火灾风险（简称"形态风险"）；
2) 社会经济性状型火灾风险（简称"性状风险"）；
3) 城市区域的基于多种重大危险源之集成的火灾风险（简称"多源风险"）。

（2）城市火灾风险评估的研究路线

由于城市区域火灾风险与建筑形态、社会经济性状以及易燃易爆等重大危险源之间的内在联系，城市区域火灾风险理论研究的现实出发点自然是对形态风险、性状风险以及多源风险及其有关现象的解释。笔者认为，这就意味着城市区域火灾风险理论研究一般可以沿着三条基本不同的路线进行和展开。

1)"微观形态路线"或"建筑形态路线" 第一条是以城市区域的建筑形态为研究对象和出发点，以消防安全的工程技术理论为基础，以城市建筑的集成及其微观活动为条件的研究路线。其基本目标是从建筑层面解决消防安全资源的微观配置问题。这里简称为"微观形态路线"，或"建筑形态路线"。

2)"宏观性状路线"或"社会经济性状路线" 第二条是以城市区域的社会经济性状为研究对象和出发点，以城市宏观（公共安全）管理的社会经济理论为基础，以社会经济建设和发展的宏观活动为条件的研究路线。其基本目标是解决消防安全资源的宏观利用问题。这里可以简称之为"宏观性状路线"，或"社会经济性状路线"。

3) "微观重大危险源路线"、"重大危险源集成路线"或"第三路线" 第三条则是以城市区域的多源集成的重大危险源为研究对象和出发点,以城市企业(尤其是石油化工类企业)安全的工程技术理论(主要是重大危险源理论)为基础,以重大危险源的集成及其微观活动为条件的研究路线。其基本目标是在重大危险源层面上解决消防安全资源的微观配置问题。这里可以简称之为"微观重大危险源路线"、"重大危险源集成路线"或"第三路线"。

(3) 城市火灾风险评估路线的演变态势

上述三条路线的演进在学术研究和业务实践中并不十分清晰,以往未曾有学者作出这样的区分。原因在于不同路线的理论间具有广泛的内在联系,早期产生的理论还对后期发展的理论有重要影响。而且,诸如上述几条路线的折中范式或综合分析的意图或倾向又不能简单地将之划归为其中某一路线中的理论,尽管这种理论意图或理论倾向几乎还未充分显现出来。

但是,笔者认为,上述三条路线的发展态势有如下几个方面的情况。

1) 微观形态路线的主流地位开始受到挑战 从城市区域火灾风险评估研究的理论演进来看,可以非常清楚地发现:早期的微观形态路线尽管延续至今,但其主流地位开始受到挑战。

2) 宏观性状路线必将成为一条新兴的研究路线 后期的宏观性状路线由于它和城市文明的现代化进程中更为基本和广泛的因素之间存在千丝万缕的内在联系,关乎"城市公共(消防)安全与现代化转型"这一宏观的城市主题,因此正在表现出后来居上的态势,在学术研究和业务实践活动中开始受到初步重视,必将会成为一条新兴的研究路线。

3) 微观重大危险源路线转向了区域性重大危险源评估研究 在中外城市区域火灾风险评估研究的宏观化转型的同时,源自西方的以工矿企业为主的重大危险源评估研究在中国又转向了区域性重大危险源评估研究。它适应了中国独特的现代化建设的开发区模式,适应了城市消防形势的中国特点,也开拓了城市区域火灾风险评估研究的途径和模式。

这一切意味着,在城市区域火灾风险评估研究方面,研究路线如何结合现代化国情和转型期的特点以及当前发展的迫切需求,才是一个首要的基本问题。而这方面的思考和探索不能停留在既有成果的经验上,需要按照"科学发展观"的思想,按照国内外研究中的宏观化趋势和新实践,努力探索城市区域火灾风险评估研究的新兴路线。

本书以下内容将主要以理论产生和演进的时间序列为基础,对城市区域火灾风险评估方法、研究路线及其最新进展加以综述和评析。目前为止,人们大致采用了以下几种思想和方法:单一指标的微观评估的思想和方法,单一指标的宏观评估的思想和方法,多指标的微观评估的思想和方法,以及多指标的宏观评估的思想和方法。因此,本书的综述和评析将分别围绕上述几种情形,按照研究成果出现、更替和演进的时间序列和相应的内在联系分别加以展开。

2.2.1 单一指标的评估

2.2.1.1 单一指标评估的思想和方法综述

(1) 国外 在国外,**Gunther** 在 1981 年根据美国俄亥俄州的城市 **Toledo** 的统计数据,以家庭收入水平为主导因子建立了火灾因子的社会经济模型，揭示出城市不同地段的家庭收入水平与火灾发生率之间具有反向变动关系。他还指出，家庭收入远比种族重要，尽管这两者之间有一定关联；而以往研究所涉及的其他因素，如人员聚集、教育、单亲家庭、家庭稳定性等通常也都与家庭收入有关。因此，家庭收入水平作为单一的宏观指标可以用来评估和预测火灾危险性水平[10]。

(2) 国内 在国内，**李杰和宋建学** 1995 年**以河南濮阳和郑州**为例，在统计分析的基础上提出火灾发生率的主导统计参数是建筑面积，并用泊松过程构造了火灾发生的基本概率模型，认为超越概率曲线的方法可以表达火灾危险性的结果[11]。

据此，**宋建学**等人进一步**以河南开封**为例进行统计分析，同样确认城市市区的行政小区的总建筑面积与火灾次数之间存在线性正相关关系，这可以作为城市火灾的一般规律[12]。

2001 年**吴波**等人又结合**东北某大城市**各类建筑物的情况，对 1995～1999 年的火灾数据进行统计分析，分别给出了各类型建筑物的单位建筑面积月起火率的概率分布模型，并由此导出了单位建筑面积年起火率和 50 年起火率的概率分布情况，发现一年之中重特大火灾在当年所有火灾中所占比例基本上在 0.05%～1.50% 之间[13]。

笔者认为，上述这些研究都是一种单一指标的微观形态评估的思想方法。这种思想方法简单实用，并与承袭了英式风格的香港消防界的评估方法比较接近。

2.2.1.2 单一指标评估的思想和方法评析

笔者认为，借鉴史培军的"区域灾害系统论"[14][15]，建筑面积或者家庭收入属于承灾体而不属于致灾因子的范畴，反映的其实是脆弱性水平而不是危险性水平，反映的是建筑规模和经济规模在城市火灾中遭受集中破坏的脆弱性。因此，它们并不适宜用以评估城市区域发生火灾的时间可能性，不适宜用来作为城市火灾危险性评价的基本指标乃至惟一指标。所以，现在一般将建筑面积或建筑密度用于表征火灾风险的承灾体，即城市区域的空间特征[16]。

不管怎样，火灾风险和重大火灾风险本身就是一种社会复杂现象，单一指标评估的思想方法因此就难以表征火灾风险的结构复杂性以及基于这种复杂性的简化统一的性质。所以，随着人们关于城市区域火灾风险的认知从"点状"认知、"线状"认知向结构性认知的结构化、系统化发展，不管是单一指标的微观评估的思想方法还是宏观评估的思想方法，它们必然属于火灾风险评估思想和方法的"少数派"；而多指标的微观评估的思想方法和宏观评估思想方法日益丰富，逐渐成为主要的评估思想和方法。

2.2.2 多指标微观评估及其宏观化

2.2.2.1 多指标微观评估的思想和方法综述

(1) 多指标微观评估的思想和方法及其宏观化的国际动态

在国外，有代表性的涉及城市区域火灾风险的多指标的微观评估思想方法主要是**英国**的"**风险分级系统**"，美国的"**火灾安全评估系统**"、"**城市公共消防分级法**"、"**消防应急救援自我评估方法**"和"**风险、危害及价值评估**"方法，瑞典的"**火灾风险指数法**"和日本的"城市等级法"等。

这些评估思想和方法，其目标有的是为了规划和部署消防力量，有的是为了保障生命安全、评估卫生保健设施，有的是为了给城市火灾保险提供评估依据等等。而**在城市火灾风险评估逐步与城市消防力量规划结合的过程中，又发生了火灾风险评估的"灭火"型消防规划目标向"防火"型消防规划目标的转变。而且，上述这些微观评估的思想方法在逐步兼顾非建筑的社会经济问题，吸纳部分社会宏观领域的指标的过程中，清晰地表现出宏观化的趋势，并最终更替为宏观化的思想方法**。

1) 英国 为了规划和部署消防力量，英国从1936年开始研究区域火灾风险在消防力量规划中的应用问题，在1944年制订并在1958年和1985年两次修订了一套消防力量标准，即"风险分级系统"。它主要根据某一区域内大多数建筑设施的描述状况划分出相应的风险等级，用以确定消防力量的响应时间、速度和程度的标准。该标准将消防队的辖区分为A、B、C、D和偏远地区、特殊风险区域等若干个风险等级；其具体分级指标有"建筑面积"、"建筑间距"、"建筑结构"、"建筑层数"和"建筑物占用情况"。这是一种半定量风险评估方法。我国香港地区的消防力量标准和它十分相似。显然，有关城市区域的"建筑面积"，实际上是一种宏观的总量指标。在实际运用中，英国根据这一标准将大部分消防力量分配到了城市中心或商业区，而居住区的消防力量则相对薄弱，造成75%的家庭火灾都有人员伤亡。这就暴露出该标准缺乏生命风险的思想，也没有考虑火灾风险的时间变化以及与社会经济因素的关系[17]。

2) 美国 为了防范城市建筑区域火灾，保障生命安全，评估卫生保健设施，20世纪70年代美国国家标准局火灾研究中心和公共健康事务局合作开发了"**火灾安全评估系统**"(FSES)，主要针对一些公共机构和其他居民区，是一种动态决策方法。其前身是70年代初美国公用事业管理局(GSA)的事故与火灾防治部主任Nelson领衔提出"**建筑防火系统指南方法**"[18][19]。因此，笔者认为，这显示了建筑火灾风险评估向建筑区域火灾风险评估的积极演变。FSES基于生命安全规范的防火等级，提供了针对医护、监狱、疗养、商业场所和居民区等特定场所或区域的不同防火安全措施的统一方法。FSES提出的5个风险因素包括"患者灵活性"、"患者密度"、"火灾区的位置"、"患者和服务员的比例"、"患者平均年龄"，并因此派生了"建筑结构"等13种火灾安全参数[20][21][22][23][24][25][26]。显然，"患者密度"和"患者和服务员的比例"等个别指标也属于宏观性总量指标。

为了给城市火灾保险提供评估依据，**美国保险业务事务所(Insurance Services Office/ISO)** 从20世纪70年代以来先后推出了"**市政消防分级表(CFRS)**"和"**灭火力量等级表**"**(FSRS)**，又称"**城市公共消防分级法**"。其目的是为了给城市火灾保险提供评估依据，并主要体现在CFRS1974上。CFRS1974设置了"供水"、"消防队"、"火灾报警"、"建筑法规"、"电气法规"、"消防法规"和"气候条件"等7个指标，以后又有修订版。在该方法中，诸如"建筑法规"、"电气法规"、"消防法规"等指标并不是建筑形态性的微观指标，而是属于社会管理类的宏观指标。但是，由于种种原因，这些宏观指标在1995年被删除了。这说明，宏观性指标并不总是必需的；而火灾风险评估的宏观化努力也并不始终是一种自觉的活动。另外，该方法尽管无法反映出消防组织的其他应急救援能力，但它也常用于城市各个区域的公共灭火力量的确定。因此，这在一定意义上表现出了评估目标的泛化倾向[27][28][29][30][31][32][33]。

然而，这种泛化倾向并不意味着只有英国重视消防力量规划而美国却反而忽视。1987年美国消防协会(NFPA)在制订《消防队职业安全与健康标准》(NFPA1500)的时候，试图将消防力量配置与风险评估结合[34]。1987年建立的美国国际消防组织资质认定委员会(CFAI)经过9年努力制订出了"消防应急救援自我评估方法"和"社区消防安全系统标准"。1998年，NFPA在**国际消防局长协会(IAFC)**和CFAI的积极参与下，制定了**NFPA1710**和**NFPA1720**这两个独立的消防力量部署标准，并推广到加拿大。这两个独立的消防力量部署标准都是指南性文件。文件认为：在全社区范围内一致性地采取防火措施，或通过消防安全教育和固定消防设施减缓火灾危害，比仅仅依靠社区内的消防部门所取得的成效要好得多；减少火灾的发生和降低其严重程度有赖于各方面的协作。因此，笔者认为，上述这种思想观念的变化意味着美国消防界开始注意研究和发展其他的不单纯依靠消防人员灭火的措施降低火灾风险和损失，实施多方位的消防服务(也就是中国所谓"防火")，尽管在评估其有效性方面又存在巨大的实际困难[35]。当然，美国现在采用的评估社区公共消防服务水平的方法是"成本—绩效方法"[36]，还局限在微观领域。不管怎样，**火灾风险评估的重心将从"灭火"转移到"防火"，由单一的消防部门视野转向多部门协作框架，从此开始跳出消防业务实践的传统框框，并为宏观化的评估埋下了伏笔。所以，这至少在美国是一次重大的消防思想革命和火灾风险评估思想的变革。**

3) 日本　日本在20世纪80年代对所有城市进行了火灾风险评估，划分了风险等级，促进了灾害行政管理制度和防灾支援系统的建设[37]。日本的火灾风险评估主要采用"**城市等级法**"，另外还有"横井法"、"菱田法"、"数研法"和"东京都法"等方法。城市等级法其实来源于1866年美国国家火灾保险商委员会(NBFU)开发的"**城市检查和等级系统**"。它从"城市"、"市街地"、"地区的气象条件"、"木结构建筑物的种类以及结构状况"、"通信设施"、"消防体制"等方面进行考量，定量表示出火灾风险等级[38]。可以认为，"城市等级法"在评估火灾风险时考虑到了消防体制的因素，因此不再是纯粹的微观方法，而是在将美国的"城市检查和等级系统"嫁接到日本城市的时候进行了初步的宏观化的改进。

4) 瑞典　在瑞典，隆德大学Magnusson等人1998年提出的"**火灾风险指数法**"，建立了"建筑"、"消防系统"、"组织"等3类13个火灾安全参数，它尤其适合于居民区建筑物的火灾风险评估。但是，该方法最初是为了评估北欧木屋火灾安全性，其目标是建立一种简单的火灾风险评估方法，可以同时应用于可燃的和不可燃的多层公寓建筑。因此，这里也可以看出建筑火灾风险评估向城市建筑区域火灾风险评估的积极演变及其多样化的具体情形。"火灾风险指数法"是一种半定量火灾风险评估方法，它在确定火灾安全的决策水平时，考虑了"方针"、"目标"、"策略"、"参数"和"考核项目"等因素。其中，火灾安全目标要包括"生命安全"、"财产保护"、"运作连续性"、"环境保护"和"遗产保存"等[39][40][41]。因此，它具有丰富的思想性。可以认为，"火灾风险指数法"在评估时考虑到了环境和文化因素，因此同样不是一种纯粹的微观方法，具有一定的宏观化倾向。

5) 澳大利亚 在澳大利亚，火灾风险因素在灭火救援力量布局中是一个受到广泛重视的决定性因素。澳大利亚通过分析"人口密度"、"结构危险评估"、"距离远近"和"到达难度"等情况进行风险分类分级，并设置相应的灭火救援的响应时间[42]。在这里，微观评估方法中仍然会涉及宏观因素，如人口密度等。

(2) 多指标微观评估的思想和方法及其宏观化的国内动态

在国内，有代表性的涉及城市区域火灾风险的多指标的微观评估思想方法主要是香港的"标准计分表"，李华军的"城市火灾危险性评价指标体系"、中国建筑科学研究院的"城市火灾安全等级法"、北京市消防总队的"城市区域消防安全评价模型"、中国人民武装警察部队学院的"居住区火灾风险评价指标体系"，和国家安全生产监督管理局的"城市区域性重大事故风险评价技术研究"等。

这些评估城市建筑区域火灾风险或区域性重大事故风险的评估思想和方法，其目标有的是为了规划消防力量，有的是为了提高城市防火安全水平，有的是为了增强城市消防安全管理，有的是为了研究城市公共安全规划等。而在风险评估逐步与消防工作结合过程中，发生了评估目标从消防规划型向消防管理型的转变，还发生了评估路线从"建筑形态路线"向"微观重大危险源路线"的转变。而且，上述这些微观评估的思想方法在逐步兼顾社会经济问题、吸纳部分社会宏观领域的指标的过程中，同样也清晰地表现出一定的宏观化的趋势。

1) 香港 首先，我国香港采用计分的方法评定各消防站责任区的风险等级，实现消防站建设与城市建设的同步规划，即"**标准计分表**"。计分的内容包括"人口密度"、"土地发展密度"、"建筑物高度"、"建筑物用途"等四个方面[43]。就其本质而言，香港的火灾风险评估与城市现代化建设之间具有很强的相关性，并抓住了构成火灾风险的重点因素；同时，"土地发展密度"和"人口密度"等指标属于宏观指标，尽管与英国"风险分级系统"中的"建筑面积"等指标有所类似，但是它在借鉴中有所扬弃，已经表现出了宏观化的思想和努力。

2) 境内 在境内，李华军等人 1995 年提出了**城市火灾危险性评价指标体系**，建立了"危害度"、"危险度"和"安全度"这三大指标[44]。这是境内首次提出的城市火灾危险性的多指标评估的思想方法，侧重于微观性研究，并应用于青岛。但这些指标本身并不实用，缺乏可操作性。后来，**李引擎、杨瑞**和**景绒**等学者先后提出了一些指标体系，使这种多指标的评估方法得到改进。

为了判定城市火灾安全等级、提高城市防火安全水平，1998 年**中国建筑科学研究院**建筑防火研究所**李引擎**等人以城市建筑火灾损失评价和建筑防火安全评价为基础，探讨了城市防火安全评定问题，提出从"建筑安全等级"、"城市消防能力"、"社会管理状态"和"火灾危险程度"等四个方面评估城市火灾安全。该方法采用综合加权评分法或模糊数学的矩阵合成法来评价火灾安全，用以判定城市的火灾安全等级，因此称为"**城市火灾安全等级法**"[45]。该方法同样显示了建筑火灾风险评估向城市建筑区域火灾风险评估的积极演变；而且，该方法中出现了诸如"消防站的密度"、"防火组织的落实情况"等不少宏观指标，表现出了明确的宏观化倾向。这得益于中国当时的社会消防发展的研究已经取得初步成果[46][47]。

为了增强城市消防安全管理，2003 年**北京市消防总队**参谋**杨瑞**和**中国人民武装警察部队学院侯遵泽**根据消防管理对象的界定标准，分别按照对象重要度和不同单位性质提出了两种不同的分类方法和分层结构，确定了消防安全体系的组成要素，采用层次分析法确定了各要素的权重和多层次多目标系统模糊优选理论，建立了"**城市区域消防安全评价模型**"，并在**北京宣武区**进行了应用研究[48]。笔者认为，该模型进一步反映了建筑火灾风险评估向城市建筑区域火灾风险评估的积极演变，并将交通工具和户外电线等许多非建筑的微观形态进行了吸纳和整合，将微观形态型的城市区域火灾风险评估研究推向了一个新的水平。同时，该模型还初步反映了火灾风险评估路线从"微观建筑形态路线"向"微观重大危险源路线"的转变，并开始在消防管理层面上加以结合。比如，该模型中的"企事业单位社会部门消防安全指数"就涉及"重点工厂企业"、"危险品相关单位"、"劳动密集型企业"、"其他小型企事业单位"、"社会机构"、"文物保护单位"和"各类枢纽设施"等，隐含了许多微观的重大危险因素，并实际超出了微观的重大危险源的概念范畴。但是，该方法并不适用于消防力量规划工作，同时在城市消防的宏观管理[49]的思考方面存在欠缺。

为了给城市消防规划和城市灭火救援力量优化布局提供理论支持，根据最近十多年以来居住区建筑火灾连续位于各类火灾之首的实际背景，2005 年**中国人民武装警察部队学院景绒、吴立志和董希琳**等首次确立以居住区火灾风险评价为研究对象，提出了居住区火灾风险评价的基本思路，创建了"**居住区火灾风险评价指标体系**"和线性加权评价模型，并给出了居住区火灾风险的等级。这属于国家"十五"科技攻关计划项目"城市区域火灾风险评价技术研究"的研究成果之一。该成果采用"居住区特征"、"人口密度"、"气象因素"、"市政消防给水"和"移动消防力量"等 5 类指标 24 个参数构建居住区火灾风险评价指标体系[50]。该方法在评估城市居民区火灾风险时考虑到了"人口密度"、"建筑容积率"、"燃气管网密度"等宏观因素，因此仍然不是一种纯粹的微观方法，具有一定的宏观化的倾向。

针对城市不同区域的公共安全要求，**国家安全生产监督管理局安全科学技术研究中心**基于城市公共安全规划的重大危险源辨识技术，进行了**城市区域性重大事故风险评价技术研究**。该研究提出了基于个人风险和社会风险的城市区域性重大事故定量风险评价方法，给出了多危险源、多事故后果类型、多气象条件下定量风险评价的总体数学模型，提出了风险评价的程序和原则；研究并建立了易燃、易爆和中毒事故后果模型并开发了相应的动态连接库程序；给出了典型危险源发生事故概率的分析方法；并在上述基础上开发了区域性重大事故定量风险评价软件，为进行城市公共安全规划提供了重要的技术手段和依据。这属于国家"十五"科技攻关计划项目的研究成果之一。上述成果在**浙江省宁波大榭开发区**得到成功应用[51][52]。笔者认为，这一成果表明，在西方式建筑火灾风险评估研究向建筑区域火灾风险评估研究转变的同时，源自西方的以工矿企业或流程工业为主的重大危险源评估研究[53][54][55][56][57][58][59][60]在中国也可以并必须转向区域性重大危险源评估研究，而且开始形成了城市区域（重大）火灾风险评估的第三路线。这是火灾风险评估研究的一次重要创新。但是，这一研究路线有一个不可或缺的基本前提，也就是重大危险源辨识和普查。因此，在我国安全生产监督管理体制草创阶段，在绝大多数城市严重缺乏重大危险源的系统辨识和科学普查的基本情况下，该项研究成果的试点和推广还面临着巨大的体制门槛，缺少实际的应用研究条件。同时，该成果在研究中除了重大危险源数据库，还设置了人口统计数据库和气象数据库，因此，同样也积极地显示了与城市区域的社会经济乃至气候环境等宏观要素相结合的宏观化倾向。

2.2.2.2 多指标微观评估的思想和方法评析

总体而言，笔者认为，上述成果属于多指标的微观评估的思想方法，体现的主要是城市区域火灾风险评估研究的"微观形态路线"，以及"微观重大危险源路线"，而个别的宏观指标(如：人口密度等指标)也开始出现。

(1) 中外有别，但都表现出宏观化的演进趋势 从国际比较而言，中外的城市区域火灾风险评估的思想方法在评估目标和研究路线上既有共性又有区别，既有相互借鉴又有独特创新。相对而言，国外重"灭火"轻"防火"，重"区域性建筑的火灾风险"轻"区域性重大危险源的火灾风险"，重"事前规划和保险"轻"事中控制与管理"，重"局部思维"轻"整体考量"等；而国内的情况基本与之相反。

但是，这些思想方法反映了建筑火灾风险评估向城市建筑区域火灾风险评估的积极演变，或者单一要素的重大危险源评估向集成性区域性重大危险源评估的积极演变。在这些演变过程中，**现代化国情特点和文化传统特色的影响带来了多样化的评估思想、方法和研究路线；并在逐步兼顾社会经济问题、吸纳部分宏观指标的过程中，表现出宏观化的趋势**。

(2) 火灾风险研究中出现了严重的"两张皮"的问题 需要指出的是，借鉴"区域灾害系统论"，笔者发现上述不少指标体系并未明确各类指标间的风险属性关系，或者没有根据火灾风险的定义系统明确其相互关系，缺乏应有的系统性和合理性。这样就在城市区域火灾风险的结构性认知还相当匮乏的情况下，进一步模糊了火灾风险的概念和表现，模糊了城市区域火灾风险认知与风险评估的必要的有机联系(并进一步淡化了风险评估与风险防范乃至风险决策与管理的关系)，形成了风险研究中的"两张皮"的问题。

(3) 可操作性日益缺乏，难以适应城市现代化巨变 更为重要的是，笔者认为，随着城市区域火灾风险的结构化认知的发展，这些**多指标的微观评估的思想方法中的具体指标变得日益庞杂和事无巨细，从一开始就逐步失去了其可操作性**。即便是现代遥感测绘、电子地图等现代科技有力地推进了多指标的微观评估方法的实践，但是，**面对城市建设日新月异的变化，尤其是中国等发展中国家的城市建设的迅猛发展，这些多指标的微观评估的思想方法难以适应城市区域建筑形态及其火灾风险，以及区域性重大危险源的动态性集散活动，难以跟踪和描述城市区域火灾风险的动态性变迁而迅速降低了其实际应用价值**。这首先是由于对火灾风险缺乏宏观化的认知，同时与一部分方法本身"一叶障目、不见森林"的具象主义特征和功利主义倾向是一脉相承的；这也是火灾风险的学术研究依附于、难以相对独立于消防部门的具体业务工作的必然后果。

(4) 提高国家学术能力，城市火灾研究需要思想解放和学术体制改革 解决这些困惑和问题的惟一途径,需要提高国家学术能力,也就是城市火灾学术研究的思想解放和体制改革。

1)火灾学术研究一方面要加强学术界与消防部门之间的开放性联系,另一方面要跳出城市消防安全工作的"业务框框",跳出学术研究习惯于从微观层面和短期视角去分析火灾风险的"思想框框";

2)"坚持以科学发展观统领经济社会发展全局",坚持"安全发展"[61],"加强部门之间、地方之间、部门与地方之间、军民之间的统筹协调"[62];

3)要努力关注和挖掘火灾风险的结构性认知及其社会经济的宏观层面。

而20世纪90年代以来,多指标的宏观评估成果的不断出现,必将有助于国内外人士重新审视有关城市区域火灾风险的理论认知和评估方法。

2.2.3 限于微观目标的多指标宏观评估

2.2.3.1 多指标宏观评估的思想和方法综述

(1) 多指标宏观评估的思想和方法的国际动态

20世纪70年代以来,国外许多学者认为,**了解和把握火灾风险与社会经济因素的关系,可以从宏观角度对火灾风险的评估、预测和防范给出更有意义的结论和建议**。对于一个国家或地区来说,从宏观角度研究防治、评估和预测火灾才有意义。而了解火灾风险与社会经济因素的关系,便可以从宏观的角度对一个地区的火灾预测、防治和评估给出有意义的建议[63][64][65]。国外的研究认为,**社会经济因素是一个城市或地区火灾发生率的最好预测因子之一**[66][67]。因此,除了前文所述的单一指标的宏观评估方法,近30年以来国外有关方面对城市区域火灾风险的多指标宏观评估的思想方法也在不断进行探索,并超出了方法论范畴而日益显示出认识论意义上的丰富的思想价值。在新近的几年,国外学术研究和业务实践中出现了一些重要成果,主要有**英国Entec公司**开发的"风险评估工具箱"、**英国Annex公司**的题为"社会排斥和火灾风险"的研究报告、美国的"风险、危险及价值评估"(RHVE)方法、**美国TriData公司**的题为"社会经济因素和火灾事故"研究报告等。但是,**它们的基本目标通常仍然局限于微观意义的消防力量配置**。

1)英国 在消防实践领域,英国在1995年后开始反思已经使用了40年的"**风险分级系统**"所存在的缺点。为此,英国的**审计委员会**发布了一份题为"消防方针"的考察报告,进一步认为这种方法没有充分考虑建筑设施的占用情况、社区的人口统计情况和其他社会经济因素以及建筑物内的消防安全措施;并与**内政部的消防研究发展办公室**共同设立了一个研究项目,提出了**基于风险的灭火救援力量规划研究框架**。该项目的研究目的包含以下几个方面:①确定任一地理区域所需要的消防力量,以降低对生命和财产造成重大损失的火灾风险性;②确定可以用以切实、合理地制订响应预案的火灾场景;③确定消防安全工作的重点;④确定一些特殊的危害情况。最后,**Entec公司**赢得了这一研究机会,在1999年4月以内政部的名义出台了"**风险评估工具箱**"测试版[68][69][70]。它在全国性火灾资料统计分析和各种典型区域的划分的基础上,给出了各种典型区域风险的判别准则。它充分贯彻了"首先要重视火灾生命风险"的消防方针,将风险划分为个人风险(含消防员风险)、社会风险、财产风险、环境风险和遗产风险等五类。而且,它是在综合分析了重大火灾次数、伤亡率、人员特征(失业、社会经济集聚、单亲、子女成群和贫困承租等)、所有者职业、建筑物特征等宏观和微观因素的基础上开发而成,有一定的实用价值[71][72][73][74][75]。

据此,笔者认为,从英国"风险评估工具箱"的研究目标和内容来看,城市区域火灾风险评估的宏观化研究开始表现为以下几点较为宽泛的内涵:

a. 上升到国家层面,为确定国家消防规划范围而提供基于风险的灭火力量部署的基本规范;

b. 关注社区人口统计情况、社会经济因素和安全管理因素;

c. 实施微观因素和宏观因素的整体化的有机结合;

d. 以人为本,突出生命风险评估;

e. 一般火灾风险与重特大火灾风险的结合;

f. 火灾风险与其他灾害风险的结合,重特大火灾风险与重特大事故风险的结合。

最近,英国有关火灾风险评估的宏观化研究又有新的进展。2004 年**英国 Annex 公司**提交了一份关于"**社会排斥和火灾风险**"的研究报告,该报告运用威尔士和北爱尔兰的多重社会剥夺指数(IMD),通过回归分析建立了火灾事故与社会剥夺、火灾伤亡与社会剥夺的多指标评估模型,涉及"收入"、"职业"、"健康"、"教育"、"住宅群"和"服务的地理途径"等社会经济变量[76]。

2) 美国 在美国,为了进一步贯彻消防力量部署与城市社区的火灾风险相结合的思想,在**国家消防局(USFA)** 的支持下,**国际消防组织资质认定委员会(CFAI)** 从 1999 年起开发出了"**风险、危险及价值评估**"(**RHVE**)方法[77][78][79]。该方法通过收集各种建筑物场所的相关信息,建立起一个以建筑群为基础的数据库,根据建筑设施、风险因子等诸多因素进行评分,得出辖区的风险总值。同时,该方法收集了社区人口等社会经济统计信息,包括总体信息(含永久居住人口、流动人口、辖区的面积、紧急医护救援服务、消防局、进行救援的事故种类和 ISO 级别等)、经济信息(含辖区经济价值总额、利润评估值、年均火灾损失总值、辖区消防财政预算信息等)、原始数据(含每千人口中的消防员数目总数和火灾损失、消防车平均人员装备、消防站平均保护面积、救援成本等)和其他威胁评估(含自然灾害、民防事件、技术因素等)[80]。该方法表明美国的城市区域火灾风险评估开始突破原有的局限,启动了宏观化评估的步伐和进程。

而在此之前,**美国国家消防局**在 1997 年发布了 **TriData 公司**的一份题为"**社会经济因素和火灾事故**"的研究报告,该成果详细分析了城市的邻里水平、家庭条件和教育素质等前后关系严密的社会经济因素对火灾风险的影响,从而解释了低收入者比高收入者容易受到更大的火灾风险的威胁和伤害的途径和原因[81]。而在 RHVE 方法公布之后,2004 年 12 月**美国国家消防局**最新发布的一份题为"**火灾风险**"的报告则分析了年龄、性别、种族、地区和经济条件等社会经济因素所构成的火灾风险[82]。因此,城市区域火灾风险的宏观化研究在美国不是偶然发生的,而且又在不断取得新的进展。

3) 澳大利亚 在澳大利亚,1997 年**新南威尔士消防局**运用统计分析方法确立了显著影响火灾发生率的社会经济因素，即年龄、教育、收入、住宅情况、失业率和少数民族。其中，前四者与火灾危险性呈负相关，后两者与火灾危险性呈正相关[83]。

4）新西兰 而在新西兰，2002 年 **Duncanson** 等人用收入、就业、教育和住房等指标分析新西兰的社会经济因素与发生重大火灾的关系，并用 NZDep96 表示某一区域的社会经济水平，NZDep96 的值越高，则火灾危险性越大[84]。

(2) 多指标宏观评估的思想和方法的国内动态

在国内，对火灾与社会经济因素的关系的认识和研究起步较晚，对社会经济因素对城市区域火灾的影响关系的研究相对较为匮乏。基于中国文化的系统思维传统、渐进式的社会经济现代化模式以及城市区域火灾风险的结构性认知，城市区域火灾风险评估的宏观化研究在世纪之交仍然取得了一些可贵的进展，但是，其基本的评估目标有待自觉摆脱微观配置范畴的目标取向和价值诉求。

1999 年，**暨南大学吴赤蓬**等人通过典型相关分析发现，我国火灾发生次数与国内生产总值、个体及私营企业数量以及城市个数之间具有正相关关系，而与城镇居民年平均社会消费支出呈负相关关系[85]。

2003 年，**中国科技大学火灾科学国家重点实验室杨立中和江大白**借鉴国外的研究探讨了中国火灾发生率、死亡率与人均 GDP、大专以上人口比例等社会经济因素的关系，并发现它总体上与国外是相反的[86]。

2004 年，**中国人民武装警察部队学院《"城市区域火灾风险评估技术的研究"研究报告》**运用灰色关联度分析方法发现火灾发生率与大专以上人口比例、城市人口密度和人均 GDP 之间具有正相关关系[87]。

笔者认为，上述三者的共同的不足在于其**相关性分析所选用的数据并不直接是城市火灾而是省区火灾的统计数据**。当然，尽管在相关性分析部分没有能够采用到城市火灾数据，中国人民武装警察部队学院在建立了"城市地理区域火灾风险评价指标体系"后，采用了**北京市朝阳区**的人均 GDP、人口密度、大专以上人口比例以及外来人口比例这些指标和数据定量地评估了该城市区域的社会经济活动的火灾危险性，初步反映了城市火灾风险的深层次的社会经济因素[88]。因此，20 世纪 90 年代以来我国学者对城市区域火灾风险的宏观化评估研究，尤其是在指标体系的设计方面，仍然取得了一些重要成果。

1995 年，由公安部立项和组织研究的"**社会消防发展综合评价指标体系及评价方法**"通过部级专家鉴定并颁布实施。该成果指出：**社会消防是全社会共同认识、抗御火灾的能力与实践活动；它是由与社会、经济、科技普遍联系的诸多因素构成的统一整体**[89]。所以，尽管社会消防发展综合评价与城市区域火灾风险评估并不相同，但该成果的推出显然极大地改变了人们的消防思想和观念，推动了人们对城市区域火灾风险的宏观化的认识和评估。之后，尤其是在世纪之交，国内开始出现一些城市区域火灾风险评估的宏观化研究的成果。其中，**吴立志**、**易立新**、**郑双忠**、**张一先**、**杨海**，以及**沈伟民**等在评估指标体系的宏观化设计方面进行了研究。

1999 年，**吴立志**和**易立新**在综合考虑火灾发生原因、火灾孕灾环境和火灾负荷、城市抗灾能力等基础上，提出了"**区域基本单元火灾风险指数**"的概念，并采用"火灾危险指数"、"城市特征指数"和"城市抗灾指数"表示城市火灾风险指数。他们运用 Delphi 专家调查法和层次分析法确定各指标及其权重[90][91];并运用多层次多指标系统模糊优选理论,采用相对优属度的概念,建立了城市火灾风险评价模型,可以适用于多个城市区域的火灾风险的相对比较和优选,不适用于消防力量部署[92][93][94][95][96]。笔者认为,该成果反映了城市区域火灾风险的结构性认知,又反映了城市建筑区域火灾风险评估向城市社会经济区域的火灾风险评估的积极演变。当然,该成果中有些指标还缺乏明确的定义和实际可操作性。

2001年,**郑双忠**等人进一步采用"火灾危险程度"、"城市特征"、"消防实力水平"和"社会管理状态"表示城市火灾风险[97]。显然,该成果在城市区域火灾风险的结构性认知方面又有了新的发展,并因此改进了城市区域火灾风险评估的宏观化研究。同时,针对层次分析法在一致性检验方面所存在的缺乏科学依据并且与人类思维不吻合的欠缺,该成果结合模糊数学理论提出了模糊层次分析法用以计算城市区域火灾风险评估指标体系的指标权重。但是,该成果所采用的计算方法本身还是比较复杂,值得进一步简化和改进;而且,该成果并未处理宏观性指标之间的相关性问题特别是强相关性问题。

2003年,**张一先**等人认为:火灾事故危险源的评价工作除了少数行业外大多数仍然处于起步阶段,对于城市区域的火灾危险性的研究则更少一些。因此,他在调查分析城市火灾危险源和城市特征的基础上,结合**苏州古城区保护区**的特点,采用"液化气站数量"、"油漆店物资量"、"砖木结构建筑比例"、"人口密度"、"财产密度"、"消火栓数量"和"道路情况"等指标分析了苏州古城区火灾危险性,可以为苏州古城保护区的防火安全管理提供依据[98]。笔者认为,尽管该成果的指标体系并不完整,缺乏指标定义,也没有进行权重计算和分配,从而影响了其科学合理性[99],但是,**该成果同样反映了以工矿企业或流程工业为主的重大危险源评估研究向区域性重大危险源评估研究的转变,形成了城市区域火灾风险评估的第三路线**,并在这一方面早于国家安全生产监督管理局;而且,该成果还结合了城市建筑和消防管理方面的宏观指标,表现了一种将重大危险源、建筑、社会经济、消防管理等诸多方面的要素加以综合考虑的研究路线。所以,该成果的最大价值在于研究路线的创新价值。

2003年,**杨海**等人采用"城市特征"、"火灾危险程度"、"消防管理水平"和"社会管理状态"表示城市火灾风险。然后,以**苏州古城保护区**的火灾风险管理为例,运用模糊模式识别理论模型[100][101]建立了模糊综合评判数学模型,得出重点防治区域并提出了相应的安全管理措施[102]。笔者认为,该方法对火灾风险的理解和描述与**郑双忠**等人的研究是基本一致的,当然其具体指标要更为丰富一些,较为全面;其研究路线则受到了合作研究者**张一先**的影响。因此,该方法在综合既往成果的基础上,反映了火灾风险评估的宏观化研究的最新进展,表现出了城市区域火灾风险宏观评估的研究路线日益明晰的学术动态。当然,该成果也存在部分指标定义不合理、部分指标选择不合理、部分指标研究深度不够等方面的不足[103]。但是,笔者认为,这种方法的主要欠缺在于**它同样未处理宏观性指标之间的相关性问题特别是强相关性问题**;其次,该成果所采用的火灾风险定义与火灾风险评价中的风险描述并不一致[104];其三,所采用的指标缺乏定量分析的判据,尤其是对社会经济要素与火灾风险的关系缺少分析。这些在一定意义上反映了火灾风险评估中所普遍存在的共性问题。

值得注意的是，2002年上海消防局沈伟民对城市火灾风险与社会经济及管理等宏观要素的关系进行了探讨。他指出，"我们应当努力找到决定城市火灾发生的主要参数"，决定城市火灾发生的主要参数有以下五个方面：①发展速度和经济总量；②城市规模和人口密度；③流动人口和消防警力；④教育程度和宣传力度；⑤社会控制与全民意识[105]。笔者认为，这是第一次明确地将城市火灾风险直接地与宏观的社会经济因素相互联系起来，尽管缺少量化分析，但是为火灾风险的宏观评估及其指标体系的科学设计提供了初步的思想判据，指出了一个非常基本但过去总是容易忽视的探索方向。

2.2.3.2 多指标宏观评估的思想和方法评析

总体而言，笔者认为，上述成果属于多指标的宏观评估的思想方法，体现的主要是城市区域火灾风险评估研究的"宏观性状路线"；反映了城市建筑区域火灾风险评估，或区域性重大危险源评估，向城市社会经济区域的火灾风险评估的积极演变并相互逐步融合的发展趋势。

(1) 中外研究各有特色

从国际比较而言，国内外的成果在评估目标和研究路线上既有共性又有区别，既有相互借鉴又有独特创新。

1) 国外研究比较规范，国内研究比较系统 相对而言，国外重视火灾风险与社会经济因素的相关性分析和量化的实证研究，评估研究的方法较为规范；但是，受到西方传统的还原论思维的影响，缺乏对城市区域火灾风险的结构性认知，因而也缺乏对火灾风险的宏观评估的系统化研究。相反，中国尽管也日益重视火灾风险与社会经济因素的相关性分析，但仍然不够规范；而受到东方传统的系统思维的影响，在加强对火灾风险的结构性认知的基础上，关注对火灾风险的宏观评估的系统化研究，因此开始采用结构性变量，比如建筑密度、人口密度和经济密度等指标实际上一种空间结构性质的变量。

2) 国外研究注重生命和环境价值，国内研究注重实用的管理价值 其次，国外的研究重视生命风险和环境风险等天人关系的哲学思考和运用，中国的研究注重当下的防火安全管理的实用考虑。

3) 中外研究热点有别 国外研究关注小概率火灾事件和特种火灾风险问题；中国的研究在火灾风险综合评判的计算方法上较为关注，但忽视了宏观性指标之间的相关性问题。

(2) 中外研究中存在一些突出的共性问题

笔者认为，国内外的研究中存在如下几个方面的共性问题。

1) 忽视研究路线的基本分析，没有明确的宏观化研究路线 注重评估目标的具体分析，但忽视研究路线的基本分析，因此没有将城市区域火灾风险评估的宏观化研究明确为基本的研究方向并加以深入探索。这是阻碍城市区域火灾风险评估研究的一个重要问题。由于缺乏明确的宏观化研究路线，进而就缺乏火灾风险与城市化、工业化和市场化等现代化要素的关系及其国情特点和时代特征的分析和考量，这方面的研究基本处在空白状态，也亟待加以改进。

2) 缺乏"消防概念规划"或"消防战略规划"的思想 尽管注重了评估目标的具体分析，但对城市消防规划的理解都比较单一，缺乏"概念规划"或"战略规划"的思想，**制约了火灾风险评估研究的目标层次和基本水平，阻碍了风险评估研究的宏观价值或战略意义的培育和挖掘**。

3) 局限于"资源配置"这一微观的目标框架，难以提出并服务于"资源利用"这一根本目标 最为基本的是，由于缺乏"概念规划"的思想和这方面研究需求的挖掘，现有的火灾风险的宏观评估方法难以提出并服务于"资源利用"这一根本目标，更**未能从城市组织的资源属性及其结构变迁和更替出发去充分把握火灾风险评估的宏观主旨**；相反，它在总体上局限于"资源配置"这一微观的目标框架下，**甚或，又将社会经济指标的采用简单地等同于宏观研究**。这样，就造成了火灾风险的宏观评估方法所面向的基本目标的错位，和宏观化研究的不彻底性，极大地制约了城市公共(火灾)风险管理的理论和实践。

4) 缺乏现代意义的结构性分析和体系性构建 由于火灾风险的结构化认知受到了东西方传统文化的影响，缺乏对城市区域火灾风险系统的科学分析，因此，城市区域火灾风险评估和宏观化研究缺乏现代意义的结构性分析。因此，各类指标或变量间的属性关系仍然需要根据火灾风险的结构系统及其属性关系加以系统分析和合理反映。同时，城市区域火灾风险评估及宏观化研究与火灾风险认知及定义系统的关系，以及城市区域火灾风险评估与风险防范、决策及管理的关系，这种前后间的逻辑关系在既往的研究工作中经常出现割裂，缺乏必要的有机联系，这就导致在学科建设方面，城市区域火灾风险研究尚未形成一个逻辑清晰、结构严谨、实证丰富、思想完整的理论体系。

5) 针对重大火灾风险的研究相对缺乏 城市区域火灾风险评估及宏观化研究中，针对重大火灾风险的研究相对缺乏，既有的为数不多的研究也没有突出这一方面的主题。

6) 缺乏马克思主义的立场和方法 城市区域火灾风险评估及宏观化研究中，还缺乏或忽视马克思主义的立场、思想和方法。

(3) 创新城市区域火灾风险评估及宏观化研究

笔者认为，城市区域火灾风险评估及其宏观化研究作为一个重要的学科交叉研究领域，包含着深刻的科学问题和远大的创新前景；解决当前已经揭示和发现的问题，是探索和创新的基本途径。解决上述这些共性问题的途径，需要做以下几个方面的创新性工作。

1) 要以城市消防的"概念规划"的思想指导火灾风险评估的宏观化研究，特别是要服务于城市公共(消防)安全的"资源利用"这一基本目标，实现较为彻底的火灾风险的宏观评估，并为火灾风险防范、决策及管理提供有效的实证分析；

2) 要明确宏观化研究的研究路线，并强化火灾风险系统的系统分析，实现火灾宏观风险的系统性认知和结构性分析；

3) 积极关注火灾风险与诸种现代化要素的关系的分析和考量，积极运用马克思主义及其最新发展，充分揭示火灾风险的国情特点和时代特色，努力构建城市区域火灾风险宏观研究的理论体系。

2.3 城市区域火灾风险防范的战略化演进

火灾风险评估的基本目的在于火灾风险防范，而火灾风险评估会受到不同的研究路线的影响，因此，火灾风险评估的研究路线不仅体现了火灾风险评估的基本目的，而且也影响了用以防范火灾风险的基本策略。因此，火灾风险评估的宏观化路线必然可以极大地推动火灾风险防范的战略化演进的进程。这种战略化演进的进程涉及火灾风险防范的对象、性质和火灾风险防范需要解决的问题，以及火灾风险防范工作的理念和方法，是全方位的战略转变。

(1) 火灾风险防范对象发生战略转变　当前，火灾风险防范已经出现了战略化演进的态势。这不仅表现为风险防范的对象由单一要素的火灾风险转向集成要素的火灾风险，乃至城市区域火灾风险，而且也表现为风险防范的对象由城市区域的建筑形态型火灾风险，转向城市区域多源型火灾风险(基于多种重大危险源之集成的火灾风险)以及城市区域的社会经济性状型火灾风险。

(2) 火灾风险防范性质发生战略转变　除了风险防范对象的战略转变，火灾风险防范的战略化演进态势还表现为风险防范性质的战略转变。火灾风险防范的目的从建筑防火、预防流程工业的过程风险、引入保险机制改进财务控制等单一而局部的目标，逐步转向更高层面的城市公共安全目标；从流程安全、工程选址转向消防力量布局；从面向建筑区域的消防力量配置转向面向城市区域多源集成的重大危险源的安全规划；更从微观意义上的资源配置目标转向了具有宏观意义的资源利用目标，实现城市区域社会经济的结构性本质安全。当前，火灾风险防范的战略化演进主要表现为火灾风险防范的根本目标是实现城市区域社会经济的结构性本质安全。

(3) 火灾风险防范工作需要解决的问题出现战略转变　由于火灾风险防范的对象和性质的战略转变，火灾风险防范工作需要解决的问题也发生了战略变化。譬如，建筑防火是为了解决建筑物的消防安全问题，其中，如何实现性能化防火是建筑防火工作中的基本问题之一；消防力量布局和规划主要根据城市建筑区域或重大危险源的实际风险水平(或安全标准)解决消防力量的合理配置问题，如何对有限的消防力量进行合理配置、优化布局是一般的城市消防规划需要解决的基本问题；而面向城市区域的社会经济性状型火灾风险和充分利用城市安全资源的目标，火灾风险防范工作需要解决的是城市现代化背景下的结构性安全问题。在我国，城市化、工业化和市场化的道路不同于西方国家，城市发展的能源条件以及城市火灾的历史和现实形势也不同于西方城市，因此，我国当前城市区域火灾风险防范工作尤其需要解决中国特色现代化条件下的城市消防安全(乃至公共安全)的宏观结构性问题。

(4) 火灾风险防范工作的理念与方法发生战略转变　在火灾风险防范的对象、性质和火灾风险防范需要解决的问题发生战略变化的情况下，火灾风险防范工作的理念和方法也出现了战略转变，逐步出现了一些战略性的思想、方法、手段和策略。这又使城市消防安全的战略规划呼之欲出，城市消防安全的可持续发展必然从可能变为现实。因此，城市消防的战略规划必将成为高于普通的城市消防规划的火灾风险防范手段，这意味着城市消防规划的重大创新。

2.3.1 风险防范对象和性质的战略化演进

(1) 火灾风险防范对象之一：作为"城市细胞"的建筑 近现代以来，城市火灾风险防范的对象首先不是城市区域的整个系统本身，而仅仅是城市建筑。18世纪葡萄牙里斯本的灾后规划重建，19世纪美国芝加哥、波士顿和洛杉矶等城市颁布建筑和用地条例减轻火灾损失，以及当代的建筑性能化防火的研究和实践，这一切都说明火灾风险防范的最初对象是作为"城市细胞"的建筑，其基本目的是预防和减轻建筑火灾，从而减少财产和生命损失。

(2) 火灾风险防范对象之二：作为"现代城市的心脏"的工矿企业 "二战"之后，城市化和工业化迅速发展，作为"现代城市的心脏"的城市工矿企业演变为火灾风险防范的新对象。其代表性的事件是20世纪50年代美国通用汽车公司的自动变速器装置引发火灾，造成巨额经济损失。从此，许多西方企业纷纷设立了风险管理机构。

(3) 火灾风险防范对象之三：重大危险源 为了有效遏制重大火灾、爆炸和毒物泄漏等重大工业事故，20世纪70年代，英国提出了重大危险源的概念，开始从事重大危险源的辨识、评估和控制工作，并在20世纪80、90年代以来演变为一种国际性活动。1993年国际劳工大会通过了《预防重大工业事故公约》和《建议书》，号召各签约国建立重大危险源控制系统，我国是签约国之一。

(4) 火灾风险防范对象之四：城市区域 城市火灾风险防范的对象从城市建筑、城市企业演变为城市区域，最早可以追溯到始于1936年的英国"风险分级系统"的研究与修订。它主要根据某一区域内大多数建筑设施的描述状况划分出相应的风险等级，并以建筑规模和环境密度为主要依据，用以确定消防力量的响应时间、速度和程度的标准。因此，它首次解决了城市区域火灾风险在消防力量规划中的应用问题。

在我国，尽管长期缺乏风险观念，许多大城市还是初步建立了粗略的以城市区域为对象的防火布局。比如，20世纪90年代，上海分别以内环线和中环线为界布置城市消防力量。而且，随着"开发区模式"日益成为中国现代化建设的独特经验，面向开发区和多源集成的重大危险源区域的防灾减灾工作逐步提上议事日程，成为城市火灾风险防范的新型区域性对象。

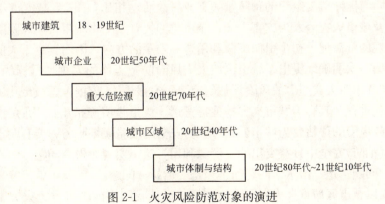

图 2-1　火灾风险防范对象的演进

(5) 火灾风险防范对象之五：城市体制与结构　更为重要的是，伴随着城市火灾风险防范对象的区域化转变，城市火灾风险防范工作日益从技术性工程性活动转变为社会性政策性活动。20 世纪 70 年代以来，火灾科学逐步从自然科学走向社会科学，火灾研究领域的社会科学工作者日益增加。这就为深入认识火灾风险防范工作的性质和目标创造了基本条件。

具有代表性的事件是，1986 年德国社会学家**乌尔里希·贝克**发表了《**风险社会**》。他认为，风险社会指的是"一组特定的社会、经济、政治和文化的情境，其特点是不断增长的人为制造的不确定性的普遍逻辑，它要求当前的社会结构、制度和联系向一种包含更多复杂性、偶然性和断裂性的形态转变"[106]。这一论断意味着**现代城市社会需要采用社会转型的方式才能适应日益剧变和不确定的社会现实，建构起结构性、体制性和开放性的安全形态**。根据贝克的理论观点可以进一步推论的是，作为"**不断增长的人为制造的不确定性**"的城市区域火灾风险，其火灾风险防范工作的基本目标不再是现有的社会结构和体制传统条件下的消防安全资源的合理配置，而是积极主动地适应风险社会环境，充分利用城市消防资源，努力构建安全型社会经济结构和体制。因此，**火灾风险防范工作的基本对象不仅是城市建筑、企业或微观的重大危险源，更重要的是一定城市区域内的社会结构、体制及其联系；火灾风险防范工作的基本目标不仅是合理配置消防资源，而且是充分利用消防安全资源，创建结构性、体制性的社会本质安全**。因此，在这个意义上，贝克的风险社会理论无疑为当代社会深入认识城市火灾风险防范工作的性质提供了社会学的理论启示。

在实际工作中，有代表性的事件是"**国际减灾十年**"活动，它是火灾风险防范工作与安全资源利用之间形成了初步联系。1987 年 12 月，第 42 届联合国大会通过了 169 号决议，确定 1990～2000 年为"国际减轻自然灾害十年"。其目的是**通过国际社会协调一致的努力，充分利用现有的科学技术和开发新的技术，提高各国减轻自然灾害的能力**，以减轻自然灾害对世界各国，特别是发展中国家造成的生命财产损失；活动重点是针对地震、森林火灾等突发性自然灾害。1996 年 1 月，随着城市化进程的迅猛发展，联合国国际减灾十年秘书处提出 1996 年"国际减灾日"的主题是"**城市化与灾害**"。显然，这一活动主题也包括城市灾害中具有典型意义的城市火灾。因此，"国际减灾十年"活动初步实现了**城市火灾风险防范工作与充分利用社会组织资源、科技资源以及公共政策等安全资源之间的联系**。而且，与国际劳工组织的预防重大工业事故活动相比，"国际减灾十年"活动尽管最初并未涉及城市火灾等人为灾害，却在城市化的大背景下将城市火灾风险防范工作的基本目标从微观的资源配置初步引向资源利用这一宏观的方向，因而具有重大的战略意义。

但是，**第一次明确地提出了城市区域火灾风险防范工作的宏观性目标的是 2006 年同济大学的《"H 市重大典型事故风险评估研究"研究报告》**。依据中国城市化、工业化和市场化等现代化进程及其影响城市火灾的独特背景，该报告明确指出："研究我国当前城市重大火灾事故风险的评估要为城市公共(消防)安全的战略规划服务，要有助于解决我国当前城市公共(消防)安全中日益突出的'**资源利用**'这一宏观而根本问题，而不只是微观的'**资源配置**'问题，是'**治本**'问题而不只是'**治标**'问题。"因此，就研究所要解决的问题而言，"要以城市区域重大火灾风险为典型，评估我国当前城市重大火灾事故风险，系统地揭示我国当前城市社会经济活动中存在的可以引起或造成重大火灾事故的风险因素，并能够为其他类型的城市重大事故风险的评估和防范中的关键因素和共性因素提供一定的通用性的借鉴"[107]。尽管该报告尚未进一步研究火灾风险防范工作中如何充分利用安全资源、实现宏观安全目标的问题，该报告所从事的城市区域火灾风险评估方面的工作却已经开始为此而寻求科学依据，并且明确提出了城市区域火灾风险评估和防范工作的宏观诉求。因此，城市区域火灾风险防范对象和性质的战略化演进活动开始进入一个具有明确的宏观目标的阶段。

2.3.2 风险防范理念和方法的战略化演进

正如《**现代风险管理译丛**》总序指出："风险社会的到来导致了社会理念基础和人们行为方式的改变；对增长的盲目乐观必将被更加审慎和全面的发展观所取代；过去的经验已经不足以成为当前行为的依据和理由，人们当前的行为选择同时还受到对未来预期的影响；可以说，现代风险已经从制度上和文化上改变了传统社会的运行逻辑。"[108]

(1) 火灾风险防范理念与可持续发展的思想相一致

1) 国际 在国际社会，就在乌尔里希·贝克发表《风险社会》的第二年，**世界环境与发展委员会**首次提出了**可持续发展**的概念。1992年，联合国环境与发展委员会（WCED）对可持续发展定义为：**既符合当代人的需求，又不致损害后代人满足其需求的能力的发展**。可持续发展体现了现代人类发展观的根本变革。在可持续发展的观念中，衡量发展不仅仅是经济增长，还要考虑资源、环境、社会的进步、人的全面发展等方面。安全需求是人类最基本的需求之一，可持续发展离不开人类安全。早在1989年，**达莱和考勃**等学者提出的可持续发展的经济福利量度指数，就包括了交通事故费用、噪声污染成本等与灾害事故有关的内容，并用于评价欧美国家和地区的可持续发展水平。2001年**联合国可持续发展委员会**(UNCSD)提出了一个可持续发展指标体系（CSD框架）。在其15个主题中，安全是社会可持续发展方面的主题之一；在38个子题中，灾害防护和响应机制是可持续发展方面的子题之一。2002年，欧盟在巴塞罗那欧洲会议上提出了欧盟结构性指标，其中"工作事故：严重事故"和"工作事故：致死事故"是其中的两大指标[109]。因此，火灾显然也成为衡量可持续发展水平的重要因素之一。

2) 国内 在国内，2001年消防界的**蔡畅宇**发表《**论火灾与可持续发展观的内在联系**》，指出：可持续发展是人类迫切解决的问题，火灾对可持续发展构成巨大威胁；为此，针对火灾的危害，从防灾角度研究可持续发展观，揭示火灾与可持续发展的内在联系，为有效控制火灾提供正确的认识论和科学的方法论[110]。

2004年，**国家安全生产监督管理局吴宗之**指出，"鉴于现阶段我国严峻的安全生产形势，安全生产应作为我国可持续发展的重点内容"；"要树立'安全是相对的、危险是永存的、事故是可以预防的'科学观念，要纠正'经济发展，事故难以避免'的错误观点"；要"将安全生产纳入国民经济和社会发展总体规划以及可持续发展指标体系"[111]。同时，**青岛建工学院董华**等指出，城市公共安全是城市可持续发展的客观要求和基本条件[112]；**中南大学徐志胜**等对城市公共安全可持续发展理论进行了初步研究[113]。

2005年10月，**党的十六届五中全会提出**"全面贯彻落实科学发展观"，"坚持以科学发展观统领经济社会发展全局"，"坚持节约发展、清洁发展、**安全发展**，实现可持续发展"[114]。当年年末，时任国家安全生产监督管理总局局长张宝明指出："**安全发展应当与人口、资源、环境一样成为国家的一项基本国策，应当将反映经济和社会安全状况的四项安全指标，即意外事故死亡率、职业工伤死亡率、亿元GDP死亡率、安全投入比例等纳入全面建设小康社会的指标体系中**。到2020年我国安全生产必须达到根本好转阶段，实现重特大事故的有效控制，各类事故和人员伤害接近目前发达国家水平。"[115]

（2）火灾风险防范方法出现重大的战略转变

在可持续发展的思想日益成为城市公共安全和火灾风险防范工作的基本理念的同时，国内外城市火灾风险防范工作的基本方法也出现了重大的战略转变。

1) 发达国家通过资本和产业转移输出工业灾害风险，火灾风险出现全球化转移

西方发达国家在全球化背景下通过资本和产业转移等方式输出工业灾害风险，致使发展中国家面临日益严峻的风险态势。

著名新城市社会学家戴维·哈维用资本运动的循环解释一系列城市危机和灾害问题。他指出，**工业资本生产过程是资本第一循环，其矛盾表现为商品生产过程中资本和劳动力闲置，解决这类矛盾的方法是实现资本第二循环，也就是将资本大量投入到生产性和消费性人造环境的生产中，结果是既存空间结构受到破坏或被迫重构，矛盾的化解又依赖资本向第三循环转移，即科技与社会支出，导致的结果是各类因科技进步而产生的危机；本国的危机无法化解，资本要寻求新的投资方向，从而使资本生产实现全球化扩展，危机也就这样向全球转移**[116]。因此，西方世界一旦认识到正是现有的工业产业结构从根本上导致了火灾爆炸等重大工业事故频繁发生，通过资本和产业转移等方式输出和转移本国工业灾害风险便成为防范城市重大火灾等重大灾害事故的战略手段。

半个世纪以来，西方国家在不断寻求经济成长的过程中，遭遇了频繁的重大工业事故和城市灾害，也破坏了环境，严重危害国民健康和生命。于是在20世纪60年代，欧美日各国掀起了前所未有的全民环境及安全保护运动。各国在多方面的压力下，遂纷纷成立环境保护或灾害管理机构，如联邦紧急事务管理局、职业安全和卫生局以及美国环境保护署等，统筹全国工业安全及卫生、环境保护事宜；各种立法也相继颁布实施，并在20世纪70年代逐步成熟。在这种情况下，西方工业界在利润最大化和成本最小化的驱使下，纷纷开始向国外寻求出路[117]。因此，20世纪70年代之后，它们要么通过国际贸易输出具有灾害风险的商品，要么通过跨国投资的方式输出具有灾害风险的企业和产业。这种**公害输出**的对象主要是石油化工、钢铁和其他金属冶炼、造纸等肮脏工业，并在发展中国家日益造成严重的城市灾害，形成"**飞镖效应**"[118]。随着冷战结束和市场化改革的兴起，20世纪80年代以来经济全球化进入第三次浪潮，发达国家打着"转移我们的工业，以帮助你们实现现代化"的旗号，对发展中国家所推行的公害输出也与日俱增，这其中也包括官方发展援助项目（ODA）。比如，日本将2/3至4/5的肮脏工业转移到了东南亚和拉丁美洲，美国肮脏工业部门的国外投资39%是在第三世界。因此，**工业灾害输出及风险转移成为西方发达国家防范本国的城市重大火灾等灾害事故及其风险的基本手段**。

国办发［2006］53 号文件《国务院办公厅关于印发安全生产"十一五"规划的通知》指出："随着经济全球化进程加快，工业发达国家一些危险性较大的产业正向我国转移。同时，我国一些危险性较大的产业也将出现由发达地区向欠发达和不发达地区、大型企业向中小型企业、城市向农村转移的趋势。这些变化加大了事故风险，使安全生产面临新的挑战。"[119]因此，在全球化背景下，**我国正是西方国家通过资本和产业转移等方式输出工业灾害风险的重要目标之一**，面临日益严峻的风险态势。

2) 城市防灾减灾体制实现重大变革，火灾风险防范能力显著提高 联合国环境与发展大会(里约大会)1992 年通过的**《21 世纪议程》**对**"可持续发展能力"**有明确的表述："一个国家的可持续发展能力，在很大程度上取决于该国的生态状况与地理条件下的人民与体制的能力。具体说，能力建设指的是一个国家在人力、科学、技术、组织、机构和资源方面的能力的培养与增强。**能力建设的基本目标是提高对政策与发展模式进行评价、选择的能力**，这个提高能力的过程取决于该国人民是否对环境约束与发展需求之间的关系有正确认识。所有国家都有必要增强在这个意义上的国家能力。"20 世纪下半叶以来，在可持续发展的思想逐步酝酿形成与演进的过程中，与火灾风险防范的工作能力直接相关的城市防灾减灾体制不断实现重大变革，火灾风险防范能力显著提高。

a. **单项灾种部门的防灾减灾为主的体制** 20 世纪下半叶以来，国内外城市防灾减灾体制先后经历了三个不同的发展阶段。第一阶段是单项灾种部门的防灾减灾为主的体制，并制定相应的法规条文。如消防部门承担城市火灾的减灾防灾，但主要负责救火和救援工作。这个阶段一般是在 20 世纪 60 年代以前。

b. **综合防灾减灾管理体制** 第二阶段是 20 世纪 60 年代到 90 年代，随着环境保护和职业安全与健康日益受到重视，可持续发展观念不断深入人心，城市防灾减灾体制从单一灾种部门的管理体制转向多灾种的"综合防灾减灾管理体制"。其主要特点有以下几个方面。

——**全过程的综合协调** 把灾害或危机事件的"监测、预防、应急、恢复"全过程的防灾减灾管理对策加以综合，协调实施。其中，应急主要是指通过事故发生前的计划（或预案）迅速控制事故的发展，保护生命安全，减少人员、财产和环境的损失。1993 年**国际劳工大会**通过的《预防重大工业事故公约》，将应急计划作为防范重大事故的必要措施。

——**纵横一体化的管理** 按防灾减灾的行为主体，譬如中央政府、地方政府、社区、民间团体和家庭，纵向地综合起来，形成一体化管理。美国国会在 1967 年就通过立法，规定 911 作为公众报警和求助的国家专用电话，逐步建立了 22000 个 911 中心，改变了消防、警察和医疗等部门报警电话不统一的状况。

——**规划主要灾害链的应急对策** 对主要自然灾害链(如地震与火灾)的应急对策综合起来进行立法，制定规划。

——**灾害预防纳入各种规划** 各国不同程度地强调灾害或危机的预防工作，并把灾害预防作为主要内容纳入防灾减灾规划，甚至与国民经济发展规划或国土开发规划综合起来。1990 年，在中国"国际减灾十年"委员会成立大会上，**田纪云**提出："要把减灾活动纳入国民经济发展的战略规划中去"，"应把减灾工作作为推动社会经济发展的一件大事，列入各级政府的重要议事日程"[120]。

c. **危机综合管理体制** 第三阶段是在联合国开展国际减灾十年以来，特别是"911"事件之后，以美国为代表的西方国家把"综合防灾减灾管理体制"上升到"危机综合管理体制"，形成了"**防灾减灾—危机管理—国家安全保障**"**三位一体的系统**。其中，"危机管理"既承担原来人为灾害和自然灾害等危机事件的综合应急管理，又承担危及国家安全的重大灾害事件或恐怖活动的综合应急管理[121]。在**俄罗斯**，2001年末原来设置在内务部的国家消防总局及其下属单位或部队一并纳入紧急情况部，因此，俄罗斯消防体制实现了重大变革[122]。

总体上，目前我国许多城市的防灾减灾体制仅仅停留在西方发达国家城市的第二甚至第一阶段。但是，新中国建立至今，党和政府始终就高度重视防灾救灾问题。2004年9月召开的**党的十六届四中全会**提出"健全工作机制，维护社会稳定。坚持稳定压倒一切的方针，落实维护社会稳定的工作责任制。……建立健全社会预警体系，形成统一指挥、功能齐全、反应灵敏、运转高效的应急机制，提高保障公共安全和处置突发事件的能力"[123]。2005年10月召开的**党的十六届五中全会**进一步提出"全面贯彻落实科学发展观"，"坚持以科学发展观统领经济社会发展全局"，"坚持节约发展、清洁发展、安全发展，实现可持续发展"；进一步提出"建立健全社会预警体系和应急救援、社会动员机制，提高处置突发性事件能力"[124]。**南宁**和**上海**在城市公共安全的应急联动方面做出了示范；世纪之交，我国公安消防部队加快了社会消防安全管理机制和消防特勤队伍的建设工作。因此，我国当前的城市火灾风险防范工作已经迎来了城市防灾救灾体制的重大变革。

3) **消防规划必然会走向战略化创新** 火灾风险的规避和防范工作日益适应现代风险社会的环境挑战，而消防规划因此必然会走向战略化创新。

除了通过风险输出方式转移风险，以及风险自留中的应急防范和损失控制，城市火灾风险防范工作还可以采用风险规避和保险型的风险转移等方式。其中，风险规避在防范城市火灾风险的工作起到了非常突出的作用，也是发展中国家适应全球化背景下的现代风险社会的重要选择。

火灾风险防范的主要方略　　　　　　　　　　表 2-1

火灾风险防范方略	火灾风险防范特点	不同火灾风险防范方略下的风险态势
火灾风险输出	注重公害输出	发达国家通过资本和产业转移输出工业灾害风险，火灾风险出现全球化转移，发展中国家深受其害，出现"飞镖效应"
火灾风险自留	注重应急计划和能力建设	从"单项灾种部门的防灾减灾体制"到"综合防灾减灾管理体制"，再到"危机综合管理体制"，城市防灾减灾体制实现重大变革，火灾风险防范能力显著提高
火灾风险规避	注重环境适应和战略规划	适应现代风险社会的环境挑战，而消防规划因此必然会走向战略化创新

城市火灾风险防范工作的规避方式集中表现在消防战略规划的提出，及其具体内容的思考和摸索。在我国，党的"十六大"之后，**全国第二十次公安工作会议**明确把公安工作的中心定位于"**维护重要战略机遇期的社会稳定**"。为此，**公安部消防局杜兰萍**提出，要

"制定适应社会主义市场经济的消防工作发展战略和规划,狠抓基层基础建设,促进消防事业全面、健康、跨越式发展,提高全社会抗御火灾的能力"。这就把消防工作与战略规划结合起来了。杜兰萍认为,**当前消防工作的主要矛盾是**"加强和完善消防立法工作尤其是尽快完成《消防法》的修改",而消防工作的主要目标是"预防和遏制重特大火灾特别是群死群伤火灾"[125]。在上海,火灾风险防范工作"突出消防法制的战略地位,将法制化作为特大型城市火灾预防的根本主线","优化消防工作的社会环境,将社会化作为现代城市消防管理的重要发展模式",同时,"创建规范的工作准则和秩序,以规范化促进消防监督质量和执法水平的提高"[126]。

原浙江省公安厅消防局局长朱力平指出,要"**注重规划,保证消防基础设施与城市化进程协调发展**","必须从城市长远发展的角度考虑,以保证现有设施在相当长一个时期不落后";同时,"城市公共消防设施应与城市电信、供水、供热、供气、电力、环境及其他灾害预防一起进行考虑"[127]。这是明确**将城市火灾风险防范与城市化发展结合起来**。而**赵秀玲**则指出,"在城市功能分区的设计规划时,一定要充分考虑安全因素";同时,"城市化的规模、速度要理性"[128]。这就意味着规避和防范城市火灾风险不仅需要做好适应城市化的城市消防安全规划,而且也需要从根源上着手,努力规范和控制城市化进程,加强城市公共安全管理。

另外,有学者主张"**尽快建立与国际规则相衔接的环境标准和市场准入规则**。应充分地认识到环境保护标准和市场准入不仅是国家主权的一种表现,还是防止发达国家污染转移的刚性的保障措施"[129]。显然,从规避城市火灾风险的角度而言,借助加入世界贸易组织(WTO)的机会,提高环境保护标准和市场准入条件,这同样是现代化和全球化背景下城市火灾风险防范工作的有效方式和重要内容,有助于发展中国家的城市积极适应现代风险社会的环境挑战。

2.4 研究机遇和本书的研究取向

当前,转型期的城市区域火灾风险研究需要一定的城市统计数据用以实证分析,更需要确立资源利用型的基本方向。前者是充分条件,后者则是必要条件,只有这样才能进一步做好今后的研究工作,提高研究质量和价值。

2.4.1 实证研究的数据条件初步形成

国家"十五"科技攻关计划项目为当前我国的城市火灾风险的研究提供了科技平台和数据条件。

长期以来,我国城市火灾风险评估与防范的研究工作缺乏基本的数据条件,经常用省区或地方的数据估计城市火灾风险形势[130];因此,对火灾风险的研究停留在经验层面上,缺乏基本的科学论据。这种状况也严重阻碍了火灾风险的宏观化评估与战略化防范工作,难以适应社会经济现代化转型的迫切需要。

而国家"十五"科技攻关计划重点项目"重大工业事故与大城市火灾防范及应急技术

研究"及其分课题"城市公共安全综合试点",由于汇集了政府部门、消防部队、研究机构和高等学校以及试点城市等多方面的力量,建立了一个相对松散却又能够广泛联系的研究平台,也为研究工作所必需的内部权威数据的搜集和挖掘活动创造了难得的机遇和条件。这样,研究我国当前火灾风险的宏观化评估与战略化防范的工作从此可以进入规范的实证研究的新阶段。

2.4.2 资源利用型的研究目标和基于风险结构变迁的宏观路线亟待确立

随着社会经济的现代化转型,城市区域火灾风险的研究亟待按照宏观的资源利用型的目标,以城市现代化重构和社会经济及其风险的结构性变迁为主线,进入宏观化认知、系统化评估与战略化防范的崭新方向和轨道。

相对建筑火灾风险、企业火灾风险、重大危险源的研究而言,城市区域火灾风险的研究工作起步较晚,成果有限,又方兴未艾;受到研究目的和知识背景的限制,城市区域火灾风险研究工作总体上执行了一条微观的工程型技术型的研究路线,相应地,社会型政策型的研究路线不够明确,处在新兴边缘地带。西方学者谢尔顿·克里姆斯基和多米尼克·戈尔丁曾经指出,尽管社会科学"**拓宽了关于工程师和自然科学家的技术考虑之外的风险的讨论范围**","**但是,等级、种族、年龄和性别等传统社会变量的大部分仍然还没有被开发,……一些理应硕果累累的研究领域中,研究成果惊人地少,尤其在公共政策领域**"[131]。

城市区域火灾风险研究工作尽管总体上局限于一种微观的资源配置型的框架下,却难以改变和掩盖其宏观的社会经济属性。笔者认为,火灾风险始终是社会经济的一定发展阶段的产物,是城市社会经济的结构性的折射和体制性反映。正是如此,火灾风险研究在20世纪80年代以来开始涉及一些社会经济变量。

当前的问题是,城市区域火灾风险日益暴露其城市社会经济的结构性和体制性本质属性,日益显示其现代化转型和全球化发展背景下的变幻不定的未知面目。处于发展中的大国,当前我国城市的城市区域火灾风险更具有典型意义;由于中国工业化、市场化和城市化的背景、道路以及相互衔接方面的独特因素,城市区域火灾风险凸现了当前社会经济的结构性和体制性的决定作用。这在西方发达国家是难以一见的。因此,**城市区域火灾风险研究必须明确地纳入宏观的资源利用型的总体目标框架;必须从宏观化认知、系统化评估和战略化防范的视角确立和拓展一条崭新的研究路线,基于风险结构变迁的研究路线;必须诉诸于社会型政策型的研究方向;必须探索和把握转型期的城市区域火灾风险的关键影响因素、基本特点、活动规律和应对策略**。这同时也意味着城市区域火灾风险研究的基本学术目标、总体路线和重点内容正在发生重大变化,它不仅"包含深刻的科学问题和巨大的创新余地"[132],而且在缺乏成果的情况下更又面临着重大的发展机遇和严峻的创新挑战。

2.5 本章要点

这一章作为城市区域火灾风险研究的文献综述和评价,主要分成三个有机联系的部分。其一是火灾风险的结构化认知;其二是火灾风险的宏观化评估;其三是火灾风险的战略化防范。这三个部分的研究都是从时间序列和内在逻辑的演进角度加以展开的。

本章的综述表明,城市区域火灾风险认知在国外表现为一种自发的结构化演进的过程,而在国内则表现为一种自觉的结构化演进过程。但是,人们对城市区域火灾风险系统的宏观化认知尚待起步。当前,只有运用现代系统科学,对城市区域火灾风险系统及其变迁进行理论探索和创新,才能形成关于城市区域(重大)火灾风险系统及其变迁的结构主义的新理论或系统化的新思想。这是城市区域火灾风险的理论研究的崭新出发点。

本章的综述还表明,由于城市区域火灾风险与建筑形态、社会经济性状,以及易燃易爆等重大危险源之间的内在联系,城市区域火灾风险评估的理论研究因此沿着三条基本不同的路线进行和展开,即"建筑形态路线"、"社会经济性状路线"和"重大危险源集成路线"。从其理论演进来看,从单一指标评估到多指标评估,从多指标微观评估及其宏观化到局限于微观目标的多指标宏观评估,"社会经济性状路线"由于深刻关乎"城市公共(消防)安全与现代化转型"这一宏观的城市主题,在学术研究和业务实践活动中开始受到重视,日益凸现为一条新兴的研究路线。但是,城市区域火灾风险的综合评估仍然需要加强系统化探索。

这一章综述又表明,在可持续发展观日益成为城市公共安全和火灾风险防范工作的基本理念的同时,国内外城市火灾风险防范工作的基本方法,诸如风险转移、风险自留与应急以及风险规避等,也出现了重大的战略转变,不断适应现代化和全球化条件下的风险社会环境的严峻挑战,因此城市消防规划必然需要走向战略化创新。

总之,综述研究表明,国内外的城市区域火灾风险研究工作总体上仍然有待突破微观的资源配置型的框架,因此必须根据转型期的特点和可持续发展的原则而明确地转向宏观的资源利用型的目标框架,诉诸于社会型政策型的研究方向,创建结构性、体制性的社会本质安全。为此,这一章创新而明确地提出了城市区域火灾风险的宏观化认知、系统化评估和战略化防范的结构主义研究路线,实现了梳理基本的研究线索、揭示重大的创新机遇这一综述研究的总体目标。

第三章
转型期的城市区域火灾风险的系统分析

本书上一章在综述性研究的基础上明确地提出了研究转型期的城市区域火灾风险的宏观化认知、系统化评估和战略化防范的结构主义路线。为此，这一章运用现代系统科学和马克思主义最新发展，将探讨火灾风险与城市社会经济变迁和现代化转型之间的整体联系，转型期的城市重构进程中城市区域火灾风险系统的结构与功能及其形成机制和发展机制，消防安全战略规划的理论模型，最后则提出要从宏观和战略视角系统研究转型期的重大火灾风险。因此，这一章将提出适用于我国当前转型期特点的"城市区域火灾风险系统论"。

3.1 研究转型期的城市区域火灾风险需要引入现代系统科学

人们通常以为，"如果了解了部分，那么，我们就了解了整个系统"[133]。这种传统的系统观本质上属于还原论的思想，导致人和组织的活动难以能动地适应急剧变迁的不确定环境，反而极大地增强了人和组织的环境变迁的不确定性。

我国改革开放以来，随着工业化和市场化建设的发展和演进，随着城乡空间关系的发展和演变，城市化进程也日益加快，现代化水平加速提高。当前，我国城市的经济生产和社会生活处在高速发展时期。这种急剧变迁的现代化环境给公共（消防）安全工作和火灾风险管理实践带来了严峻的挑战。

但是，我国城市经济和城市社会的总体发展水平并不平衡，城市的政府组织、市场组织与社会组织的总体发展水平并不平衡，生产方式和技术水平仍然比较落后，相当范围内的生产、生活活动的安全规范化程度不高。因此，有一部分人为了片面追求经济效益而忽视消防安全，甚至铤而走险，由此造成30多万处火灾隐患长期存在[134]，整治难度很大，火灾风险长期积聚，日趋严重。

而在学术探索和业务实践中，人们对城市区域火灾风险的研究工作还处在起步阶段，难免存在一定的局限性。这主要表现在以下几个方面。

（1）未能贯彻系统科学的目的性原则，不足以认知火灾风险系统的形成机理

对火灾风险系统的形成和存在机理缺乏认识，对转型期的城市区域火灾风险系统的物质存在缺乏认识，不能符合系统科学的目的性原则，缺乏马克思主义的客观存在与主观能动辩证统一的观点。

（2）未能贯彻系统科学的最优化原则，不足以认知火灾风险系统的发展演变

同时，对火灾风险系统的发展演变缺乏认识，对转型期的火灾风险系统的基本活动及其原因缺乏认识和预防，不能符合系统科学的最优化原则，缺乏马克思主义的变化发展和永恒运动的观点。

(3) 未能贯彻系统科学的整体性原则，不足以认知火灾风险系统的整体关系

对火灾风险的系统、要素及其环境的整体关系缺乏认识，尤其是对转型期的火灾风险系统的基本要素缺乏认识，不能符合系统科学的整体性原则，缺乏马克思主义的对立中统一、矛盾中和谐的观点。

(4) 未能贯彻系统科学的结构功能原则，不足以认知火灾风险系统的基本构成与作用

对转型期的城市区域火灾风险系统的基本构成和作用缺乏认识，不能符合系统科学的结构功能原则，缺乏马克思主义的结构主义的观点。

比如，在火灾风险系统的致灾因子方面，人们忽视了现代化转型对火灾风险的宏观影响的分析；忽视了社会经济统计数据和火灾统计数据的有效运用。

在火灾风险系统的承灾体方面，人们一般停留于从实体角度去具象地认识作为承灾体的城市区域特征，而基本上忽略了抽象的价值和功能分析。

而在火灾风险系统的孕灾环境方面，不少学者在关注消防力量这一主观能动的因素的同时，却忽视了从客观层面上对城市区域的火灾易损性进行分析研究。

值得注意的是，许多同志还经常将火灾风险系统中不同子系统范畴的因素搅和在一起，模糊了城市区域火灾风险系统的基本结构和功能。

(5) 未能贯彻系统科学的开放性和集成性原则，导致火灾风险的认知、评估、防范与管理相互脱节

对火灾风险的认知、评估和防范（及管理）相互脱节，各自为营，缺乏城市区域火灾风险研究的系统性、开放性和综合性，不能符合系统科学的开放性和集成性原则，缺乏马克思主义的普遍联系和有机结合的观点。

城市区域火灾风险研究和管理实践中存在的诸多问题，可以归因于缺乏系统思想和系统思维方法，以及马克思主义的思想和方法。科学、系统、辩证地认识、评估火灾风险是科学预防和有效治理城市火灾的基本前提。而预防和治理城市火灾离不开火灾科学，离不开火灾科学与系统科学的结合，离不开系统科学与马克思主义的结合，也离不开火灾科学与马克思主义的结合。只有以马克思主义及其最新发展为指导，运用现代系统科学，对城市区域火灾风险进行科学的系统分析，才能为火灾的风险管理提供科学的决策依据。

3.2 火灾风险与社会经济的现代化转型之间存在宏观联系

城市区域火灾及其风险的形成和发展离不开城市的社会经济活动；火灾风险主要是社会经济的结构性（及体制性）变迁和现代化转型的产物。因此，研究我国当前的火灾风险必须与社会经济变迁和现代化转型联系起来考虑。

3.2.1 转型期社会经济的结构性变迁进程异化出火灾风险

在传统农业社会，我国城市火灾风险主要与木材等天然可燃物的使用以及战乱相联系。由于城市总体上是属于乡村社会的一部分，城市化进程时断时续，对火灾及风险的影响作用不甚明显。在改革开放之前，城乡分离的体制使城市化进程处在基本停滞状态，而计划经济体制则使市场经济基本中断。当时，城市火灾及其风险主要与工业化相联系，并表现出相应的统计关系。而改革开放之后，尤其是"九五"以来的社会经济转型期，形成火灾风险的基本原因是城市化、工业（重化工业）化、市场化，以及相应的物质（能源）基础和时间条件的改变，并在当前随着社会经济起飞而日益凸显。

城市火灾等城市灾害及其风险随着经济起飞阶段的到来而迅速攀升，这是各国城市在现代化进程中出现的普遍规律。许多国家的发展进程表明，人均GDP从1000美元增加到3000美元，经济社会结构发生深刻变化，既可能是一个"黄金发展期"，也可能是一个"矛盾凸现期"。当前，我国城乡人均GDP水平从2003年起超过1000美元，社会不稳定和不和谐的因素在城市骤然集合和共振，对城市公共安全造成巨大的压力，而城市火灾也同样已经进入了"高危期"。城市化、工业化和市场化的灾变效应和对火灾及其风险的影响作用日益明显。

由于城市化、工业化和市场化的异化作用，作为城市化之表现的人口转移、作为工业化之表现的产业转型、作为市场化之表现的经济转制分别构成了影响火灾风险的基本因素和实现途径之一。而在现代化转型的背景下，城市的物质基础也发生相应的改变，如电力的使用和普及、油气资源中化学能源的开发和利用等等，这一切又推动了城市化、工业化和市场化的进程，也改变了火灾及其风险的物质基础。这进一步促使火灾及其风险的时代条件发生根本改变，不同于传统的农业社会的时代以及我国改革开放之前的时期。因此，**城市化、工业化、市场化、及其物质基础和历史基础是形成并推动城市区域火灾风险的基本动力系统，并深刻地反映了其社会经济根源及其时代特征**，如图3-1所示。

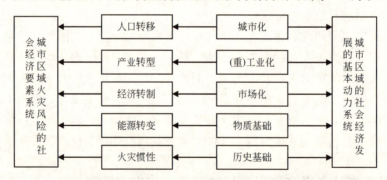

图3-1 影响城市区域火灾风险的社会经济要素的系统分析

3.2.2 转型期的火灾风险日益凸现出宏观特点

当前，我国城市处在社会经济转型期及其可能的"矛盾凸现期"，现代化因素对城市灾害及其风险的影响作用日益明显。因此，危机事件呈现高频次、多领域、大规模发生的态势；重大火灾、环境灾害等非传统安全问题成为现代城市安全的主要威胁；突发性灾害事件极易被放大为社会危机，甚至造成国际化影响。**在这样的城市安全形势下，火灾风险**

凸现出相应的宏观的发展特点。这主要表现在以下五个方面：①集中性与多发性、②产业性与破坏性、③市场性与普遍性、④物质性与能源性，以及⑤变迁性与突然性。

3.2.2.1 在城市化和人口转移的作用下，城市火灾表现出集中性与多发性

城市火灾与人们的生产和生活紧密相连，人口越集中，城市化水平越高，火灾就越多。而且，城市火灾发生的次数比其他任何灾害都多，在单位时间里发生的频率比其他任何地方、任何灾害都要高。从火灾统计来看，全国每年发生火灾近10万起，这个数字与世界经济发达国家进行横向对比是比较低的。但是，纵向分析就表现出问题的实质，反映出转型期的特点。随着我国城市化进程不断加快，各类城市的火灾事故却呈现迅速上升趋势。从1991~2000年，我国城市数量上升48.71%，建制镇的数量上升83.65%，城镇总人口上升82.69%。我国已有各类城市690个，其中100万（非农人口）以上特大城市34个，50万~100万人口的大城市44个，20万~50万人口的中等城市195个。在此基础上全国正在形成长江三角洲等若干个都市圈。而与此同时，城市火灾起数从1990年底的14125起增加到2000年底的75310起，上升了433.17%，死伤人数分别上升138.90%和14.48%，直接财产损失上升134.56%，如表3-1所示。

1991~2000年城市化进程对火灾的影响[135] 表3-1

分析指标	分析参数	2000年底	1990年底	增长率(%)
城市化指标	城市数(个)	690	464	48.71
	建制镇数(个)	20312	11060	83.65
	城镇人口数(万人)	45844	25094	82.69
	建成区面积(km^2)	22439	12856	74.54
	人口密度(人/km^2)	441	279	58.07
	房屋建筑面积(亿 km^2)	76.6	39.8	92.46
	住宅面积(亿 km^2)	44.1	19.6	125
	家庭煤气用量(万 m^3)	630937	274127	130.16
	家庭天然气用量(万 m^3)	247580	115662	114.05
	家庭石油液化气用量(万 m^3)	1053.7	203.0	419.06
火灾指标	火灾起数(次)	75310	14125	433.17
	死亡人数(人)	1861	779	138.90
	伤残人数(人)	2806	2451	14.48
	经济损失(万元)	78262	33365	134.56

这一切充分表明我国城市火灾事故的发生和危害与当前我国城市化进程刚刚进入加速发展的阶段相一致，并与城市固有的集散功能紧密相关。因此，我国城市火灾或燃烧爆炸事故在城市日益集中多发。这符合了城市化的特点，也与我国城市化的质量水平不高密切相关。

3.2.2.2 在工业化和产业转型的作用下，城市火灾表现出产业性与破坏性

在城市中，城市火灾与城市的生产和生活紧密相连，工业、商业等城市产业越集中，

尤其是重化工业越集中,火灾及其风险就越多越严重。从火灾统计来看,1991～2000年我国共发生特大火灾971起,死亡3438人,伤残3606人,直接财产损失30.4亿元。这十年中,每年平均发生一次死亡10人以上火灾12起,一次死亡30人以上火灾2起,一次死亡60人以上的火灾1起,比美国(20世纪90年代为3起,死亡32人)和法国(20世纪90年代为1起,死亡11人)等工业发达国家要严重得多。分析一下发生特大火灾的场所,就会发现:近1/3发生在商场市场、宾馆饭店、歌厅舞厅等公共场所;1/4发生在石油化工、易燃易爆场所。如表3-2所示。

1991～2000年特大火灾分布情况[136]　　　　　　　　　表3-2

发生火灾的场所或单位		石油化工企业、易燃易爆等场所	个体私营企业,外商投资企业,以及通过租赁承包转让的经营单位	商场市场、宾馆饭店、歌厅舞厅等公共场所
火灾起数	总数(起)	204	229	264
	与特大火灾总数之比(%)	21.0	23.6	27.2
死亡人数	总数(人)	1302	868	1750
	与特大火灾总数之比(%)	38.9	25.2	50.9
伤残人数	总数(人)	1821	1618	806
	与特大火灾总数之比(%)	50.5	44.9	22.4
直接损失	总数(亿元)	9.7	7.8	10.1
	与特大火灾总数之比(%)	31.9	25.7	33.2

这一切充分表明我国城市火灾事故的危害性与当前工业化处于重化工业阶段相一致,并与经济增长速度最快的行业和企业紧密相关。因此,我国城市火灾或燃烧爆炸事故也集中发生在城市工业企业、生产生活混杂的地区,和公众聚集场所等人员密集的场合,并使得群死群伤恶性事件呈现增长态势。这符合工业化的阶段特点,也与我国工业化、产业化质量水平不高密切相关。

3.2.2.3　在市场化和经济转制的作用下,城市火灾表现出市场性与普遍性

在城市中,火灾发生及其危害比其他任何灾害都要普遍,市场经济的无孔不入的特点也导致城市火灾的遍地开花;城市的市场化水平越高,火灾的多发性和破坏性就越明显。因此,在我国社会经济转型期,城市火灾主要集中在沿海发达城市,中西部城市相对较少,破坏性较小;主要集中在省会城市,并逐步向中小城市扩散;主要集中在个体私营或外资企业,而个体私营企业火灾日趋严重。据统计,1991～2000年发生在个体私营企业、外商投资企业以及通过租赁承包转让的经营单位的特大火灾有229起,占23.6%;死亡868人,占25.2%;伤残1618人,占44.9%;直接财产损失7.8亿元,占25.7%[137]。如表3-2所示。

这一切充分表明我国城市火灾事故的发生和危害与当前市场经济体制仍然处在转轨和改善阶段相一致,并与市场化进程最快的城市和企业紧密相关,具有一定的普遍性,也与市场化质量水平不高、市场经济体制不够完善密切相关。

3.2.2.4 在能源转变的作用下，城市火灾与一定的城市能源结构相联系，表现出物质性与能源性的特点

在城市中，与城市能源有关的火灾发生及其危害比其他任何火灾都要普遍，城市能源的基础性地位也导致城市火灾的无处不在；城市能源的使用越多，火灾的集中性、破坏性和社会性就越明显。因此，在我国社会经济转型期，城市火灾主要集中在与能源密切相关的电气火灾、违章操作、用火（用油、用气）不慎、放火、吸烟和玩火等几种类型。据统计，1991~2000年我国家庭煤气用量上升130.16%，家庭天然气用量上升114.05%，家庭石油液化气用量上升419.06%。而与此同时，城市火灾起数上升433.17%，死、伤人数分别上升138.90%和14.48%，直接财产损失上升134.56%。如表3-1所示。同时，这10年间由于违章用火、用电、用气和用油等引起的火灾占火灾总数的75.1%。其中，违反电气使用规定和电气操作规程以及电气产品质量低劣等原因引起的火灾增加，所占比例由20世纪80年代初的10%左右上升到2000年的近30%[138]。

这一切充分表明我国城市火灾事故的发生及危害与当前城市与能源结构和分布水平紧密相关，与城市能源结构缺乏安全水平密切相关。

3.2.2.5 在火灾历史惯性的作用下，城市火灾表现出变迁性与突然性

建国50多年以来，我国社会经济不断发展，城市区域火灾及其风险在不同时期表现不一，但日趋严重。建国初期，从战争年代转变为和平年代、从半封建半殖民地社会时期进入社会主义社会时期。当时，城乡火灾发生相对较少，火灾损失相对较小，"20世纪50年代的火灾直接财产损失平均每年不到6000万元"[139]。随着工业化建设的不断推进，"火灾形势也逐渐严重起来，60年代年均直接财产损失相对50年代翻了一番，70年代又翻了一番，到80年代年均直接财产损失已达3.6亿元，为50年代的6倍"[140]。进入20世纪90年代，市场化进程全面启动，90年代末又全面启动了城市化战略进程，城市社会经济快速发展，而"我国城乡火灾形势也到达了严重时期，年均直接财产损失为11.6亿元，是50年代火灾损失的20倍。……更为严重的是接连发生一次死亡几十人、上百人甚至几百人的恶性火灾事故，给人民生命财产造成了极为严重的损失，同时也产生了极不好的社会影响，引起了党和政府的高度重视以及全社会的广泛关注"[141]。

这一切充分表明我国城市火灾的发生及危害与城市社会经济现代化转型过程的一定历史阶段相一致，并与社会经济总体发展水平紧密相关。因此，转型期的我国城市区域火灾风险从根本上而言是一个安全现代化问题，社会经济现代化离不开安全现代化，只有这样才能充分提高现代化建设的质量和水平。

总之，按照系统科学的目的性原则和最优化原则[142]，火灾及其风险是城市社会经济活动的必然产物，并随着社会经济的变迁而发展；转型期的火灾风险与社会经济现代化的相伴而生，从而要求现代化建设必须走安全发展之路，实现安全现代化，实现可持续发展。

3.2.3 转型期的火灾风险系统是一个宏观体系

按照系统科学的整体性原则[143]，认知转型期的城市区域火灾风险系统也要研究该系

统及其要素和环境之间的辩证统一的过程、联系和转化的宏观关系。

图 3-2 的内外两圈分别表示转型期的城市区域火灾风险系统的活动所处的内环境和外环境；而方框表示转型期的城市区域火灾风险系统，它是一个多种要素构成的有机整体；方框中的椭圆就是表示了火灾风险系统的基本要素。

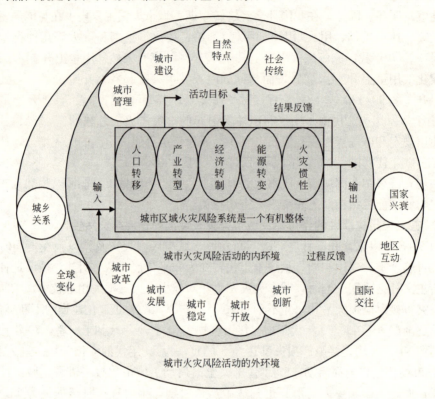

图 3-2　城市区域火灾风险的系统、要素和环境

转型期的城市区域火灾风险系统仍然与城市的自然特点有关，比如是否处在干旱地带，冬季是否干冷；也与城市的社会文化传统有关，比如是否放炮仗等。转型期的城市区域火灾风险系统还与城市建设与管理，城市改革、发展和稳定，城市开放与创新等系统环境因素有关，并活动于其中。比如，城市开放也会使城市有可能成为重大危险源的扩散地或集聚地等。以上这些因素构成了城市区域火灾风险系统的内部活动环境。同时，转型期的城市区域火灾风险系统还与城乡关系和全球变化等非城市内部的因素有关，并构成其外部的活动环境。

笔者认为，**转型期的城市区域火灾风险系统由人口转移、产业转型、经济转制、能源转变和火灾惯性等基本要素构成，它们会影响城市区域火灾风险系统的性质和活动及其规律；但该系统的有关性质、活动和规律只能通过整个系统才能显示出来，不能通过其某个要素或部分反映出来。**

同时，组成转型期的城市区域火灾风险系统各个基本要素的性质和行为在相互之间具有一定的依赖性。**经济转制是产业转型的重要基础，而产业转型又是人口转移的重要基**

础；不管是人口转移、产业转型和经济转制，都离不开城市的能源基础以及能源转变；而城市火灾的历史水平和惯性趋势又与上述这四个方面的要素密切相关。它们共同反映了社会经济的城市化、工业化和市场化这一现代化转型的进程对城市区域火灾风险的影响作用。

城市区域火灾风险系统的系统、要素及其环境之间具有辩证统一的性质和关系，是一个宏观体系。如同其他物质系统一样，在城市区域火灾风险系统的活动过程中，这种整体性质和整体关系还通过活动中的过程信息（比如，功率）的流动与反馈动态地得到反映，这在火灾风险中表现为同一时间下的不同城市区域的火灾发生率，或不同时间下的同一城市区域的火灾发生率。同时，它也可以通过一定阶段的活动结果信息（比如，工效）的流动与反馈动态地得到反映[144]，这在火灾风险中涉及火灾危害性及其实际后果。

3.3 转型期的火灾风险是城市现代化重构作用下的无序灾变系统

按照系统科学的结构功能原则[145]，认知火灾风险需要研究其系统结构和系统功能，因此必须进行相应的哲学思考，离不开马克思主义哲学的应用，也需要结合城市组织的集散和重构这一基本活动。就其本质而言，转型期的城市区域火灾风险是现代化背景下的城市重构活动作用下而出现和演变的区域灾变系统。据此，本书将在这里对城市区域火灾风险作出一个基本的概念界定。

3.3.1 定义火灾风险系统需要对"区域灾害系统论"作出哲学改进

3.3.1.1 需要对"区域灾害系统论"作出哲学改进

史培军曾经在《再论灾害研究的理论和实践》一文中全面分析了国外灾害理论研究的进展，对灾害理论研究中的致灾因子论、孕灾环境论和承灾体（人类活动）论进行了分析评述，并系统地阐述了"区域灾害系统论"。史培军主要针对自然灾害指出："区域灾害系统是由孕灾环境、致灾因子和承灾体共同组成的地球表层异变系统，灾情是这个系统中各子系统相互作用的产物[146]"。

笔者认为，"区域灾害系统论"是系统科学在灾害学研究中一次成功应用，但由于缺乏必要的哲学思考，这一理论还不够完善。比如，它认为致灾因子涉及区域灾害测量中的强度、频率、持续时间、区域范围、起始速度、空间扩散、重现期和分类等问题，但没有揭示致灾因子系统在灾害系统中的哲学意义上的本质属性；有关孕灾环境和承灾体的研究也有类似问题。这就需要理论再创新；但从史培军后续的研究来看，"区域灾害系统论"的基本理论研究仍然缺乏哲学视角的分析和思考[147]。而且，由于这一理论没有针对社会灾害和技术灾害进行分析，它在适用于诸如城市火灾这样的灾害类型方面存在一定的局限性，需要进行适应性改进。在这一点上，**万艳华**的有关观点值得借鉴。

2003年，**万艳华**在《城市防灾学》一书中指出："人们通常采用传统方法——期望值法作为评价某一系统规划与管理优劣的标准。随着科技的进步，人们不仅需要获得最大的期望效益，也需要知道在获得效益的过程中其他更多的信息，如系统可能破坏的情况。"

因此，万艳华认为，要"**引入系统特性的评价指标进行灾害风险评价**"；而所谓的能够反映"**系统特性的评价指标**"，就是**可靠性、脆弱性和回弹性**。可靠性是"在一定时间条件下，某一期望事件发生的概率"，可以用来衡量系统正常工作或不遭受破坏的历时特性；脆弱性是"衡量系统遭到破坏强度大小的指标"，反映的是系统是否遭受集中破坏；而回弹性是"指系统一旦发生破坏，恢复到满意状态或正常状态的历时特性"，如果历时时间过长，则系统恢复较为困难，容易形成更为严重的后果[148]。

笔者认为，万艳华的观点可以用来相应改进"区域灾害系统论"存在的不足。根据万艳华的观点，可以看到，尽管认知灾害风险有助于灾害风险的评估和管理，但从灾害风险的评估和管理的要求和视角可以有助于深化灾害风险的认知。而用**可靠性、脆弱性和回弹性**这三大反映系统特性的指标能够评估灾害风险，自然也能够反映和揭示灾害风险的本质内涵。实际上，这三大指标可以分别对应于区域灾害系统中的致灾因子、承灾体和孕灾环境。如果进一步从哲学视角加以分析，它们分别从时间维、空间维和组织维（或称之为物质维，或时空结合物的维度）描述了灾害风险，反映了灾害事件的发生及其引发的后果在时间、空间和组织意义上各种不同的可能性以及上述诸种可能性的集合与统一。

因此，风险（尤其是区域灾害风险）是源自哲学意义上的时间、空间和组织的诸种可能性的集合，是时间、空间与组织的统一。这是区域灾害系统理论需要从哲学层面进一步把握的关于区域灾害系统及其风险的基本内涵，并且，必将有助于深入展开有关区域灾害风险的系统分析。

3.3.1.2 城市区域火灾风险系统的结构性、功能性定义

根据前文有关区域灾害系统论的再研究和哲学改进，本书可以做出如下判断：城市区域火灾风险系统是由城市区域火灾风险的致灾因子、承灾体和孕灾环境这三个子系统共同构成的城市区域异变系统，是城市区域火灾事件的发生及其引发的后果在时间维、空间维和组织维的意义上的各种不同的可能性以及上述诸种可能性的集合与统一（如图3-3所示）。这可以作为本书有关**城市区域火灾风险的结构性定义**：

$$R = f(C, S, E) \tag{3.1}$$

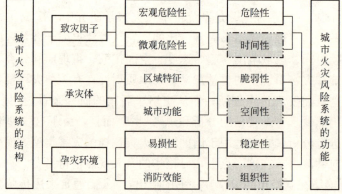

图3-3 城市区域火灾风险系统的结构与功能

式中，R 是 Risk 的缩写，表示城市区域火灾风险；C 是 Causing disaster 的缩写，表示致灾因子；S 是 Sufferer 的缩写，表示承灾体；E 是 Environment pregnant with disaster 的缩写，表示的是孕灾环境。

而从系统功能的角度分析，城市区域火灾风险系统既然是由城市区域火灾风险的致灾因子、承灾体和孕灾环境构成的城市区域异变系统，那么，它就因此显示出时间意义上的危险性、空间意义上的脆弱性和物质意义(或组织意义上)的稳定性(或易损性)。这意味着，城市区域火灾风险是城市区域火灾的危险性、脆弱性和稳定性的集合。这可以作为城市区域火灾风险的功能性定义。

鉴于城市区域火灾风险属于社会风险，适合于用风险指数表示，危险性、脆弱性和稳定性也适合于用相应的指数表示。这样，城市区域火灾风险可以运用指数法表示为如下**火灾风险函数①**：

$$R = f(D, F, S) \tag{3.2}$$

式中，R 是 Risk 的缩写，表示城市区域火灾风险；D 是 Danger 的缩写，表示城市区域火灾危险性指数；F 是 Frailty 或 Fragility 的缩写，表示城市区域火灾脆弱性指数；S 是 Stability 的缩写，表示城市区域火灾稳定性(易损性)指数。

在不考虑消防效能的作用的时候，上式可以改为**火灾风险函数②**：

$$R = f(D, F, V) \tag{3.3}$$

式中，V 是 Vulnerability 的缩写，表示消防效能作用既定或假设不存在的情况下，孕灾环境的易损性水平。

3.3.2 火灾风险系统中的致灾因子具有危险性

笔者认为，在城市区域火灾风险系统中，致灾因子是导致城市区域火灾及其风险的基本原因，具有火灾危险性。它揭示的是一定的时间意义上发生火灾的概率可能性，并显示出社会经济转型期的特点。

根据致灾因子的传统分类方法，城市区域火灾风险系统的致灾因子包括自然的致灾因子(如地震和雷电)和人为的致灾因子(如玩火和放火)。而经验和统计表明，城市区域火灾主要是由人为致灾因子造成的，主要是人类的城市社会经济活动的产物；它的基本属性主要是社会属性。因此，笔者认为，在城市区域火灾风险评估研究中，可以从宏观和微观这两个层面去把握城市火灾的危险性，即"宏观危险性"和"微观危险性"。

其中，"宏观危险性"揭示的是引起城市区域火灾及其风险的深层次的因素，这些因素来自城市社会经济活动的内在结构、特点和方式，也来自城市区域火灾的历史惯性作用，同时也来自城市地震等自然活动的影响。而"微观危险性"揭示的是引起城市区域火灾的浅层次的因素，是表现性的，现象性的，它主要来自引发城市重大火灾的微观的重大危险源和引发火灾的 9 类直接原因。

因此，这种新的分类方法既可以突出和细化人为致灾因子的分析，又可以兼顾自然致灾因子的分析，并可以通过宏观与微观的有机结合深入表现城市区域火灾的社会经济性质。

3.3.3 火灾风险系统中的承灾体具有脆弱性

笔者认为，在城市区域火灾风险系统中，承灾体是致灾因子的作用对象，是火灾风险的受体，也就是城市区域；它同样会显示出社会经济转型期的特点。因此，承灾体分析应当取决于城市的基本性质及其在转型期的变化。但是，以往的研究忽视了从城市的集散性这一基本性质及其变化去把握承灾体分析的要点，忽视了城市的集散性及其具体变化对城市火灾集散性的影响的分析和评估。对此，史培军的"区域灾害系统"理论也尚未触及。笔者认为，就其本质而言，城市火灾的承灾体分析所描述的是火灾受体的规模存在和规模差异，或者说，是城市区域遭受火灾的集中破坏的可能性。这种集中破坏的可能性具有空间意义而非时间性质，也正因为此，承灾体分析才会不同于致灾因子分析；但是，它同样会显示出社会经济转型期的特点。

作为火灾承灾体的城市区域，有许多不同的划分体系。有的可以分为固定区域（一般是行政区域）或不固定区域（一般是从城市电子地图上任选的区域）；有的按照用途可以分为居民区、商业区或工业区等等。而从承灾体的规模的基本性质来看，它不仅具有实体的集散性，而且具有价值的集散性，因此具有实体性和价值性这双重性质。比如，城市公共聚集场所显示出具有更大的火灾脆弱性；城市地铁火灾同样也不仅会导致人员和财产的直接损失，而且还会造成城市功能的破坏。这种破坏本质是城市区域火灾所引起城市的人口、建筑、生命线、经济乃至文化等方面集散功能的某种程度的破坏、中断或缺失。因此，笔者认为，在城市区域火灾风险评估研究中，应当从实物层面和价值层面完整地描述承灾体，也就是分为"区域特征"和"城市功能"这两个方面。

笔者认为，"区域特征"反映的是城市区域的实体性规模和特征，揭示的是火灾在实体上对城市区域构成集中破坏的可能性。而"城市功能"反映的是城市区域的功能性规模和特征，揭示的是火灾在价值层面上对城市区域构成集中破坏的可能性。这样，城市火灾风险的承灾体分析实质上是城市火灾风险的脆弱性分析或集散性分析。通俗而言，它分析的是构成城市火灾风险的"要害"。

3.3.4 火灾风险系统中的孕灾环境具有稳定性（易损性）

笔者认为，在城市区域火灾风险系统中，孕灾环境是承灾体抵御和减少火灾危害、保持或恢复到正常状态的反应能力和组织水平。因此，它并不反映城市火灾风险的时间特征和空间特征，而是反映城市火灾风险的组织特征或物质属性；它同样会显示出社会经济转型期的特点。换言之，它反映的是在假设不存在集中破坏的前提下由于火灾而可能遭受或可以免于遭受的损失，揭示的是转型期的城市这一特定的组织在火灾中的稳定性。这是孕灾环境分析的要点，并因此有别于致灾因子分析和承灾体分析。

从自组织[149]意义上看，它表现为城市区域的火灾"易损性"（Vulnerability），也就是城市区域的人口、建筑、生命线和经济等方面的易损性，这是孕灾环境的客观性内涵。根据前文的假设，它与作为一般受体的城市区域及其基本性质无关，而是与作为具体受体的城市区域中的人口、建筑、生命线和经济等构成要素及其各自的具体性质有关。比如，人口老龄化与火灾死伤率之间的关系较为密切。因此，笔者认为，易损性分析属于孕灾环境分析的范畴，而且不同于脆弱性分析。而根据史培军的观点，易损性分析属于承灾体的范畴，并且与脆弱性分析没有区分。这是值得商榷的。

与"自组织"相对应的是"他组织"[150]。从他组织的意义上看，它又表现为城市区域的"消防效能"，这是孕灾环境的能动性或主观性内涵。

3.3.5 火灾风险系统存在形成机制和发展机制

城市区域火灾风险的形成和变化离不开致灾因子、承灾体和孕灾环境这三个子系统的有机结合和相互作用。其中，致灾因子是时间性因素，承灾体是空间性因素，孕灾环境是组织性因素。正是这三大子系统之间的相互作用，导致了城市区域火灾的风险水平、空间分布以及最终灾情的形成。但是，这三大子系统之间的相互作用是建立在城市社会经济现代化的基础之上的。城市的社会经济的现代化活动决定了城市区域火灾风险的形成。这就是火灾风险的系统性形成机制。

同时，正是城市区域火灾风险系统及其子系统的结构和功能的变动，导致了城市区域火灾风险水平、空间分布以及最终灾情的变化。但是，城市区域火灾风险系统及其子系统的结构和功能的变动也是建立在城市社会经济现代化的基础之上的。城市的社会经济活动的现代化活动决定了城市区域火灾风险系统及其子系统的结构和功能的变动。这就是城市区域火灾风险的系统性发展机制。

因此，笔者进一步认为，上述两个方面共同构成了城市区域火灾风险的系统机制。而致灾因子、承灾体和孕灾环境这三个子系统的有机结合、相互作用及其变化发展，本质上构成了一种"压力—状态—反应"机制，因为城市区域火灾风险的实质是一个可持续发展的问题。

3.3.6 城市重构及其无序灾变是现代化影响火灾风险的组织途径和实现方式

城市重构主要出现在城市地理学对转型期的城市内部空间重构问题的研究中。城市内部空间重构是指作为城市主体的人，以及人所从事的经济、社会活动在空间上表现出的格局和差异[151]。最近20多年来，处于转型期的中国城市的内部空间在人口、经济、社会和环境等方面的结构性变迁和重塑，引起了学术界的高度重视。但笔者发现，**目前城市重构研究主要停留于空间性结构的重构研究，缺乏时序性结构和组织性结构的重构研究；尤其是，在城市灾害领域，人们对城市重构这一问题仍然缺少关注和研究，需要加以改进**。

笔者认为，城市系统的重构显然也是城市化、工业化和市场化的产物；而现代化进程中城市系统的重构及无序灾变则引起了转型期的城市区域火灾风险系统结构的形成与变迁，从而也决定了当前我国城市区域火灾风险的现状和发展特点。就其本质而言，从马克思主义的观点来看，城市现代化重构则又取决于城市社会经济的生产(生活)方式或创新方式；城市的产业化创新活动引起城市时序结构和主导产业的周期性更新，城市的市场化(及全球化和虚拟化)创新活动引起城市空间结构及网络和城市社会经济活动的范围不断扩张整合，而城市本身的城市化创新活动引起社会经济的组织结构和社会化分工模式日益深化并纳入城市群体系及至国际体系,于是,城市组织的现代化转型、变迁、整合和重构乃至灾变活动发生了,城市区域火灾风险系统的时序结构、空间结构和受体结构及其各种要素也相应地出现了转型、变迁、整合和重构活动。因此,笔者认为,**转型期的生产(生活)方式或创新方式本身有一个从无序到有序的方式转换,这从根本上决定了城市现代化重构和灾变,进而决定了城市区域火灾风险系统的结构变迁;最后,城市区域火灾风险系统的结构变迁必将要求城市社会经济的生产(生活)方式或创新方式的有序化的再创新和再生产。这是一种组织性、结构性的灾变传导和创新反馈机制**,如图 3-4 所示。

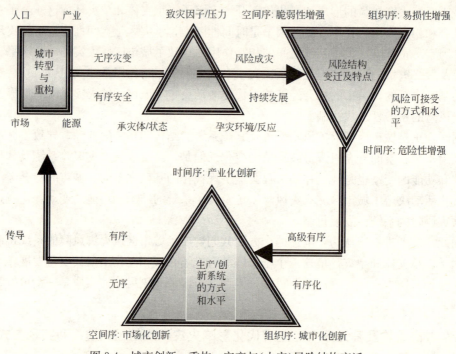

图 3-4　城市创新、重构、灾变与(火灾)风险结构变迁

(1) 城市人口结构的重构和灾变影响了火灾风险　在城市化条件下,城市人口结构的重构和灾变可以导致火灾风险系统中致灾因子、承灾体和孕灾环境这三个子系统的重构。由于城市人口结构的重构和灾变,诸如反映"宏观危险性"的城市化水平、反映"区域特征"的人口密度、反映"城市功能"的人口集散规模、反映"人口易损性"的社会老龄化水平等等都发生了变化和重构。这必然会导致火灾风险系统的重构。因此,城市区域火灾风险的形成和发展具有城市属性和集中性特点。

(2) 城市产业结构的重构和灾变影响了火灾风险　在工业化(尤其是重化工业化)条件下,城市产业或经济结构的重构(如"退二进三")和灾变,可以导致反映"宏观危险性"的工业化阶段水平、反映"微观危险性"的"重大火灾危险源"、反映"区域特征"的经济密度、反映"城市功能"的经济集散规模、反映"经济易损性"的火灾直接损失等等也都发生变化和重构。同样,这必然会导致火灾风险系统的重构。因此,城市区域火灾风险的形成和发展具有产业属性或工业属性。

(3) 城市社会/体制结构的重构和灾变影响了火灾风险 在市场化条件下，现代化进程中城市社会结构和经济体制的重构(如三资企业涌入、个体私营迅猛发展、国有企业改制、市场化进程加快、职业分化和贫富分化)和灾变，可以导致反映"宏观危险性"的市场化结构水平和所有制结构状况、反映"微观危险性"的"重大火灾危险源"、反映"区域特征"的市场化经济密度、反映"城市功能"的市场集散规模、反映"易损性"的火灾直接损失等等也都发生变化和重构。同样，这必然会导致火灾风险系统的重构。因此，城市区域火灾风险的形成和发展具有市场属性或社会的体制属性。

(4) 城市能源与资源环境体系的重构和灾变影响了火灾风险 现代化进程中城市的物质资源、能源或环境体系的重构(如煤、电、油、气的大量使用，绿色空间的兴废等)和灾变，可以导致反映"宏观危险性"的能源结构状况、反映"微观危险性"的"重大火灾危险源"和火灾微观原因、反映"区域特征"的能源密度、反映"城市功能"的能源集散规模、反映"易损性"的火灾直接损失等等也都发生变化和重构。同样，这必然会导致**火灾风险系统的重构。因此，城市区域火灾风险的形成发展具有物质属性和环境属性**。

(5) 城市内部时空关系或天人关系的重构和灾变影响了火灾风险 现代化进程中城市内部的时空关系也发生了重构和灾变，这是城市人口结构、产业结构、市场社会结构和能源结构的重构和灾变的必然结果，也是城市化、工业化和市场化及其资源条件和天人关系改变的必然结果。这可以导致反映致灾因子及其危险性的火灾的时间属性与趋势、反映承灾体及其脆弱性的火灾的空间属性与趋势，以及反映孕灾环境及其稳定性的火灾的组织主体属性与趋势都发生变化和重构，从而这必然会导致火灾风险系统的重构活动及其动态变化。在这种重构活动及其动态变化过程中，就会形成城市区域火灾风险的变迁性和重大火灾风险的突发性。因此，城市区域火灾风险的形成和发展具有时空关系属性或时代性，这有别于传统社会的火灾风险。

3.3.7 转型期的重大火灾风险可以从现代化系统秩序性的角度进行基本定义

由前文分析可知，城市区域火灾风险系统本质上是城市在现代化条件下的集散运动、重构和无序灾变活动的系统反映；在城市化、工业化和市场化的创新作用下，城市的时序结构、空间结构和组织结构及其功能通过其基本的集散运动而出现了一系列重构活动，在结构创新的过程中也引起了相应的无序灾变可能和火灾现象，这就直接决定了城市区域火灾风险系统及其子系统的形成和变化。在社会经济转型期，随着现代化进程不断推进，城市区域火灾风险系统的危险性更大、脆弱性增加和稳定性变差；从而，火灾风险及重大火灾风险可以逐步增加。

因此，**现代化转型期的(重大)火灾风险是由社会生产方式和创新方式决定的城市现代化重构活动作用下的无序灾变系统，城市重构及其无序灾变是现代化转型影响火灾风险的组织途径和实现方式**，并在城市创新、重构和无序灾变之间形成系统传导和反馈关系。这可视为**现代化转型期的城市区域(重大)火灾风险的系统性秩序性定义**①，并体现了马克思主义和现代系统科学的有机结合。

$$R = f(O) \tag{3.4}$$

式中，R 是 Risk 的缩写，表示城市区域火灾风险；O 是 Order 的缩写，表示城市的系统秩序。这一"**秩序**"的含义可以在自然、社会及天人关系，以及经济、政治与文化等层面上进行细化；也有待于从其他哲学或系统科学命题加以延伸和扩充。

系统的秩序一般区分为时间序、空间序和组织序，因此上式可做相应改进，得到**火灾风险的系统性秩序性定义**②。

$$R = f(O_t, O_s, O_o) \tag{3.5}$$

式中，R 是 Risk 的缩写，表示城市区域火灾风险；O_t 是 Order of time 的缩写，表示城市系统的时间序；O_s 是 Order of space 的缩写，表示城市系统的空间序；O_o 是 Order of orgenization 的缩写，表示城市系统的组织秩序。并有

$$R_d = f(O_t) \tag{3.6}$$

式中，R_d 是 Danger in risk 的缩写，表示城市区域火灾风险中的危险性。

$$R_f = f(O_s) \tag{3.7}$$

式中，R_f 是 Frailty in risk 的缩写，表示城市区域火灾风险中的脆弱性。

$$R_s = f(O_o) \tag{3.8}$$

式中，R_s 是 Stability in risk 的缩写，表示城市区域火灾风险中的稳定性。有时，可用 R_v 表示。则有

$$R_v = f(O_o) \tag{3.9}$$

式中，R_v 是 Vulnerability in risk 的缩写，表示城市区域火灾风险中的易损性。

3.3.8 根据火灾风险的秩序性定义建立宏观管理准则并定义可接受风险

现代风险管理有两条基本原则，其一是"最低合理可行原则"，其二是"风险接受准则"。

所谓"最低合理可行原则"是指任何系统都是存在风险的，任何预防措施都不能完全消除风险；而且，当系统的风险水平越低的时候，要进一步减少风险而增加的成本将呈现指数型上升。换言之，按照系统科学的"二八"法则，预防80%的风险量可以使用20%的成本量，但若要预防剩余的20%的风险量则可以耗去80%的成本量。因此，在实际的灾害风险评估工作中，需要在风险与成本之间寻求一定的平衡。这就是 ALARP 原则。

而根据最低合理可行原则，风险也不是越小越可取。因为任何问题都存在机会成本问题，都需要在成本和收益之间进行权衡。灾害风险管理也不例外，需要在风险的控制成本和因此降低的风险量或减轻的损失之间有所优化和折中。所以，依据最低合理可行原则，并根据不同的风险控制目标，在风险管理时要制定相应的风险接受标准，用以具体衡量人员伤亡、职业健康危害、财产损失、建筑损坏和环境污染等方面的风险可接受水平。这就是风险接受准则。

上述两大原则一般适用于微观风险管理领域。宏观风险管理和研究则需要做出相应的调整和转换，建立宏观型风险管理原则。笔者认为，建立宏观型"最低合理可行原则"应当与充分利用安全资源的根本目标是一致的，是社会化大生产中与创新活动相生相克的风

险有利于生产创新而又不至于达成灾变的理想情形，本质上取决于现代化系统及其创新方式的一种和谐秩序。这也因此决定了宏观型的"风险接受准则"及其方式和水平，它与充分利用安全资源的方式与水平是一致的，因此仍然不是诸如成本收益分析这样的安全资源配置问题。

因此，据前述转型期的重大火灾风险的系统性秩序性定义，可推出**可接受风险方式和水平的定义**，它实际上是城市现代化生产或创新方式及秩序的和谐程度的函数。

$$AR_{ms} = f(HOC_{mms}) \tag{3.10}$$

式中，AR_{ms} 是 Acceptable risk mode and standard 的缩写，表示可接受风险方式和水平；HOC_{mms} 是 Harmonious Order for creativity mode and standard during modernization 的缩写，表示现代化创新(生产)方式及其秩序的和谐程度。

相应地，可接受风险的宏观定量标准初步按照主观法和客观法进行设定，如图 3-5 所示。

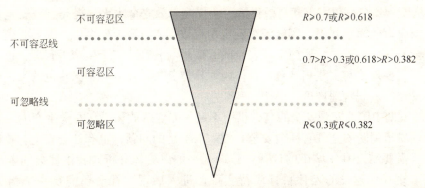

图 3-5　火灾宏观风险的 ALARP 原则和可接受水平

主观法　主观法是参考安全专家在微观火灾风险领域所积累的经验和常识建立可接受风险的宏观定量标准。

$R \geqslant 0.7$ 是不可容忍的，$0.7 > R > 0.3$ 是可容忍的，$R \leqslant 0.3$ 是可忽略的。

客观法　客观法也就是黄金分割法。

$R \geqslant 0.618$ 不可容忍的，$0.618 > R > 0.382$ 是可容忍的，$R \leqslant 0.382$ 是可忽略的。

3.3.9　宏观型火灾风险管理理论亟待创立暨构建有效安全及管理的理论框架

建立宏观型"最低合理可行原则"和"风险接受准则"仍然是远远不够的。今后需要进一步建立宏观型火灾风险管理理论。为此，本书简要提出"有效安全及管理"的理论框架。其基本内容大致如下：

(1) 有效安全：宏观安全的有效需求和有效供给　在社会安全总供给既定的条件下，有效的宏观安全需求是社会安全总需求与总供给相等时候的总需求水平；而在社会安全总需求既定的条件下，有效的宏观安全供给是社会安全总供给与总需求相等时候的总供给水平。这是有效安全的基本内涵。

(2) 有效安全不足引发宏观危机　社会安全总需求不足可以引发短期的社会安全危

机，社会安全总供给不足则可以引发长期的社会安全危机，而当社会安全总需求和总供给同时不足则会引发社会安全的全面危机。有效安全不足必然引发安全危机，重大火灾等城市灾害就会日益严重。

(3) 有效安全不足是现代化的有序度或和谐度不足的集中体现，是安全生产力与安全生产关系不相适应的集中表现　　在社会经济转型期，社会安全有效需求不足是现代化安全的有效需求不足，并分形和演化为人口、产业、市场、能源、建筑、文化等方面的安全有效需求不足，这构成的是安全生产关系问题。而社会安全有效供给不足是现代化安全的有效供给不足，并分形和演化为人口、产业、市场、能源、建筑、文化等方面的安全有效供给不足，这构成的是安全生产力问题。有效安全不足是现代化的有序度或和谐度不足的集中体现，并可以区分为市场化、产业化、城市化以及社会化的有序度或和谐度不足等几个有效安全不足的大类；有效安全不足是安全生产力与安全生产关系不相适应的集中表现，决定于一定历史条件下的安全生产方式或安全创新方式。

(4) 从宏观安全有效需求和有效供给着手提高有效安全水平　　提高有效安全水平，可以从社会安全有效需求着手，实施宏观安全的有效需求管理或安全生产关系管理；也可以从社会安全有效供给着手，实施宏观安全的有效供给管理或安全生产力管理；也可以双管齐下。这就需要理论与实践相结合，具体问题具体分析，建立有中国特色的火灾风险和公共（消防）安全的宏观管理理论。

(5) 转型期中国的宏观安全的有效供给不足，需要解放和提高安全生产力　　当前，转型期的我国城市消防安全既有社会安全有效需求不足的问题，也有社会安全有效供给不足的问题，这需要结合具体城市的现代化建设水平加以具体分析。我国社会的生产力总体水平不高，现代化建设的宏伟目标尚待实现，进入后现代社会还需要一个相对漫长的建设过程，因此，当前许多城市消防安全的宏观工作主要面临社会安全有效供给不足的问题，需要加以认知、评估和防范。为此，本书将在第四章、第五章和第六章分别加以研究。

上述有关"有效安全及管理"的理论框架是以马克思主义哲学和政治经济学为指导，融合、参考了西方经济学中的宏观经济理论，目前显然**只是初步的思想轮廓，有待进一步酝酿和探索**。

3.4　有效防范转型期的火灾风险需要探索消防安全战略规划理论

3.4.1　战略规划（概念规划）是城市消防安全规划的必由之路

城市的战略规划最早出现在 20 世纪 60 年代以后。当时，新加坡、美国、英国、香港地区和波兰等都编制了城市或区域的战略规划，只是它们的名称、内容、目的和所起的作用各不相同。比如，**英国** 1968 年所编制的战略规划称为**"结构规划"**，是地区详细规划的制定依据；**香港**在 20 世纪 70 年代所编制的战略规划称为**"发展策略"**，它是作为规划图则和发展规划的基础，2001 年的发展策略的规划期限长达 30 年；**波兰**在 1961 年与 1980

年所作的战略规划成为"整体规划"或"城市与区域规划",它是作为城市社会、经济、空间发展提供科学的依据。**美国**和**新加坡**则把战略规划称为"**概念规划**",2001 年新加坡的概念规划着眼于未来 40~50 年的发展。在**中国**,2001 年 1 月**广州**市完成了境内首次**城市总体发展概念规划**的编制工作,这样就从微观领域的建筑单体设计或城市设计中的"概念设计"演变为城市宏观领域的"概念规划"[152]。

笔者认为,就其本质而言,**城市战略规划是根据城市组织的时序结构状况,提出城市组织创新、利用和发展的时序性战略目标和实现方式;并根据城市组织的空间序结构状况,提出城市组织创新、利用和发展的空间序性质的战略目标和实现方式;最终,形成和发展城市组织在一定时空结构条件下的组织(分工)方式和主体关系**。因此,城市战略规划是关于城市组织创新、利用和发展的宏观经济问题和宏观管理工作。

目前,**城市战略规划(和管理)还停留在空间层面上,缺乏其时序结构方面的依据分析,相应地也缺乏空间依据的研究,更缺乏城市组织(分工)方式和主体关系的创新和发展的研究**。这就从根本上导致了国内规划界所忧心的现象:城市规划学科"形成了规划理论的空心化局面"[153]。因此,**城市规划不仅要积极引入战略规划,而且还要努力构建战略规划的核心理论**。

在这样的背景下,城市消防规划或城市安全规划既然尚未引入战略规划,那么就需要加强战略化研究;既然城市规划需要努力构建战略规划的核心理论,那么城市消防安全规划势必也**需要建立战略规划(和管理)的基本理论**。因此,战略规划及其理论化建设是城市消防安全规划的必由之路。

3.4.2 城市消防战略规划的安全优化模型是一种理论假说

城市的基本功能是集散功能,集聚和扩散是两种基本的运动方向。无论是集聚还是扩散,城市组织的构成元素都表现为一个相对静止和运动的关系。在城市的集聚或扩散活动过程中,城市化、工业化和市场化进程得以展开,城市重构因此发生,城市风险也因此聚散和演变。换言之,城市风险及灾害是城市集散和重构活动的必然产物。因此,**城市火灾风险或消防安全问题显然也可以归结为相关风险因素的聚散问题或结构比例关系问题**。

借鉴**金融风险理论中常用的"黄金分割"预测法**(这里不仅指两两之间 0.618 的比例,更是一种与 0.618 有关的比例体系,并有动态性),本书提出**城市消防安全战略规划"安全优化模型"**这一假说,并以城市人口为例加以说明。

比如,在城市化过程中,城市人口不断集聚,城市重大火灾风险增加,即城市重大火灾的危险性、脆弱性和易损性增加。在这一过程中,常住户籍人口尤其是其中的非农业人口(用 α 表示)是一种相对静止的力量,而流动人口或暂住人口(用 β 表示)是一种非静止的运动性力量。

于是,在一定时空条件下,城市组织中的人口平面状态可以用椭圆加以表示。

$$\theta = \arctan \frac{\beta}{\alpha}$$

且有：$S = \pi\alpha\beta$

α 是长半径，β 是短半径，S 表示椭圆面积，θ 为 $[0\sim\pi/4]$。当 $\beta/\alpha=1$ 时，表示流动人口与常住户籍人口在数量上和质量上是等同的，这时 $\theta=45°$。同时，

$$S = \pi\alpha^2 = \pi\beta^2$$

因此，"人口椭圆"变成了"人口之圆"。如果 α 和 β 仅仅表示常住户籍人口和流动人口的数量，那么，这个数量型的"人口椭圆"就是城市组织体系中人口的空间结构状态，数量型的"人口之圆"是这种空间结构的终极理想。如果 α 和 β 仅仅表示常住户籍人口和流动人口的质量，那么，这个质量型的"人口椭圆"就是城市组织体系中人口的时间结构状态，质量型的"人口之圆"是这种时间结构的终极理想。现实情况下，α 和 β 既表示了常住户籍人口和流动人口的数量，又表示了常住户籍人口和流动人口的质量，因此最后会形成"人口之球"。这就是城市组织体系在创新和发展过程中，人口组织系统的球形结构，是一种不稳定和稳定的有机结合。从城市安全来看，它是安全型人口结构的终极理想或终极坐标。而一定时空条件下的可行的参考坐标则是椭球状的结构，是由数量型的椭圆和质量型的椭圆共同构成的，它也是评估和防范城市人口组织的重大火灾风险的现实目标，是空间序战略目标和时序性战略目标的制定依据。而城市组织体系中人口组织系统的实际性状并非一定是椭球状或类椭球状的结构，但一定是不完美的结构。这种不完美的结构可能处在美化的过程中，也可能处在丑化的过程中。

这样，评估和防范城市人口组织的重大火灾风险的问题可以归结为：以椭圆为参考（评估标准和防范目标），比照和改进实际的人口性状。对此，理论上又可以简化为两条实际的线段（用 α_A 和 β_A 表示）的比例关系（用 G_A 表示）是否符合黄金分割（用 G 表示），或与黄金分割水平（用 G_B 表示）的距离问题。因此，重要的是 β_A/α_A 与 G_B 或 G 的关系问题，或 G_A 与 G_B 的关系问题。

欧几里德的《几何原理》收编了 2300 年前古希腊人求解黄金分割值 G 和制作五角星的方法。根据五角星（假设有一个半径 R 为 1 的外切圆）的几何美学性质[154]，则有：

$$R = \sqrt{5} - 2G = 1 \tag{3.11}$$

于是，有：

$$G = \frac{\sqrt{5}-1}{2} \approx 0.618 \tag{3.12}$$

且有：

$$G(1+G) = 1 \tag{3.13}$$

又由于任何一个圆，不管半径 R 是否等于 1，半径之比一定等于 1；所以，本书认为上式可以改写为：

$$G = \frac{\sqrt{5}-1}{2} = \frac{\sqrt{5}-\dfrac{\beta}{\alpha}}{2} \tag{3.14}$$

而当 $\beta/\alpha \neq 1$ 时，则是一个椭圆状态，于是，两条标准线段（用 α_B 和 β_B 表示）的比例关系的优化目标为：

3.4 有效防范转型期的火灾风险需要探索消防安全战略规划理论

$$G_B = \frac{\sqrt{5}-1}{2} = \frac{\sqrt{5}-\frac{\beta_B}{\alpha_B}}{2} \quad (3.15)$$

且有：
$$G_B \approx 0.618$$

其一，如果 $\beta_B/\alpha_B = G^n (n=0, 1, 2, \cdots, k)$，则有：

$$G_B = \frac{G + \sum_{n=0}^{k} G^{n+1}}{2} \quad (n=0, 1, 2, \cdots, k) \quad (3.16)$$

其二，如果 $\beta_B/\alpha_B = G^{-n} (n=2, 3, \cdots, k)$，则有：

$$G_B = \frac{G - \sum_{n=2}^{k} G^{-n+2}}{2} \quad (n=2, 3, \cdots, k) \quad (3.17)$$

其三，如果 $\beta_B/\alpha_B = G^{-n} (n=1)$，则有：

$$G_B = \frac{G}{2} \quad (3.18)$$

比如，$\beta_B/\alpha_B = G^n = G^2 = 0.382$，则有：
$$G_B = 0.927$$

而两条实际线段（用 α_A 和 β_A 表示）的实际的比例关系所构成的优化水平则为：

$$G_A = \frac{\sqrt{5}-1}{2} = \frac{\sqrt{5}-\frac{\beta_A}{\alpha_A}}{2} \quad (3.19)$$

且：
$$G_A \neq G_B$$

假设两条实际线段（用 α_A 和 β_A 表示）的实际的比例关系为 44.50%，这相当于某年某城市的暂住人口与常住户籍人口的比值为 $\beta_A/\alpha_A = 0.445$，则其优化水平为：
$$G_A = 0.8955$$

根据假设，就有 $G_A - G_B = 0.0315$，这表示安全优化的实际值与目标值的差额。

一般而言，G_A 取正值，说明从人口因素或其他某种相关因素看，城市火灾风险处在安全范围中，或者风险较小；反之，G_A 取负值，风险较大，容易产生火灾事件甚至突发重大火灾，说明无序、超速和过度的城市化以及城市化活动的"大跃进"模式是不可取的。而 $G_A - G_B$ 则说明了它可以适度改进的范围以及与相对理想的优化目标的差距。

"安全优化模型"的方法论意义在于放弃抽象的机械决定论的思想方法，采用生动求实的演进论的思想方法，从而有利于城市公共安全的科学研究趋近于社会实践的真实面貌和动态进程。

3.4.3 面向资源利用目标的消防安全优化模型可以得到初步检验

安全优化模型是基于充分利用安全资源的宏观安全目标建立起来的。但是充分利用安全资源并不等于完全利用所有的安全资源，而是对安全资源的适度利用。安全优化模型正是服务于上述宏观目标,用以测定人口、产业、市场、能源等系统性、结构性、体制性的安全资源的利用方式和状态,以及风险结构的变迁方式和活动状态的一种度量模型和优化方法。

在城市消防安全战略规划工作中,安全优化模型这一假说可以借助于某些城市街区或街道的人口数据的实证分析加以检验。

比如,资料显示:2000 年 H 城的市区暂住人口与常住户籍人口的平均比值为 25.4%,这个比重超过 100% 的就有四个街区,即 JJ 街道(253.6%)、XF 镇(129.66%)、SJQ 乡(127.37%)和 PB 镇(103.50%),它们既属于管理较松的郊区,同时又由于临近中心区而与市中心联系便利,故在集聚暂住人口方面具有极大优势。尤其是 JJ 街道,暂住人口与常住人口之比高达 253.60%,如果继续允许其暂住人口的无序增长,势必会带来各种问题,若不尽快采取措施,终难防患于未然。而那些面积广大、拥有较大容纳能力的街区,暂住人口的比重却非常低,如 JB 镇(15.04%)、KQ 镇(14.34%)、GCQ 街道(17.04%)、ZP 乡(3.35%)、YP 乡(3.18%)、XX 镇(11.22%)、PY 镇(4.83%)和 CH 镇(9.91%)等,这种不合理的状况应该引起城市管理及规划部门的重视[155]。

如果运用其中的 JJ 街道的数据进行计算,可以得到:$G_A = -0.15$。这一计算结果与国内学者的上述经验判断是基本一致的。它表明,当地的人口组织的结构已完全不存在安全价值,已经进入了"丑化"状态。而且,由于暂住人口与常住户籍人口的比值与城市重大火灾危险性密切相关,并从根本上决定了其脆弱性和易损性,因此,从人口因素分析,它至少可以表示这一地区已经进入了火灾风险较大、缺乏消防安全的混乱状态,这一地区与人口相关的重大火灾危险性和脆弱性或在一般火灾基础上突发重大火灾的可能性极大。

至此,"安全优化模型"假说在消防安全战略规划工作中的有效性得到了初步检验,β_A/α_A 与 G_B 或 G 的数学关系或 G_A 与 G_B 的数学关系初步得到了实证支持。城市消防安全评估和防范的标准一般可以用 $\beta_B/\alpha_B = G^n (n=2, 3, \cdots, k)$ 表示,并根据时空条件加以调整,因此可以适用于具有动态性的消防安全战略规划工作。

剩下的问题是:α_A 和 β_A 之间,谁是主要的改进对象? 同一一阶系统内或同一个多阶的从属性系统(比如:葫芦型结构)内,如果实际存在多条可比的线段(用 X_A 表示),谁又是主要的改进对象? 这个问题实际上需要在城市区域火灾风险评估过程中运用公共因子分析加以解决。

3.5 从宏观和战略视角系统地重点研究转型期的重大火灾风险

3.5.1 重点认识和评估转型期的重大火灾风险

当前,我国消防安全观念比较落后、风险意识淡薄,对城市火灾风险活动的认识与评估不够系统和宏观,长期停留在单一要素火灾风险的微观认识水平上,缺乏基本的社会经济分析和宏观的结构主义研究。因此,就难以有效贯彻可持续发展和"安全发展"的原则全面准确地认识和对待城市(重大)火灾风险,进一步缺乏在上述原则指导下的具有前瞻性、可操作性强的防范城市重大火灾风险的战略管理体系、机制、方法和措施,加深了消防安全管理工作与现代化转型要求之间不相协调的状况,产生了城市消防安全的可持续发展问题。

因此,认识城市区域(重大)火灾风险,首先要运用系统科学和风险管理等现代科学理论,全面地认识和把握城市区域火灾风险系统,尤其要关注学术探索和业务实践中的薄弱环节,突出火灾风险的社会经济分析和结构主义宏观研究。而重中之重,就是要对重大火灾风险展开宏观分析和整体评估。

3.5.2 火灾风险的宏观认知和综合评估要服务于战略防范

国内外消防界不少专家认为,消防安全问题其实就是火灾风险问题。**John M. Watts**等学者在《火灾风险分析简介》一文中就强调:"跟消防安全有关的每一个决策都是消防风险决策。现在,随着人们对消防科学理解的加深和成套量化工程工具的开发,可以发现,除非首先把新工程工具放入相应的火灾分析中,使消防安全决策更科学、对其量化程度更高,否则,就需要做出许多假设。"[156]可以想见,风险分析和评估在安全决策和管理工作中具有关键作用[157][158][159]。

由此可以推断,要解决消防安全管理与现代化转型之间不相协调的状况,要解决转型期的城市消防安全的可持续发展问题,离不开转型期的城市区域(重大)火灾风险的宏观认知和综合评估;火灾风险的宏观认知和综合评估必须服务于火灾风险的战略防范,尤其要关注转型期的重大火灾风险的战略防范目标,必须服务于城市消防安全的战略规划和管理。也只有这样,才能从理论与实践相互联系的角度,对转型期的城市区域火灾风险形成全面而科学的认识。

3.5.3 必须坚持马克思主义,正确采用系统工程方法

第一,坚持和运用马克思主义及其最新发展。

对城市火灾等城市社会灾害及风险的研究离不开马克思主义的指导。**马克思在《〈政治经济学批判〉序言》**中就已经指出:"物质生活的生产方式制约着整个社会生活、政治生活和精神生活的过程。"[160]这一思想同样适用于城市火灾。火灾风险与现代化相伴而生,自从现代化在英国首先出现并实现以来,城市火灾就成为现代化的副产品。因此,在19世纪的早期现代化时代,**马克思和恩格斯就注意到了城市火灾等社会灾害问题**,并进行了深刻的剖析[161]。**尽管他们没有全面分析城市社会灾害,他们所创立的马克思主义的思想和方法是科学而革命的理论武器和行动指南;尽管灾害风险在"二战"之后才逐步成为研究热点,它仍然需要马克思主义的立场**、思想和方法作为指导。

在我国,新中国建立伊始,党和政府就高度重视防灾救灾问题,颁布了一系列的方针、政策,明确提出了"以防为主,防救结合"、"依靠科学技术救灾"等思想[162];改革开放以来,进一步致力于全面提高社会的抗风险能力,实现可持续发展。1990年,在**中国"国际减灾十年"委员会成立大会上,田纪云提出:"要把减灾活动纳入国民经济发展**

的战略规划中去","应把减灾工作作为推动社会经济发展的一件大事,列入各级政府的重要议事日程"[163]。

进入新世纪以来,2000年10月召开的**党的十五届五中全会**提出了"全面建设小康社会,加快推进现代化进程"的战略[164][165]。2004年3月,在**中央人口资源环境工作座谈会上,胡锦涛**提出并精辟阐述了科学发展观的思想[166]。2004年9月召开的**党的十六届四中全会**提出"加强党的执政能力建设"的思想,并把构建社会主义和谐社会的能力作为执政能力之一[167]。2005年10月召开的**党的十六届五中全会**进一步提出"全面贯彻落实科学发展观","坚持以科学发展观统领经济社会发展全局","坚持节约发展、清洁发展、安全发展,实现可持续发展","推进社会主义和谐社会建设"[168]。在2006年1月刚刚公布实施的《**国家中长期科学和技术发展规划纲要(2006～2020年)**》中,"公共安全"是11个重点领域之一,"重大生产事故预警与救援"是60多项优先主题之一,其中就涉及"燃烧、爆炸、毒物泄漏等重大工业事故防控与救援"问题[169]。党和政府的方针、政策和规划是中国的马克思主义,是马克思主义与中国公共安全工作实践的有机结合和集体智慧的结晶,这必将有力推进转型期的火灾风险的科学研究。

第二,正确采用系统工程方法。

随着马克思主义城市灾害和公共安全思想在中国的不断发展,随着城市消防安全工作的不断深入,如何按照科学发展观的要求研究城市区域(重大)火灾风险,这的确是一项开创性和系统性的交叉研究工作。而系统科学是研究系统的一般性质和活动规律的科学。它的产生、发展和广泛应用,提供了一种跨越学科界线,从整体关系上认识、分析和解决问题的新途径、新思想与新方法。

系统工程是系统科学的重要组成部分。与以前那种"见树不见林"的传统分析方法相比,系统工程是从整体出发确定研究目标,分析整体与部分、部分与部分以及系统与环境的相互关系,能够得出全面、综合、优化而可行的结果。由于这种系统思路是抓住事物的整体关系去揭示事物变化发展过程,以及物质与能量变换中的信息流动,撇开了事物的具体形态,构建了事物的绝对界线,因而为人们提供了科学探索与技术创新的崭新途径和方法,为人类认识和变革世界拓宽了视野。为此,**钱学森**指出:"**我们应该用开放的复杂巨系统的观点,用从定性到定量的综合集成方法来研究整体性的问题。**"[170]

目前,系统工程的研究方法在城市区域火灾风险研究领域的运用还不够充分。比如,火灾风险的认知不够宏观,缺乏结构性的认识;火灾风险评估缺乏系统性综合性;火灾风险的防范及管理缺乏整体性的战略性的思考。

有的研究还出现了一些常识性的错误,比如,对宏观指标的相关性问题缺乏必要的数学处理;又如,运用判断矩阵和特征值法求解指标权重存在数学上的不严格性和心理学上的不合理性,但这种过时的方法仍然得到照搬照用。

因此,在积极运用系统工程方法的同时,还需要科学正确地运用系统工程方法。

3.6 城市区域(重大)火灾风险的系统分析

本书以我国当前大中城市重大火灾的区域性宏观危险源和空间性相对风险为基本研究

对象，以宏观意义的安全资源利用为根本目标，以社会经济转型期为背景和城市现代化创新、重构及其火灾风险的结构性变迁为主线，分别从风险的时间序结构、空间序结构和组织序结构（风险承受方式）及其宏观变迁出发，实证地分析和认知了城市区域重大火灾的宏观危险性、脆弱性和易损性，以此为依据构建起了城市区域重大火灾风险的宏观评估的指标体系；通过案例城市及其区域的试点研究，实现了重大火灾的宏观风险的综合评估及其总体风险的评估，从而找出了造成转型期的重大火灾风险的结构性的根本原因及其重点因素，为火灾风险的战略防范提供了决策依据；然后，以火灾风险的宏观认知和综合评估为基础，本书围绕重大火灾风险的宏观危险性、脆弱性和易损性，分别从风险的时间序结构、空间序结构和组织序结构这三大角度探讨了相应的防范策略。这样，本书也验证并应用了笔者所提出的"城市区域火灾风险系统论"。

为此，本书始终坚持马克思主义及其最新发展，并正确采用系统工程方法。本书通篇采用了马克思主义的结构主义研究方法，提出并实现了城市区域重大火灾风险的宏观化认知、系统化评估和战略化防范的结构主义研究。

3.7 本章要点

这一章指出，我国当前的城市区域火灾风险主要是城市社会经济现代化转型的产物。这一章归纳出：形成火灾风险的基本原因是城市化、产业（工业）化、市场化，以及相应的物质（能源）基础和时间条件的改变；相应地，当前的火灾风险的特点归纳为以下五个方面：集中性与多发性、产业性与破坏性、市场性与普遍性、物质性与能源性，以及变迁性与突然性。因此，这一章认为转型期的火灾风险系统是一个宏观体系，并将火灾风险系统的基本要素归纳为人口转移、产业转型、经济转制、能源转变和火灾惯性等五大因素。

这一章对"区域灾害系统论"做出了哲学改进，认为区域灾害风险是源自哲学意义上的时间、空间和组织的诸种可能性的集合和统一。据此，这一章提出了城市区域火灾风险的结构性定义和功能性定义；认为城市区域火灾风险系统是由致灾因子、承灾体和孕灾环境构成的城市区域异变系统，它分别具有时间意义上的危险性、空间意义上的脆弱性和组织意义上的稳定性；然后运用指数法提出了火灾风险的函数表达式。这一章分析了城市区域火灾风险系统及其子系统的结构和功能、形成机制和发展机制；提出转型期的火灾风险是由社会生产方式或创新方式决定的城市现代化重构活动作用下的无序性灾变系统，城市重构及其无序灾变是现代化转型影响火灾风险的组织途径和实现方式，并在城市创新、重构和无序灾变之间形成系统传导和反馈关系。因此，这一章从现代化系统秩序性的角度提出了现代化转型期的城市区域（重大）火灾风险的基本定义，并体现了马克思主义和现代系统科学的有机结合；据此推出了可接受风险方式和水平的定义，认为它是城市现代化生产方式或创新方式及秩序的和谐程度的函数，并采用主观法和客观法（黄金分割法）初步设定了可接受风险的宏观定量标准。这一章还进一步指出，宏观型火灾风险管理理论亟待创立，并初步构建了"有效安全及管理"的理论框架。

这一章指出，有效防范城市区域火灾风险必须探索消防安全战略规划理论，战略规划及其理论化建设是城市消防安全规划的必由之路；为此，这一章提出了面向安全资源利用、风险结构变迁和城市消防安全战略规划的"安全优化"模型之假说，并运用案例分析方法初步实现了对该模型的实证和检验。

最后，这一章强调指出，要从宏观和战略视角系统地研究转型期的城市区域重大火灾风险；必须坚持马克思主义及其最新发展，正确采用系统工程方法。

总之，这一章对我国当前城市区域（重大）火灾风险的认知、评估和防范的理论和方法进行了初步的系统研究，创新地提出了"城市区域火灾风险系统论"。

第四章
转型期城市区域重大火灾风险系统的宏观认知

长期以来，城市区域(重大)火灾风险研究分析由于数据条件的局限而缺乏宏观的定量分析；而既有的宏观化研究基本局限于资源配置的微观目标，停留于孤立而具体的现象层面，缺乏资源利用型目标以及结构主义的系统分析，难以回应乃至适应城市社会经济的结构转型和体制转轨时期的重大火灾日益频发的现实挑战。

这一章以案例城市 H 城为例，以资源利用为目标导向，将讨论社会经济的结构性因素及其宏观变迁对城市区域重大火灾风险的影响作用，并从时间序、空间序和组织序(这里主要从火灾受体角度)这三个方面展开结构主义的系统分析和定量研究，揭示出可以影响重大火灾风险的危险性、脆弱性和易损性的主要的宏观因素或基本变量，为重大火灾风险的综合评估提供必要的宏观的科学判据。

4.1 社会经济结构性因素及其宏观变迁影响着重大火灾风险

一般而言，重大火灾通常可以按照重大火灾原因、发生场所、发生区域、所在行业、所在企业的经济类型、发生时段等进行分类；重大火灾事故的分级则可以按照国家消防安全标准或微观的重大危险源进行。这样的分类分级仅仅说明了重大火灾及其风险的微观属性和特征，服务于安全资源配置的目标。即使社会经济指标的使用也难以根本改变这种微观安全目标的局限性。

然而，正如著名社会学家**李培林**所指出的，当代中国的社会经济转型"**是一种全面的结构性过渡，是持续发展中的一种阶段性特征，是在持续的结构性变动中从一种状态过渡到另一种状态**"，并可以"**由一组结构变化的参数来说明，而不仅仅是一般的宏观描述和抽象分析**"。为此，研究转型期的重大火灾风险，必须探讨重大火灾及其风险的宏观属性和特征，揭示社会经济的结构性因素及其宏观变迁对重大火灾风险的影响作用，而不是停留于一般的社会经济因素的分析。只有这样，才能严格遵循前文所提出的宏观的安全资源利用的研究导向。

根据前一章有关城市区域火灾风险的系统研究可知，在转型期的城市区域火灾风险系统中，人口转移、产业转型、经济转制、能源转变和火灾惯性等基本要素都是必不可少的结构性因素，都属于引起火灾及其风险的深层次的社会经济结构性变迁因素，并且反映了转型期的我国城市重构及其火灾风险特点。正是这五大基本要素的存在，城市区域火灾风险的宏观危险性或时间特征才得以显现出来，并进而形成城市区域火灾风险的脆弱性或空间特征，以及城市区域火灾风险的稳定性(易损性)或组织特征。换言之，**人口转移、产业**

转型、经济转制、能源转变和火灾惯性等引起城市区域火灾及其风险的结构变迁性的宏观因素会在时间、空间和组织等各个层面上表现出来，影响城市区域火灾风险系统的危险性、脆弱性以及稳定性（易损性），从而构成了转型期的城市区域火灾风险系统的基本要素。也正是在这个意义上，这五大基本要素可以视为我国转型期的城市区域火灾风险系统的"宏观危险源"（或者也可以称为"宏观风险源"）。它们在本质上属于具有一定火灾风险的基本的社会经济活动及其结构性变迁因素与方式的集合，并且其中某种活动和因素的活动量或集合活动量等于或超过了某一临界量。在本书的研究中，它主要是针对重大火灾来分析的，因此，又可以称为"重大火灾的宏观风险源"或"重大火灾的宏观危险源"。

为此，这里将进一步从人口转移、产业转型、经济转制、能源转变和火灾惯性这五个有机联系、互动整合的方面对转型期的城市区域重大火灾风险展开结构主义的宏观分析，并将定性分析与定量分析结合起来。

4.1.1 人口转移及城市化模式的影响

在城市的社会经济活动中，转型期人口的结构变动及其变动水平不仅是城市化水平的基本因子，促使城市人口重构，也是影响我国当前城市区域火灾风险和重大火灾风险的基本要素，并构成区域差异性。这里以"人口转移"表示。

4.1.1.1 正确认识人口转移及城市化方式的火灾影响

沈伟民曾经指出：随着社会的发展，人口一定会流动，不仅有水平流动，又有垂直流动；越是发展，流动越大，流速越快，引发城市火灾的上升[171]。

进入新千年以来，我国城市化速度加快，人口城市化水平要在30%的基础上迅速向50%乃至更高的水平发展；而且，由于历史的欠账，中国的人口城市化将在结构、规模和速度方面表现出独特性。一方面，大量的农村人口转化为城市人口，人口的垂直流动将会非常明显，中国各类城市因此面临着空前的人口荷载压力，并相应面临着相对特殊的火灾风险。同时，随着对外开放、现代交通、城市房地产、城市郊区化以及城市群的迅猛发展，城市内部以及城市间的人口水平流动也会骤然提速，这也会导致各个城市区域的火灾风险和重大火灾风险的差异。

笔者认为，重要的不是首先在于人口的流动规模和速度，而是人口流动是否存在整体上的秩序性。**正是人口在垂直流动和水平流动过程中的盲目性和无序性强化了重大火灾风险及其时空差异。**

城市化和人口转移影响重大火灾风险，并不意味着城市化和人口转移因此就必须停止而"因噎废食"。重要的是揭示城市化和人口转移影响重大火灾风险的内在原因和结构性因素，尤其需要研究城市化模式和人口流动的社会化组织方式是否从根本上影响了重大火灾风险。

显然，这方面的研究还基本处在空白状态，并且，由于城市化的基础是工业化和市场化，因此，它有待结合产业转型与经济转制对重大火灾风险的影响。这样，才能真正揭示人口转移过程中城市化模式对重大火灾风险的影响作用。

4.1.1.2 只有转变城市化方式,才能从根本上减少重大火灾风险

建国至今,我国逐步走向民族复兴和经济起飞。但是,正如有学者指出的那样:"由于在发展战略和策略上存在着某些缺陷,以至在中国经济和社会飞速发展的进程中出现了一些比较严重的问题,从而给未来的增长带来了许多困难。其中最为重要的一个失误,就是始终未把城市化放到中国社会与经济增长的首要位置,由此造成的后果是中国二元经济社会结构的固化,从而使得中国的广大农民不能分享中国最近 20 多年经济增长的成果,城乡之间的差距与矛盾也因此而变得越来越尖锐"。[172]随后,在探索城市化战略的过程中,实践中实际上出现了不可阻挡的城市化浪潮,并由发展房地产业、加快城市化的建设热情推波助澜,在一定范围里出现了无序和失范现象;城市灾害事件也接踵而至,日益升级。

火灾风险的根源不在于城市化,而在于城市化模式。城市相比乡村的重要区别在于秩序,而以无序的方式进行"大跃进"式的城市化,城市化是难以有效实现的;相反,类似 20 世纪 50 年代末的经济"大跃进"的后果,这必然使引发城市灾害(如重大火灾)的可能性越来越大。因此,"大跃进"式的大规模"井喷"一样的无序的城市化方式是最不足取的。而面对仍然巨大的数亿人口的农村剩余劳动力以及小城镇的无业居民,这种如火山般的无序井喷的危险依然存在,引发重大火灾等城市灾害的直接和间接的可能性都非常巨大。所以,**首当其冲的问题不是建设什么样的城市或者城市安全水平的高低问题,而是采取什么样的城市化方式使中国的城市化建设能够有序进行的问题,是如何减少和防范城市化的灾害风险影响问题。就重大火灾风险而言,只有关注和转变城市化方式,从宏观上确保人口的有序流动和转移,才能从根本上减少重大火灾风险。**

4.1.2 产业转型及经济增长方式的影响

产业转型主要表现为产业结构变动与升级,以及布局的调整和更替。它不仅是工业化水平的基本因子,促使城市产业重构,也是影响我国当前城市区域火灾风险和重大火灾风险的基本要素,并构成区域差异性。这里以"产业转型"表示。

4.1.2.1 正确认识产业转型及经济增长方式的火灾影响

在城市产业的空间布局方面,最大的变动是城市工业的空间扩散,以及相应的"退二进三"的态势。这反映了城市用地功能置换的内在要求,同时也会极大地影响火灾风险在城市区域空间范围内部的宏观变动。随着第三产业在产业布局和结构中扮演日益重要的角色,商场市场、宾馆饭店、歌厅舞厅等公众聚集场所的火灾迅速上升,特大火灾不断发生。

但是,**在产业结构方面,最大的问题则是工业化盲目进入重化工业轨道,并且成为当前我国城市火灾和重特大事故频发、损失严重的重要原因**。不仅国外城市火灾的历史经验说明了这一点,而且,从国内的情况来看,也日益表现出类似的趋势。由于主、客观的各种原因,我国许多城市的产业结构实际上进入到了重化工业化的轨道,造成了重大火灾等重大事故频发等一系列严重后果。其主观的原因是"重经济增长、轻经济发展"的思想在错误的政绩观的束缚下比较盛行。其客观的原因在于:资本投资的经济拉动作用不仅风险

较小，容易立竿见影；消费需求的经济拉动效应尚难体现；知本投资的经济条件则尚待培育，风险很大，也缺乏成功经验；而周边国家金融危机一度制约了出口，并引起国内经济危机的担忧。长此以往，显然不符合新型工业化的要求，不符合可持续发展和安全发展的要求。尽管如此，人们从重化工业化道路、产业转型和经济增长方式的角度所采取的反思和改进工作还非常有限。

工业化、产业化和产业转型影响重大火灾风险，同样并不意味着工业化、产业化和产业转型就必须停止而"因噎废食"。重要的是揭示工业化和产业转型影响重大火灾风险的内在原因和结构性因素，尤其需要研究工业化模式或经济增长方式是否从根本上影响了重大火灾风险。这方面的研究还基本处在空白状态。

为此，本书采用历史唯物主义和辩证唯物主义相结合的方法以及马克思主义政治经济学，进行初步研究。

4.1.2.2 只有转变经济增长方式，才能从根本上减少重大火灾风险

笔者认为，国内外重大火灾的历史和现实可以表明，城市重大火灾深受城市产业结构和经济增长方式的影响；只有转变经济增长方式，才能从根本上防范和减少城市重大火灾危险性（和危害性）。

(1) 美国经验表明：火灾风险的根源不在于产业化，而在于产业化模式（或经济增长方式），转变经济增长方式可以降低城市重大火灾风险。先行工业化的英美等发达国家在产业更替的过程中不断发生重大火灾；但随着经济增长方式的转变，城市消防安全水平日益提高。

权威资料统计表明，**1900～1999年国外死亡逾百人的72起火灾案例中，美国发生了19起**。其中，1900～1909年就发生了7起[173]，而当时美国经济以钢铁、化工和电力等重化工业为主导产业，正值1873～1914年的高速成长期（起飞期为1850～1873年）[174]。"二战"后，美国经济增长迅速，以汽车、航空和电气产品为主导产业的重化工业产业进入1945～1973年的高速成长期（起飞期为1914～1945年）[175]。火灾发生和危害也达到一个新的高峰期，死亡逾百人的火灾从20世纪30年代到70年代又发生了11起[176]，这与汽车产业为主导的重化工业的发展阶段基本一致。从火灾发生起数看，1946年美国发生火灾60.8万起，而到70年代中期则达到330万起[177]，并在石油危机下推波助澜，登峰造极。而前述11起死亡逾百人的火灾在70年代发生了3起。

然而，自80年代至今美国进入了后工业社会，作为主导产业的信息产业尤其是信息服务产业得到迅猛发展，实现了经济增长方式的转变。在保持经济快速增长的同时，美国的火灾危险性和危害性不断下降。比如，1988～1998年火灾起数从2436500起减少到1755500起，而且1994年仅回升到2051500起[178]。同时，美国仅在1995年发生1起死亡逾百人的火灾[179]。

这说明，转变经济增长方式，可以从根本上防范和减少城市重大火灾危险性（和危害性）。

(2) 日本和苏联等国经验表明：未转变经济增长方式，城市消防安全难以根本好转。如果不转变或不能有效转变经济增长方式，城市消防安全难以根本好转，重大火灾危险性

难以得到有效防范和持续减轻。这可以在日本、苏联以及其他许多国家的城市消防历史和现实中找到实证依据。

1) 日本及其周边国家和地区的案例 日本的经济增长在于抓住了石油危机的经济契机，以轻型汽车和丰田生产方式为特点的汽车产业崛起，带动日本的重化工业产业的兴起，GDP 从 20 世纪 70 年代初的 1000000 亿日元增加到 80 年代末的 4800000 亿日元。相应地，火灾发生和危害迅速加剧，火灾直接损失从 70 年代初的 800 亿日元增加到 70 年代中期的 1600 亿日元[180]。尽管 80 年代初相对平稳，但是由于日本经济没有转变经济增长方式，习惯于政府主导的过度投资和产能扩张这种粗放型的增长方式，80 年代末发生**泡沫经济危机时火灾直接损失又从 1400 亿日元升到 90 年代初的 1800 亿日元以上**。**日本及周边国家或经济体**由于没有深刻反省和改进粗放型的经济增长方式，1997 年爆发了东亚金融危机，"东亚经济奇迹"宣告破产[181]；同时，火灾的发生和危害日益深重。国外的一些典型火灾也往往发生并相对集中于**日本、韩国、印尼、马来西亚、泰国**等所谓的"亚洲高绩效经济"及其周边国家和地区[182][183][184][185]。比如，**1998 年韩国南方港口城市釜山的某在建大型冷库火灾**[186]，**1999 年韩国仁川商场火灾**[187]。

2) 苏联案例 在苏联，苏共领导和苏联经济学家在 20 世纪 60 年代后期研究发现，苏联在同发达的市场经济国家的经济竞赛中处于劣势。但是，由于不敢触动计划经济制度和"优先发展重工业的社会主义工业化路线"，转变经济增长方式的强烈愿望没有转化为切实的工业化新实践，最终动摇了经济、社会和政治基础[188]。在这一根本背景下，社会危机日益积聚，量变随时演变为质变。就在苏联解体之前的 1986 年 4 月 26 日，位于苏联乌克兰共和国境内的**切尔诺贝利核电站因操作人员违反安全规程发生火灾**，先后造成 16000 人死亡(消防人员 18 名)，其中 2 人在**反应堆爆炸**中丧生，其余人员均死于**核辐射**[189]。在充分的技术保障下，核电站危险性高但危害性小的技术神话因此彻底破灭。只重视微观的技术性的重大危险源，严重忽视宏观的人本的社会经济属性的重大事故根源，其教训可以殷鉴。当时，国际原子能机构(IAEA)认为：切尔诺贝利事故的核心要素是人为失误及整个管理体系所致，根子不在于硬件系统上，而在于以人为中心的管理体系上。对此，中国核安全专家王法教授认为：除了必须要采取的法制手段、制度手段、技术手段、经济手段等科学全面的管理手段以外，我们还必须充分地、特别地关注并认识人的因素及社会因素[190](这实际上触及到了社会经济的组织、结构、制度和文化等一系列重大问题)。就在前苏联解体之前的 1989 年 6 月，**苏联乌拉尔铁路线旁边的液化石油气因管道破裂泄漏**，正值两列客车会车时发生爆炸和火灾，死亡 600 人，受伤 2000 人[191]。

毫无疑问，**社会主义制度在防范和抵御重大火灾、保障城市公共安全方面具有显著的制度优越性**。正因为此，比较 20 世纪资本主义和社会主义世界的两大超级大国，**死亡逾百人的火灾在美国有 19 起**(另外因发动战争至少使 1991 年的海湾和 1999 年的南联盟发生战争火灾)，而在**苏联仅 3 起**(其中 1 起发生在 1929 年，而 1928 年起"优先发展重工业"的工业化路线恰恰成为"一五"计划的指导思想[192]；另 2 起发生在苏联解体之前的 80 年代末期)。资本主义世界中位列第二的**日本，20 世纪也发生了 10 起死亡逾百人的火灾**[193]。但是，由于没有实现经济增长方式的转变，甚至将工业化简单地等同于重化工业化，社会主义生产力水平难以得到充分发展，这样，社会主义制度在防范和抵御重大火灾、保障城市公共安全方面的制度优越性就难以充分发挥，以至引发核电时代的核灾难和以核火灾为代表的重特大火灾。

4.1.2.3 走新型工业化道路，才能有效防范转型期的重大火灾风险

（1）**传统落后的生产方式和血腥的资本主义制度是社会灾难的根源**。在我国，由于传统的社会生产力、生产关系和生产方式日益落后，历史上第三次盛世"康乾盛世"结束不久的45年之后，中国社会迅猛、被迫、长期地进入了一个由传统社会向现代社会的转型时期，经历了100多年的半殖民地半封建的黑暗的旧社会。素来"无灾不成年"的中国陷入了水深火热的深重灾难之中[194]。仅从20世纪上半叶的50年来看，中国遭受的死亡逾百人的火灾达到10起，从1900年八国联军在北京放火到1918年香港快活谷马场火灾，从"焦土抗战"中的1938年的长沙焚毁到解放前的1949年9月的重庆市中心火灾[195]，触目惊心，骇人听闻，历史罕见。这一切充分说明了**传统落后的社会生产方式和血腥的资本主义制度是社会灾难的根源**。

（2）**传统或新兴的重化工业化区域是火灾风险的"桥头堡"**。建国以来，重大火灾危险性和危害性较大的年份是在20世纪60年代初、70年代初和始于80年代中期城市经济改革这三个时期[196][197]。这与中国工业化的粗放型经济增长方式和始于"一五"计划的重化工业化道路是基本一致的[198]，而且这种时间分布在90年代以来的市场经济建设中得以强化。**当前，重(特)大火灾危险性较大的地区往往是传统或新兴的重化工业化区域**，比如东北三省、山东、新疆、广东和江浙地区等。

1）东北案例 东北作为传统的石油化工基地由于资源日益枯竭并没有及时转变经济增长方式而造成经济衰退，其经济总量在全国的排位尽管不断下降，但重特大火灾以及其他重特大事故的起数及其危害并未相对下降，相反常年会出现震惊全国的事件。

2）浙江案例 在**浙江**，1997~2001年浙江的重特大火灾起数始终位列全国第二，排在广东之后，而**这两个省不仅仅都是首屈一指的轻工业基地，而且也都是首屈一指的新兴重化工业基地(以及首屈一指的市场化改革的大省)**。根据1999~2003年浙江省火灾形势分析，火灾高发行业为工业，占43%，其造成的直接经济损失占各行各业总数的57.5%[199]。这就显示出，"九五"以来尤其是"十五"期间，**由于工业化在地方政府主导和地区竞争下重返重化工业道路**[200]，经济增长方式没有得到切实转变，由此带来的重大火灾危险性势必会演变为现实的危害性(并在不完善的市场经济条件下日趋严重)。

（3）**吸取国内外经验教训，走新型工业化道路，坚持安全发展**。结合重大火灾的历史和现实经验和国内外的比较分析，我们**要清醒地认识到城市产业结构和经济增长方式对城市重大火灾的影响作用。在社会经济转型时期，任何国家、任何城市都有可能盲目走上重化工业道路，形成不安全的产业结构，这必然会造成严重火灾隐患**。

当前，我国产业转型的特点在于城市的产业升级刚刚起步，产业发展的轨迹的可塑性强，能否像美欧以及近年来的日本和韩国那样顺利走出重化工业阶段尚难判别。如果不小心走上类似苏联、南美洲的重化工业道路，产业升级夭折，经济增长方式不能有效转变，就意味着城市火灾风险难以走出重化工业阶段的"高危期"，并随着社会矛盾的爆发而出现全面加剧的可能，重大火灾风险也因此日益加剧。因此，在产业转型以及产业转型与安全的关系上，我们面临着"欧美模式"和"苏联—拉美模式"的借鉴、抉择和扬弃。

工业化、产业化和产业转型影响重大火灾风险，同样并不意味着工业化、产业化和产业转型就必须停止而"因噎废食"。只有有效转变经济增长方式，走新型工业化道路，坚持安全发展，才能从根本上减少重大火灾以及其他城市社会灾害的危险和危害。

4.1.3 经济转制及市场化方式的影响

经济转制是中国现代化建设的基本现实，是一个由计划经济体制向市场经济体制转轨的市场化过程，促使城市经济体制重构，也是中国工业化模式的巨大变革。经济转制的突出表现是经济主体结构的重大变迁，也就是多种所有制形式并存的条件下，三资企业的迅速发展、个体私营企业的快速成长，以及国有、集体企业的战略性重组和转制。笔者认为，经济转制不仅是市场化进程的基本内容，也是影响我国当前城市区域火灾风险和重大火灾风险的基本要素之一，并构成区域差异性。这里以"经济转制"表示。

4.1.3.1 正确认识经济转制及市场化方式的火灾影响

分析表明，20世纪90年代以来的我国城镇特大火灾中，个体、私营企业，外商投资企业以及通过租赁、承包、转让的经营单位所发生的特大火灾接连不断，尤为突出，带有明显的经济转轨、高速发展形势下的时代特征。一些国营、集体企业因经济效益不佳，则采取租赁、承包、转让等方式经营，但没有将消防安全责任明确、落实，造成消防安全管理出现空白区。许多个体、私营企业只顾眼前的经济利益，忽视消防安全，不落实消防安全责任制，不在消防安全上合理投入，甚至铤而走险违法经营，以至火灾增多[201]。比如，根据1999~2003年浙江省火灾形势分析，火灾高发的企业经济类型主要为私营企业，占41%，其次为联营企业，占18.7%。其造成的经济损失，分别占各经济类型总数的51.2%和14.5%。其原因在于，浙江省是一个私营经济比较发达、市场化水平较高的省份。因此，"经济转制"也可以作为表征转型期的城市区域火灾风险的一个重要因素。

但是，**市场化和经济转制影响重大火灾风险**，同样并不意味着市场化和经济转制就必须因此停止而"因噎废食"。重要的是揭示市场化和经济转制影响重大火灾风险的内在原因和结构性体制性因素，尤其需要研究市场化模式和市场的社会化组织方式是否从根本上影响了重大火灾风险。这一研究也基本处在空白状态。

为此，本书将采用2005年诺贝尔经济学奖获得者、哈佛大学政治经济学教授托马斯·C·谢林博士建立的"多人囚徒困境"模型(MPD)进行初步研究。

4.1.3.2 社会主义要逐步结合先进的市场化方式，积极防范重大火灾风险

(1) 社会主义制度在计划经济和市场经济条件下，在城市安全建设方面都具有显著的制度优越性。当前，我国正在加紧推进和完善社会主义市场经济体制建设。**社会主义制度在防范和抵御重大火灾、保障城市公共安全方面具有显著的制度优越性，无论是计划经济阶段还是市场经济阶段**。

正因为此，比较20世纪资本主义和社会主义世界的两大超级大国，死亡逾百人的火

灾在美国有 19 起(另外因发动战争至少使 1991 年的海湾和 1999 年的南联盟发生战争火灾),而在苏联仅 3 起;资本主义世界中位列第二的日本,20 世纪也发生了 10 起死亡逾百人的火灾。

即便在市场经济阶段,社会主义仍然显示了其制度优越性,比如我国当前的城市火灾和重大火灾风险尽管日趋严重,但仍然远低于资本主义市场经济国家。因此,需要指出的是,不能因为火灾风险日趋严重就怀疑社会主义制度和中国共产党的正确领导,也不能因此怀疑社会主义市场经济体制建设的宏伟目标。

(2) 火灾风险的根源不在于市场经济,而在于市场化模式。值得注意的是,尽管我国许多城市的火灾危险性和危害性都在增加,但是 1997~2000 年上海在经济增长的同时火灾发生率和死亡率却持续降低[202],尤其是市中心近两年大力转向现代服务业和创意城市建设以来,火灾危险性和危害性进一步降低。

类似的是,1988~1998 年美国在知识经济形成前后,城市的火灾发生率和死亡率都在下降[203](但从火灾规模上看,其火灾危险性和危害性仍然很大)。

这两者的比照仍然说明,不能因为美国城市的火灾风险降低就赞美资本主义和资本主义市场经济;同时,这又初步说明,市场化或者市场经济也不是导致火灾危险性和危害性的根本原因;重要的是在于市场化模式和市场(尤其是市场风险)的社会化组织方式。

(3) 市场风险及至火灾风险表现出微观动机与宏观行为的特殊联系。笔者初步感到,在市场经济中,人们如果竭力回避市场风险追求稳定回报(比如,追求产品经济而不是服务经济,消耗大量的土地、矿产和资本),必然会将个人风险转嫁为市场社会的集体风险,引发包括城市重大火灾在内的社会危机;反之,人们努力追求风险回报(比如,追求服务经济,依靠知本和创意以及现代农业服务实现比较不稳定的高回报),必然会提高个人风险而降低市场社会的集体风险。

1) 日本"泡沫经济"与火灾风险的案例。日本泡沫经济时期,火灾直接损失从 20 世纪 80 年代后期的 1400 亿日元迅速回升到 90 年代初的 1800 亿日元以上,社会经济以及城市火灾风险日益严重,骤然恶化。而产生上述后果的市场原因正是人们持有房地产风险小、一本万利的习惯思想,并诉诸现实行动;而相应的支持房地产业投资而忽视创业风险投资的金融体制起到了关键性的作用,促使了日本房地产热的兴起,促使日本在与美国的高科技产业的竞争中败北,**促使个人风险轻易地转嫁为集体风险,引发社会经济危机,及至城市灾害(火灾)风险积聚并出现一系列重特大火灾**。

2) 采用 MPD 模型,可以解释市场风险及至火灾风险所表现出的"微观动机与宏观行为的特殊联系" 在市场社会和市场行为中,这种个体的微观安全动机所造成的宏观风险或灾害性(甚至灾难性)后果可以采用谢林的"多人囚徒困境"模型(MPD)加以解释。2005 年诺贝尔经济学奖获得者、哈佛大学政治经济学教授**托马斯·C·谢林**博士建立"多人囚徒困境"模型(MPD)说明了形成、改变、降低或消除这种由微观动机造成宏观灾难性后果的内在规律,并因此扩展性地解释了上述悖论或困境的内在逻辑,从而可以从理论的抽象回归现实的具体。也就是说,为了维持"囚徒困境"博弈中的非稳定均衡,常常需要一定的强制性协议或外部力量的存在。根据行为主体选择不同策略时的收益函数与选择非偏好策略人数的关系,可以得到不同类型的均衡结果,甚至可以得到多个均衡,包括稳定和不稳定的均衡[204]。所以,**问题的关键不仅在于市场的基本主体是否存在基本的安全诉求,更在于它们是否按照一种有序的方式去实现安全愿望**。因此,**市场化发展方式与城市市场性安全之间的矛盾本质是市场的无序发展方式(或市场组织的有序度过低)与城市市场性安全之间的矛盾,这就造成了市场化对火灾等城市灾害风险的影响作用**。

大致而言,市场的基本主体是企业(厂商)和家庭(居民户),它们都要追求个体(或由此构成的群体)利益最大化,都希望在风险最小和成本最低的情况下获得最大利润或最大满足。没有一个企业或家庭愿意以遭受火灾的方式去追求利益最大化。因此,由企业(厂商)和家庭(居民户)这两大基本主体构成的市场组织体系在组织行为和主体行为上存在着风险最小、安全最大的基本取向和微观基础。但市场组织体系的宏观结果则是相反的。这就是一个悖论的存在。当日本人迷信于土地既安全又可以保值升值的神话的时候,大量的企业和家庭去投资和购买房地产,并得到金融政策的扶持和支持,结果形成房地产热和"泡沫经济";同时,经济危机前房地产热和危机前后的社会心理的震荡构成了日益增长的重大火灾危险性和危害性。这在危机发生时的20世纪80年代末的最初几年中就已经表现出来,并形成一个新的火灾高峰[205]。因此,**微观的风险最小、安全最大的基本取向愿望演变成了宏观的风险和灾害最大化、安全水平最低化的相反结果**。类似地,**火灾事件中人人想逃生,却反而造成群死群伤的后果也非常普遍**。这是愿望和后果之间的悖论,是微观和宏观之间的悖论,是个体和群体之间的悖论,是竞争与合作之间的悖论。这就是安全领域的"囚徒困境"现象,其基本特征是如果每个市场主体都按照自己的最优策略选择并追求安全,最后的结果将会由于市场主体之间全面的安全竞争而形成了稳定的非合作性的占劣均衡(即灾难性的后果)。

(4) 社会主义必须与先进有序的市场化模式相结合,实现市场社会的结构性本质安全。上述理论和案例分析提供了一个很重要的启示:**无论从整体的火灾风险或安全形势而言还是从局部的火灾事件风险而言,火灾风险管理的关键在于有序、有效地解决微观安全动机的宏观风险和灾害后果之间的悖论**;同时,在我国市场化改革进程中,社会主义不仅要与市场经济结合,建设社会主义市场经济体制;更需要在坚持这一宏伟目标的同时,与先进有序的市场化模式或市场的社会化组织方式逐步结合起来,要逐步采用个人风险高而集体风险低的市场化的高级方式,逐步实现市场社会的结构性、体制性本质安全,只有这样才能从根本上治理城市火灾等社会经济的结构性灾害。

4.1.3.3 只有坚持转变市场化方式,才能从根本上减少重大火灾风险

(1) 市场组织水平及其发展方式具有宏观的安全意义。本书第一章指出,**组织在本质上具有资源属性,既定组织条件下的非组织性资源的配置是微观问题,而一定配置条件下的组织资源的利用和创新则是一个宏观问题**。而本书的定量分析和评估将表明,在社会主义市场经济条件下,市场化与重大火灾危险性等城市公共安全问题密切相关。因此,**市场组织水平及其发展方式具有宏观的安全意义**。在现有的市场组织水平的基础上,市场化如何导致重大火灾的发生,这是一个相对容易认识的问题,后文也将从市场主体性、市场集中度和市场开放性这三个方面分别与重大火灾危险性的关系展开定量分析。但这种认识仍

然会处在现象层面上，**重大火灾危险性与市场组织的本质关系在于市场组织的发展方式如何决定重大火灾危险性的形成和演变**。因此，这本质上不是起火之后的灭火问题，而是灭火之后不再起火或者火灾减少后不再增加的问题；不是工程技术问题，不是微观管理问题，而是社会经济及其宏观管理问题；不是资源配置问题而是资源利用问题；不是既定安全方式或轨迹下的安全配置问题，而是安全方式或轨迹的探索、创新和利用问题。

为此，运用马克思主义思想，借鉴谢林的"多人囚徒困境"模型，结合社会主义市场经济阶段下城市市场化改革的现实，市场组织的发展方式及其重大火灾危险性的发展方式才能加以说明。

(2) 采用 MPD 模型，从市场组织水平及其发展方式分析我国城市消防安全的逻辑。具有东方传统的中国城市处在社会主义初级阶段和社会主义市场经济尚未完善的条件下，因此社会主义城市(消防)安全的历史起点和逻辑起点是优越的安全生产关系和落后的安全生产力并存。

在社会主义生产关系和中国传统文化的影响下，市场组织和政府组织以及社会组织存在群体性安全(或稳定)的总体追求。但是，群体性安全追求逐步产生了个体性危险乃至灾害结果。比如，社会主义城市消防的强大力量的宏观存在在一定程度上淡化企业或家庭(个人)的安全观念，具体表现为企业电焊或家庭用电、用气、用火等微观领域中的危险意识和不安全行为以及火灾等灾害的增长。这是"多人囚徒困境"模型的具体反映。

反过来，个体性的合理风险追求可以逐步产生群体性安全结果。而这时同样也相应转化为(即同样"反过来")生产力层面的问题。也就是说，上述企业或家庭的安全意识日益淡薄、重大火灾频发的趋势在市场化背景下强化，但还是按照"多人囚徒困境"模型逐步产生了集体性安全，处在市场经济中的人们对城市消防力量和工作的需要乃至不满情绪也在增长，城市消防在社会主义条件下进一步加强但远远不能满足当时需要，社会消防工作因此也日益推进，但市场组织层面的安全力量有待挖掘。

于是，这里就表现出生产关系层面的宏观行为和微观结果以及生产力层面的微观行为和宏观结果的互动联系，并出现了城市公共(消防)安全工作中的"防不胜防"的问题。这本质上是生产力和生产关系之间的矛盾，是先进的社会生产关系和东方传统文化与落后的社会生产力之间的矛盾。换言之，是生产关系层面的宏观、集体、利他的安全行为不能制约却能产生生产力层面的微观、个体、利己的危险和危害，并在市场化条件下成为现实；而生产力层面的微观、个体、利己的危险和危害不能制约却能产生生产关系层面的宏观、集体、利他的安全，但在社会主义条件下尚未成为现实。

(3) 市场组织层面的安全生产力建设已经初步展开。问题在于，由于生产关系优越而生产力落后的中国特点和初始条件，在安全形势演变的过程中，生产力层面的宏观、集体、利他的安全状态是否存在、能否支持和适应生产关系层面的安全追求的需要。换言之，生产力层面的微观、个体、利己的危险和危害趋势是否非常强大，能否足以迅速动摇生产关系层面的宏观、集体、利他的安全现状。

目前，与生产力层面的宏观、集体、利他的安全状态相关的力量主要是至今仍然保存的要素市场领域的计划经济主导状态。它与国有企业为主导的国有经济共同构成了维护和坚持社会主义社会制度，维护和坚持社会主义城市社会安全的经济基础。在一定意义上，这种以政府为主导组织，以要素市场尤其是资本市场为主导范围的市场组织体系和结构强有力地弥补了生产力层面的宏观、集体、利他的安全状态的缺位，也成为建设生产力层面的宏观、集体、利他的安全状态的强有力促进力量，并日益转化为生产力层面的宏观、集体、利他的安全状态。比如，政府通过对要素市场和资本市场的主导和控制，大力推进国有企业和非国有企业特别是民营中小企业的科技创新和创业投资活动，积极疏导、引导、凝聚和转化市场化条件下日益增长的风险意识和风险能力。根据"多人囚徒困境"模型，与高新技术市场及产业相关的企业和家庭的微观的风险意识和能力的增长，最终会降低整个市场组织体系(及至整个产业组织体系)的宏观风险水平。因此，生产力层面的宏观、集体、利他的安全状态的建设活动已经初步展开。

(4) 市场组织层面的安全生产力建设受到"政绩经济"的制约。 问题在于，市场化改革以来计划经济体制下的"行政经济"演变为社会主义初级阶段的不完善的市场经济条件下的"应试经济"或"政绩经济"。不少三年一任的地方政府在 GDP 和财税收入等总量性经济政绩指标的影响下，运用要素市场的政府主导力量和政府财政体制的缺陷，通过要素市场的资源配置手段，强化具有短期的 GDP 效应和财税收入效应的重化工业和房地产业的投资[206]，有组织地转移和扩散政府的政绩风险、企业和产业的利润风险，一定程度上形成一种社会风气。这种风气在当前又集聚为舆论上的"中国经济重心北移论"[207]和行动上的北方省份和城市大搞重化工业的"北方现象"。即便是以中关村而闻名的北京也不能免俗，通过成立中韩北京现代汽车有限公司用 200 天创造了所谓的"北京模式"和"现代奇迹"[208]。

借鉴"多人囚徒困境"模型，市场、产业、社会中行为主体的微观安全动机会造成宏观的危险和危害乃至灾难。所以，"北方现象"说明，生产力层面的宏观、集体、利他的安全状态的建设活动尽管已经初步展开，但又存在大面积的"退潮"现象。这意味着市场化的现代转型在局部领域正在以反现代的方式出现，社会主义城市安全的总体追求在一定范围内出现了"南辕北辙"现象。

(5) 社会主义城市安全必须建立在市场组织的结构性安全基础之上。 社会主义城市安全不能仅仅是生产关系的安全，必须日益增强生产力意义的安全，必须追求社会主义城市的根本安全，必须追求社会主义城市的市场组织(乃至产业组织和社会、政府组织)的结构性安全。这是一种根本战略，也是跌宕起伏的国际国内安全现状和趋势条件下的现实战略。

苏联的历史教训和中国的现实背离意味着这种根本战略不是多余的。苏联领导人意识到传统的社会主义城市安全模式的不可持续性，但由于不触动体制上和增长模式上的根源，只靠研究开发投入的增加，虽在少数安全领域取得了一些世界性成就[209]，但总体上缺乏安全结构的培育、进步和成长，最终爆发了切尔诺贝利核电站的核电火灾和核灾难(及至苏联的政治解体)。

我国党和政府、领导和学者同样意识到了传统的社会主义城市安全模式的不可持续性，并已经触动到了体制上和增长模式上的根源，基本上也没有仅仅依靠研究开发投入的单方面增加追求世界性的安全成就。但是，由于落后的结构性生产力条件、不科学的政绩考核制度、市场和政府在要素市场和资本市场的不和谐结合以及社会中一些不健康因素，社会主义市场经济体制建设或市场化的现代转型在一定范围内出现了反现代的情形，社会主义城市安全的总体追求在一定范围内出现了"南辕北辙"的现象。

只有坚持转变市场化方式，才能从根本上防范和减少重大火灾风险等城市灾害风险。

4.1.4 能源转变及天人关系的影响

城市社会经济活动的基础在于对能源的使用，现代化城市是建立在油气和电力的基础上的。20 世纪 80 年代以来，借鉴石油危机的教训，以中国为代表的发展中国家尤其注重电能的开发利用。同时，作为传统的煤炭消费大国，我国于 1993 年成为石油净进口国，2003 年成为石油依赖国[210]，已经跻身世界石油消费大国的前列。

笔者认为，在转型期的我国当前城市的社会经济现代化进程中，能源结构和总量的变动及其变动速度不仅是城市化水平的基本因子，促使城市能源重构，也是影响我国当前城市区域火灾风险和重大火灾风险的基本要素之一，并构成区域差异性。这里以"能源转变"表示。

在现代化进程中，随着能源结构和总量的变动，人与自然的关系日趋紧张、不够和谐，城市火灾和重大火灾日益增加，损失日趋严重。因此，"能源转变"是影响转型期的城市区域火灾风险和重大火灾风险的一个重要因素。

火灾风险的根源不在于能源利用，而在于能源利用方式。但是，**能源转变及天人关系影响重大火灾风险**，并不意味着城市放弃从自然中获取能源。重要的是揭示能源转变及天人关系乃至现代化模式影响重大火灾风险的内在原因和结构性因素，尤其要研究能源利用方式及人与自然关系的联系方式是否从根本上影响了重大火灾风险。显然，这方面的研究也并不多见。

4.1.5 火灾惯性及耗散方式的影响

就一个相对稳定的火灾的事件系统而言，在其发生和发展过程中，都会表现出相应的时间性状和历史特征。比如，依据统计资料分析人们发现，在一国的经济起飞阶段或重化工业阶段，重大火灾往往比较容易发生，频次较高，损失较大；另外，火灾会在每年的若干月份和每天的若干时点会相对集中。这样，火灾的事件系统从过去到现在具有一定的结构延续性，从现在到将来又有一定的结构趋势性，这种延续性和趋势性就是通常所谓的"**火灾惯性**"[211]。

火灾风险取决于火灾风险系统的耗散方式。火灾惯性主要取决于火灾活动系统的耗散结构、变迁方式和活动状态，是稳定的还是不稳定的，是持续的还是突变的。重大火灾（含特大火灾）就是由一般火灾的突变所造成的，具有一个从量变到质变的涨落过程。

运用惯性原理，人们可以城市区域火灾风险的历史脉络和未来趋势，判断火灾事故的历史特点，推测其未来的风险水平和安全态势。一般而言，火灾风险的历史惯性越大，趋势越会明显。因此，笔者认为，"火灾惯性"可以作为表征转型期的城市区域火灾风险和重大火灾风险的又一个重要因素。

4.2 宏观因素影响重大火灾危险性的时序结构分析

对转型期的城市区域重大火灾风险进行宏观分析，不能停留在定性分析的层面上，必须展开量化的宏观研究，努力揭示人口转移、产业转型、经济转制、能源转变和火灾惯性等宏观结构性因素及其变迁影响重大火灾风险的数量关系和模型特点。本书在4.2、4.3和4.4将从重大火灾风险的时序结构、空间结构和受体结构这三个层面，以案例城市 H 城为例，介绍人口转移、产业转型、经济转制、能源转变和火灾惯性等各种宏观结构性因素及其变迁影响城市区域重大火灾风险的定量分析结论。鉴于重大火灾的**小样本**问题，本书借鉴**相似系统原理和信息扩散理论**[212]，假定社会经济现代化转型作用下的城市重构对重大火灾风险和一般火灾风险的影响是基本一致的，在结构变迁的宏观意义上具有许多共性，因此将一般火灾纳入了样本范围。

所谓"重大火灾危险性的时序结构分析"，是运用系统科学原理和结构主义方法，从时序结构角度定量地研究城市社会经济现代化的宏观活动所构成的重大火灾危险性，分析城市社会经济的各种宏观活动与重大火灾危险性之间的内在联系。

表示火灾危险性的变量为国内外通用的"火灾发生率"（下文用 Y 表示），即平均每10万人口每年发生火灾的起数（如图4-1所示）。而表示社会经济时序性结构变迁的变量，在前文定性的系统辨识的基础上，按照系统性和层次性原则进行设立，并运用数学方法加以筛选（下文用 X 表示相应的社会经济变量）。这里所用的数学分析方法为相关分析和回归分析以及时间序列分析；所采用的总量分析方法是时间序结构分析。

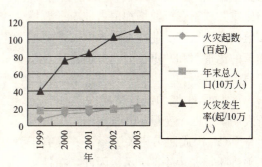

图4-1　1999～2003年 H 城的火灾发生率

4.2.1 人口转移影响的时序结构分析

通过结构主义的系统分析表明，影响城市区域重大火灾危险性的人口性时序结构变量主要是"非农业人口占年末总人口的比重"和"暂住人口与常住户籍人口的比值"。

而根据 H 城的统计情况及其回归分析表明，这两个变量（X）与城市"火灾发生率"（Y）构成回归相关关系，并具有正相关性质，如表4-1所示。因此，在社会经济现代化进程中，重大火灾危险性随着城市化进程中人口性时序结构的变迁

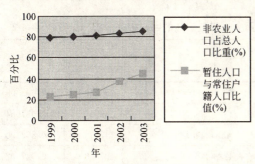

图4-2　1999～2003年 H 城的人口结构

而增强,这是转型期的重大火灾危险性的基本特点之一。

1999~2003年人口转移与H城重大火灾危险性的回归相关分析 表4-1

自变量X	回归方程	Prob(F-statistic)	相关系数
非农业人口占年末总人口的比重	$Y=-682.4924881+9.330055239X$	0.046677	0.883858
暂住人口与常住户籍人口的比值	$Y=-3.066249227+2.706601865X$	0.049051	0.879903

据此,人口转移可以视为影响重大火灾风险的宏观因素之一,它在重大火灾风险的时序结构上表现出重大火灾危险性。而且,从相关系数看,"非农业人口占年末总人口的比重"和"暂住人口与常住户籍人口的比值"的影响作用基本相当,都在0.85以上,且显著性水平高,说明人口转移的影响作用明显。

4.2.2 产业转型影响的时序结构分析

通过结构主义的系统分析表明,影响城市区域重大火灾危险性的产业性时序结构变量主要是"非农产业增加值占GDP的比重"、"第三产业增加值占非农产业增加值的比重"、"工业增加值占第二产业增加值的比重"和"重工业总产值占工业总产值的比重"[213]。

而根据H城的统计情况及其回归分析表明,这四个变量(X)与城市"火灾发生率"(Y)构成回归相关关系,并具有正相关性质,如表4-2所示。因此,在社会经济现代化进程中,重大火灾危险性随着工业化进程中产业性时序结构的变迁而增强,这是转型期的重大火灾危险性的基本特点之一。

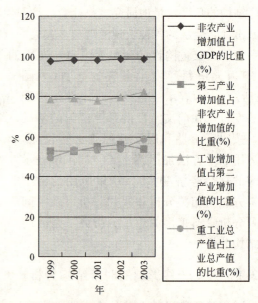

图4-3 1999~2003年H城的产业结构

1999~2003年产业转型与H城重大火灾危险性的回归相关分析 表4-2

自变量X	回归方程	Prob(F-statistic)	相关系数
非农产业增加值占GDP的比重	$Y=-6702.707719+69.16430703X$	0.006740	0.968309
第三产业增加值占非农产业增加值的比重	$Y=-671.2076266+13.98304681X$	0.209297	0.677064
	$Y=-703.073892+14.43642445X$ [1]	0.147110	0.852890
	$Y=-370.7676108+8.422302278X$ [2]	0.207398	0.947402

续表

自变量 X	回归方程	Prob (F-statistic)	相关系数
工业增加值占第二产业增加值的比重	$Y=-792.0778569+11.0185576X$	0.208509	0.677905
	$Y=-372.7263564+5.905275748X$ [3]	0.226431	0.937411
	$Y=-482.4846826+7.228942059X$ [4]	0.176903	0.823097
重工业总产值占工业总产值的比重	$Y=-308.1584631+7.277813745X$	0.050778	0.877064

注：[1] 仅为1999～2002年；[2] 仅为2000～2002年；[3] 仅为2001～2003年；[4] 仅为2000～2003年，但至少3年以上。

据此，产业转型基本上可以视为影响重大火灾风险的宏观因素之一，它在重大火灾风险的时序结构上表现出重大火灾危险性。而且，从相关系数看，"非农产业增加值占GDP的比重"的影响作用最强，且显著性水平很高；"重工业总产值占工业总产值的比重"的影响较强，显著性水平高；而"工业增加值占第二产业增加值的比重"和"第三产业增加值占非农产业增加值的比重"的影响作用基本相当，不可忽视（其显著性水平一般）。总体上，前两者达到0.85以上，后两者达到0.65以上，说明（重化）工业化具有非常明显的影响作用，而产业转型的其他情形也有一些影响作用。

4.2.3 经济转制影响的时序结构分析

通过结构主义的系统分析表明，影响城市区域重大火灾危险性的市场化时序结构变量主要是"私营经济从业人员相对值"、"规模以上工业企业比重"和"出口商品供货值与GDP的比值"[214]。它们可以从市场主体性、市场集中度和市场开放性这三个方面衡量经济转制的状况和市场化的结构性水平。

而根据H城的统计情况及其回归分析表明（以H城330103区为例进行分析），这三个变量（X）与城市"火灾发生率"（Y）构成回归相关关系，并具有正相关性质，如表4-3所示。因此，在社会经济现代化进程中，重大火灾危险性随着市场化进程中市场化时序结构的变迁而增强，这是转型期的重大火灾危险性的基本特点之一。

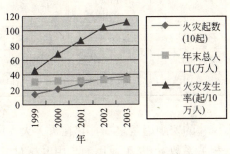

图4-4 1999～2003年H城330103区的火灾发生率

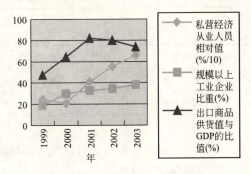

图4-5 1999～2003年H城330103区市场化结构

表 4-3　1999～2003 年经济转制与 H 城重大火灾危险性的回归相关分析

自变量 X	回归方程	Prob (F-statistic)	相关系数
私营经济从业人员相对值	$Y=30.37660431+12.78196833X$	0.025840	0.922005
规模以上工业企业比重	$Y=-24.3705666+3.507486066X$	0.011223	0.955420
出口商品供货值与 GDP 的比值	$Y=-29.87104786+1.629689536X$	0.066767	0.852065

据此，经济转制基本上可以视为影响重大火灾风险的宏观因素之一，它在重大火灾风险的时序结构上表现出重大火灾危险性。而且，从相关系数看，"规模以上工业企业比重"的影响作用最大，"私营经济从业人员相对值"的影响其次，"出口商品供货值与 GDP 的比值"的影响位列其三，但都在 0.85 以上，且显著性水平高，说明经济转制的影响作用明显。

4.2.4　能源转变影响的时序结构分析

通过结构主义的系统分析表明，影响城市区域重大火灾危险性的能源性时序结构变量主要是"工业用电与用煤相对值"、"工业用油与用煤相对值"和"工业用油与用电相对值"。

而根据 H 城的统计情况及其回归分析表明（仍以 H 城 330103 区为例进行分析），这三个变量（X）与城市"火灾发生率"（Y）构成回归相关关系，并具有正相关性质，如表 4-4 所示。因此，在社会经济现代化进程中，重大火灾危险性随着能源性时序结构的变迁而增强，这是转型期的重大火灾危险性的基本特点之一。

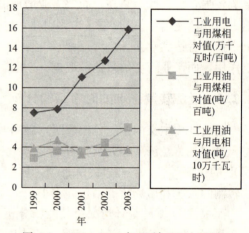

图 4-6　1999～2003 年 H 城 330103 区的工业企业生产的能源消费结构

表 4-4　1999～2003 年能源转变与 H 城重大火灾危险性的回归相关分析

自变量 X	回归方程	Prob (F-statistic)	相关系数
工业用电与用煤相对值	$Y=3.951102371+7.216789818X$	0.020454	0.933337
工业用油与用煤相对值	$Y=-2.980861554+20.53391103X$	0.049906	0.878493
工业用油与用电相对值	$Y=-112.136037+59.50674471X$ [1]	0.193804	0.954019

注：[1] 仅为 2001～2003 年。

据此，能源转变基本上可以视为影响重大火灾风险的宏观因素之一，它在重大火灾风险的时序结构上表现出重大火灾危险性。而且，从相关系数看，"工业用油与用电相对值"的影响作用最大（显著性水平高），"工业用电与用煤相对值"的影响其次（显著性水平高），"工业用油与用煤相对值"的影响位列其三（显著性水平一般），但都在 0.85 以上，说明能源转变的影响作用明显。

4.2.5 火灾惯性影响的时序结构分析

通过系统分析表明，影响城市区域重大火灾危险性的历史惯性变量主要是"近5年平均的火灾发生率"、"近5年平均的重大火灾发生率"和"近5年平均的特大火灾发生率"（后者由于1999~2003年期间在H城没有出现而没有讨论）。而根据H城的统计情况及其时间序列分析表明，一般火灾发生率始终呈现出增长态势，而重大火灾发生率具有一定的随机扰动性质。因此，在社会经济现代化进程中，随着社会经济结构的时序性变迁和转型，重大火灾危险性日益增强，突发性的重大火灾事故或事件会随时出现，这是转型期的重大火灾危险性的基本特点之一。据此，火灾惯性基本上可以视为影响重大火灾风险的宏观因素之一，它在重大火灾风险的时序结构上表现出重大火灾危险性。

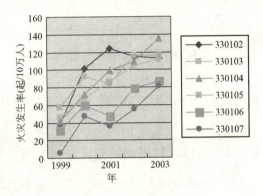

图 4-7　1999~2003年H城各行政区域的火灾发生率

4.2.6 从重大火灾危险性的时序结构量化分析得出的宏观性结论

从重大火灾风险的时序结构看，人口转移影响了重大火灾危险性，其作用明显；人口转移的时序结构及其宏观变迁可以视为引起重大火灾风险的宏观危险因素之一。

从重大火灾风险的时序结构看，产业转型影响了重大火灾危险性，重化工业化具有非常明显的影响作用，而产业转型的其他情形也有一些影响作用；产业转型的时序结构及其宏观变迁可视为引起重大火灾风险的宏观危险因素之一。

从重大火灾风险的时序结构看，经济转制影响了重大火灾危险性，其作用明显；经济转制的时序结构及其宏观变迁可以视为引起重大火灾风险的宏观危险因素之一。

从重大火灾风险的时序结构看，能源转变影响了重大火灾危险性，其作用明显；能源转变的时序结构及其宏观变迁可以视为引起重大火灾风险的宏观危险因素之一。

从重大火灾风险的时序结构看，火灾惯性影响了重大火灾危险性；火灾惯性的时序结构及其宏观变迁可以视为引起重大火灾风险的宏观危险因素之一。

4.3 宏观因素影响重大火灾脆弱性的空间结构分析

所谓"重大火灾脆弱性的空间结构分析"，是运用系统科学原理和结构主义方法，从空间序结构的角度定量地研究城市社会经济现代化的宏观活动所构成的重大火灾脆弱性，分析城市社会经济的各种宏观活动与重大火灾脆弱性之间的内在联系。

表示火灾脆弱性的变量是城市区域的单位面积的火灾发生率，即平均每1平方公里上

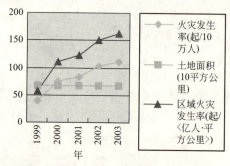

图4-8 1999～2003年H城的区域火灾发生率

的每1万人口中每1年发生火灾的起数，这里称为"区域火灾发生率"（下文仍用Y表示，如图4-8所示）。这是根据城市火灾脆弱性的内涵而设计提出的一个崭新的概念。表示社会经济空间性结构变迁或规模增长的变量，在前文的系统辨识、定性分析和结构性分析的基础上，按照系统性和层次性原则进行设立，并运用数学方法加以筛选（下文仍用X表示）。

这里的研究范围、统计年限和数据来源与前文一致。所用的数学分析方法仍然是相关分析和回归分析以及时间序列分析。但是，所采用的总量分析是空间序结构分析方法，或比例规模的分析方法，以便适应火灾脆弱性分析的需要。

4.3.1 人口转移影响的空间结构分析

通过结构主义的系统分析表明，影响城市区域重大火灾脆弱性的人口性空间结构变量主要是"非农业人口密度"和"暂住人口密度"。

而根据H城的统计情况及其回归分析表明，这两个变量（X）与城市"区域火灾发生率"（Y）构成回归相关关系，并具有正相关性质，如表4-5所示。因此，在社会经济现代化进程中，重大火灾脆弱性随着城市化进程中人口性空间结构的变迁而增强，这是转型期的重大火灾脆弱性的基本特点之一。

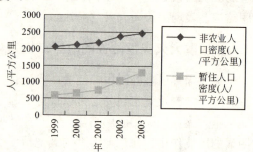

图4-9 1999～2003年H城的人口规模

表4-5　1999～2003年人口转移与H城重大火灾脆弱性的回归相关分析

自变量X	回归方程	Prob（F-statistic）	相关系数
非农业人口密度	$Y=-3.436875321+0.002078089051X$	0.024812	0.924103
暂住人口密度	$Y=0.1347087225+0.001233523021X$	0.046994	0.883327

据此，人口转移基本上可以视为影响重大火灾风险的宏观因素之一，它在重大火灾风险的空间结构上表现出重大火灾脆弱性。而且，从相关系数看，"非农业人口密度"的影响作用最强，"暂住人口密度"则其次，但基本相当，而且都在0.85以上，且显著性水平高，说明人口转移的影响作用明显。

4.3.2 产业转型影响的空间结构分析

通过结构主义的系统分析表明，影响城市区域重大火灾脆弱性的产业性空间结构变量主要是"非农产业增加值密度"、"第三产业增加值密度"、"工业增加值密度"和"重工业总产值密度"。

而根据 H 城的统计情况及其回归分析表明，这四个变量(X)与城市"区域火灾发生率"(Y)构成回归相关关系，并具有正相关性质，如表 4-6 所示。因此，在社会经济现代化进程中，城市区域重大火灾脆弱性随着工业化进程中产业性空间结构的变迁而增强，这是转型期的城市区域重大火灾脆弱性的基本特点之一。

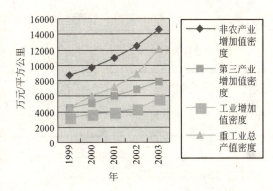

图 4-10 1999～2003 年 H 城的产业规模

1999～2003 年产业转型与 H 城重大火灾脆弱性的回归相关分析　　表 4-6

自变量 X	回　归　方　程	Prob (F-statistic)	相关系数
非农产业增加值密度	$Y=-0.5766663587+0.0001582523366X$	0.025530	0.922634
第三产业增加值密度	$Y=-0.5010603385+0.0002805360636X$	0.019284	0.935920
工业增加值密度	$Y=-0.4064174075+0.0003911026082X$	0.052730	0.873892
重工业总产值密度	$Y=0.2157700059+0.0001279141017X$	0.030608	0.912598

据此，产业转型基本上可以视为影响重大火灾风险的宏观因素之一，它在重大火灾风险的空间结构上表现出重大火灾脆弱性。而且，从相关系数看，"第三产业增加值密度"的影响作用最大，"非农产业增加值密度"的影响为其次，"重工业总产值密度"的影响为其三，"工业增加值密度"的影响位列其四。前三者基本相当，而且这四大指标的相关性都达到 0.85 以上，且显著性水平高，说明产业转型的影响作用明显。

4.3.3　经济转制影响的空间结构分析

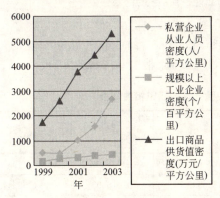

图 4-11 1999～2003 年
H 城 330103 区的市场化规模

通过结构主义的系统分析表明，影响城市区域重大火灾脆弱性的市场化空间结构变量主要是"私营经济从业人员密度"、"规模以上工业企业密度"和"出口商品供货值密度"。

而根据 H 城的统计情况及其回归分析表明（仍以 H 城 330103 区为例进行分析），这三个变量(X)与城市"区域火灾发生率"(Y)构成回归相关关系，并具有正相关性质，如表 4-7 所示。因此，在社会经济现代化进程中，重大火灾脆弱性随着市场化进程中市场化空间结构的变迁而增强，这是转型期的重大火灾脆弱性的基本特点之一。

1999～2003年经济转制与H城重大火灾脆弱性的回归相关分析　　　　表4-7

自变量X	回归方程	Prob(F-statistic)	相关系数
私营经济从业人员密度	$Y=16.5942271+0.008306619155X$	0.055318	0.869741
规模以上工业企业密度	$Y=-0.8372707209+8.622133764X$	0.000322	0.995840
出口商品供货值密度	$Y=5.55405173+0.006007743934X$	0.001727	0.987240

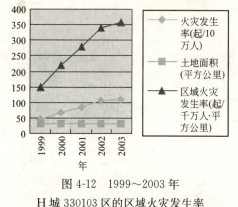

图4-12　1999～2003年
H城330103区的区域火灾发生率

据此，经济转制基本上可以视为影响重大火灾风险的宏观因素之一，它在重大火灾风险的空间结构上表现出重大火灾脆弱性。而且，从相关系数看，"规模以上工业企业密度"的影响作用最大（显著性水平极高），"出口商品供货值密度"的影响其次（显著性水平很高），"私营经济从业人员密度"的影响位列其三（显著性水平高）。前两者的影响作用基本相当，而且这三大指标的相关性都达到0.85以上，可以说明经济转制的影响作用非常明显。

4.3.4　能源转变影响的空间结构分析

通过结构主义的系统分析表明，影响城市区域重大火灾脆弱性的能源性空间结构变量主要是"工业用电密度"、"工业用油密度"和"工业用煤密度"。

而根据H城的统计情况及其回归分析表明（仍以H城330103区为例进行分析），这三个变量（X）与城市"区域火灾发生率"（Y）构成回归相关关系，并具有正相关性质，如表4-8所示。因此，在社会经济现代化进程中，重大火灾脆弱性随着现代化进程中能源性空间结构的变迁而增强，这是转型期的重大火灾脆弱性的基本特点之一。

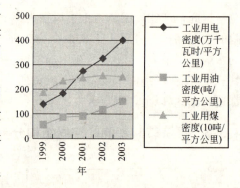

图4-13　1999～2003年H城330103区的
工业企业生产的能源消费规模

1999～2003年能源转制与H城重大火灾脆弱性的回归相关分析　　　　表4-8

自变量X	回归方程	Prob(F-statistic)	相关系数
工业用电密度	$Y=5.524544475+0.08088290737X$	0.005301	0.973010
工业用油密度	$Y=3.727287582+0.2303836539X$	0.016395	0.942530
工业用煤密度	$Y=-39.80741472+0.02840964964X$	0.027798	0.918079

据此能源转变基本上可以视为影响重大火灾风险的宏观因素之一,它在重大火灾风险的空间结构上表现出重大火灾脆弱性。而且从相关系数看,"工业用电密度"(显著性水平很高)、"工业用油密度"(显著性水平高)和"工业用煤密度"(显著性水平高)的影响作用分列第一、第二和第三,都达到 0.85(甚至 0.90)以上,可以说明能源转变的影响作用非常明显。

4.3.5 火灾惯性影响的空间结构分析

通过系统分析表明,影响城市区域重大火灾脆弱性的历史惯性变量主要是"近 5 年平均的区域火灾发生率"、"近 5 年平均的重大火灾区域发生率"和"近 5 年平均的特大火灾发生率"。

而根据 H 城的统计情况及其时间序列分析表明,一般火灾的区域发生率始终呈现出增长态势,而重大火灾的区域发生率具有一定的随机扰动性质。因此,在社会经济现代化进程中,随着社会经济结构的空间序变迁和转型,城市区域重大火灾脆弱性日益增强,突发性的重大火灾事故或事件会随时出现,这是转型期的重大火灾脆弱性的基本特点之一。

据此,火灾惯性基本上可以视为影响重大火灾风险的宏观因素之一,它在重大火灾风险的空间结构上表现出重大火灾脆弱性。

4.3.6 从重大火灾脆弱性的空间结构量化分析得出的宏观性结论

从重大火灾风险的空间结构看,人口转移影响了重大火灾脆弱性,其作用明显;人口转移的空间结构及其宏观变迁可以视为引起重大火灾风险的宏观脆弱因素之一。

从重大火灾风险的空间结构看,产业转型影响了重大火灾脆弱性,其作用明显;产业转型的空间结构及其宏观变迁可以视为引起重大火灾风险的宏观脆弱因素之一。

从重大火灾风险的空间结构看,经济转制影响了重大火灾脆弱性,其作用非常明显;经济转制的空间结构及其宏观变迁可以视为引起重大火灾风险的宏观脆弱因素之一。

从重大火灾风险的空间结构看,能源转变影响了重大火灾脆弱性,其作用明显;能源转变的空间结构及其宏观变迁可以视为引起重大火灾风险的宏观脆弱因素之一。

从重大火灾风险的空间结构看,火灾惯性影响了重大火灾脆弱性;火灾惯性的空间结构及其宏观变迁可以视为引起重大火灾风险的宏观脆弱因素之一。

4.4 宏观因素影响重大火灾易损性的受体结构分析

所谓"重大火灾易损性的受体结构分析",是运用系统科学原理和结构主义方法,从受体结构或组织序结构的角度定量地研究城市社会经济现代化的宏观活动所构成的重大火灾易损性,分析城市社会经济的各种宏观活动与重大火灾易损性之间的内在联系。

笔者认为,易损性与脆弱性属于不同的范畴;脆弱性属于承灾体的范畴,揭示的是一定的空间意义上发生火灾的概率可能性；而易损性属于孕灾环境的范畴，揭示的是城市火灾风险的组织特征。在城市区域火灾风险系统中，孕灾环境是承灾体抵御和减少火灾危害、保持或恢复到正常状态的反应能力和组织水平。因此，它并不反映城市火灾风险的时间特征和空间特征，而是反映一定时空条件下的城市火灾风险的组织特征。换言之，它反映的是在假设不存在时间性和空间性的集中破坏的前提下，由于火灾而可能遭受或可以免于遭受的损失；它揭示的是城市这一特定的组织在火灾中的稳定性。这就决定了易损性分析的基本内涵。

易损性分析可以分为狭义和广义这两种类型。狭义的易损性分析是指构成城市区域的各要素的火灾易损性分析，如人口、建筑和经济等方面的易损性分析，它与作为一般受体的城市区域及其基本性质无关，而是与作为具体受体的城市区域中的人口和经济等构成要素及其各自的具体性质有关。因此，狭义的易损性分析本质上属于自组织的范畴，具有客观性。广义的易损性分析还包括具有主观能动性和他组织意义的城市消防效能的评估。

在这里，宏观化的易损性分析主要是社会经济方面的分析，涉及城市区域中的人口转移活动、产业转型活动、经济转制活动、能源转变活动和火灾历史惯性活动。由于体制的原因，H 城的市区各消防大队负责"防火"，而各消防中队负责"灭火"，这导致各消防大队的实际辖区范围与各行政区的区域范围并不一致，难以相应分析各行政区域的灭火救援力量和效能。有鉴于此，这里的受体结构和易损性分析实际上是一定的消防效能的作用下的城市区域中的人口转移等活动的火灾易损性及其历史惯性的宏观分析。

这里的研究范围、统计年限和数据来源与前文基本一致。所用的数学分析方法主要是时间序列分析，以及适当的比较分析。由于这里的易损性定量分析实际上是一定的消防效能的作用下的城市区域中的人口转移等活动的火灾易损性及其历史惯性的分析和评估，因此难以采用相关分析和回归分析的方法。

4.4.1 人口转移影响的受体结构分析

通过结构主义的系统分析表明，影响城市区域重大火灾易损性的人口性受体结构变量主要是"一般火灾起均死伤率"和"重大火灾起均死伤率"和"特大火灾起均死伤率"（后者由于 1999~2004 年期间在 H 城没有出现而没有讨论）。

而根据 H 城的统计情况及其时间序列分析表明，"一般火灾起均死伤率"和"重大火灾起均死伤率"与城市化进程中的人口增长和变迁之间具有反向变动关系，重大火灾的人口易损性在降低。

因此，在社会经济现代化进程中，在一定的消防效能的作用下，重大火灾易损性随着城市化进程中人口性受体结构的变迁而减弱，这是转型期的 H 城重大火灾易损性的基本特点之一。

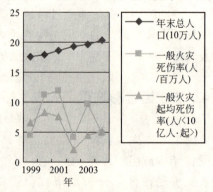

图 4-14　1999~2004 年 H 城的一般火灾的人员伤亡情况

1999~2004年H城重大火灾的人员伤亡情况　　　　　　　　　　表4-9

年　份	1999	2000	2001	2002	2003	2004
年末总人口(百万人)[1]	1.7527	1.7918	1.8537	1.9233	1.9733	2.0428
死亡人数(人)[2]	0	4	0	0	0	0
重大火灾死亡率(人/百万人)	0	2.23	0	0	0	0
受伤人数(人)[3]	0	7	0	0	0	0
重大火灾伤人率(人/百万人)	0	3.91	0	0	0	0
死伤人数(人)	0	11	0	0	0	0
重大火灾死伤率(人/百万人)	0	6.14	0	0	0	0
重大火灾起数(起)	0	1	0	0	0	—
起均火灾死亡率(人/〈百万人·起〉)	0	6.14	0	0	0	0

数据来源：[1] 根据《H市统计年鉴》(2000~2004)计算得出，因此已经扣掉了330112和330115的数据；
　　　　　[2][3] 来自H市消防支队的《火灾及灭火救援信息管理系统》中的"H市分地区火灾综合情况"

据此，作为重大火灾风险的宏观因素之一的人口转移，它在重大火灾风险的受体结构上仍然表现出重大火灾易损性。但在一定的消防效能的作用下，其重大火灾易损性日益减弱。

4.4.2　产业转型影响的受体结构分析

通过结构主义的系统分析表明，影响城市区域重大火灾易损性的产业性受体结构变量主要是"第二产业一般火灾的起均直接经济损失与人均GDP的比值"、"第三产业一般火灾的起均直接经济损失与人均GDP的比值"、"第二产业重大火灾的起均直接经济损失与人均GDP的比值"和"第三产业重大火灾的起均直接经济损失与人均GDP的比值"，以及"第二产业特大火灾的起均直接经济损失与人均GDP的比值"和"第三产业特大火灾的起均直接经济损失与人均GDP的比值"（当然，后两者由于1999~2003年期间在H城没有出现过而未予以讨论）。

而根据H城的统计情况及其时间序列分析表明，随着工业化进程以及GDP和人均GDP的增长，一般火灾中的第二产业火灾、工业火灾、重工业火灾、轻工业火灾、第三产业火灾中的仓储业火灾和社会服务业火灾的易损性呈现出明显的上升态势。其中，重工业火灾的易损性最高，已经显示出重化工业化行为的负面影响，而轻工业火灾、仓储业火灾和社会服务业火灾的易损性都较大。同时，重大火灾的起均直接经济损失与人均GDP的比值表现出了增长态势，并先后在轻工业和仓储业中发生重大火灾，与轻工业发达和物流仓储业日益兴旺的产业特点和发展趋势较为吻合。

因此，在社会经济现代化进程中，在一定的消防效能的作用下，重大火灾易损性随着工业化进程中产业性受体结构的变迁而增强，这是当前重大火灾易损性的基本特点之一。

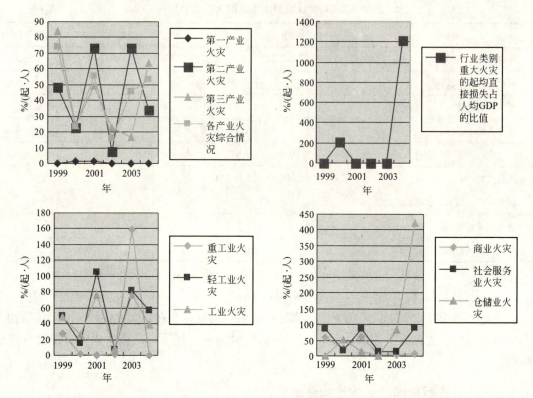

图 4-15 1999～2004 年 H 城的行业类别火灾的起均直接经济损失与人均 GDP 的比值

据此，产业转型仍然可以视为影响重大火灾风险的宏观因素之一，它在重大火灾风险的受体结构上表现出重大火灾易损性。尽管受到一定的消防效能的作用，其重大火灾易损性仍然较为显著。

4.4.3 经济转制影响的受体结构分析

通过结构主义的系统分析表明，影响城市区域重大火灾易损性的市场化受体结构变量主要是"公有企业一般火灾的起均直接经济损失与人均 GDP 的比值"、"非公有企业一般火灾的起均直接经济损失与人均 GDP 的比值"、"公有企业重大火灾的起均直接经济损失与人均 GDP 的比值"、"非公有企业重大火灾的起均直接经济损失与人均 GDP 的比值"、"公有企业特大火灾的起均直接经济损失与人均 GDP 的比值"、"非公有企业特大火灾的起均直接经济损失与人均 GDP 的比值"（后两者由于 1999～2003 年期间在 H 城没有出现而没有讨论）。

而根据 H 城的统计情况及其时间序列分析表明，在经济转制的过程中，随着市场化进程不断深入，非公有企业火灾及其内资企业火灾（股份合作企业火灾、私营企业火灾和其他企业火灾）的易损性呈现出一定的上升态势，而公有企业火灾和非公有企业中的外资企业火灾的易损性虽然总体上呈下跌态势，但也有一定的振荡回升，仍需要予以关注。同时，非公有企业中的内资企业的代表者——私营企业，其重大火灾的起均直接经济损失与人均 GDP 的比值仍然表现出了增长态势。

因此，在社会经济现代化进程中，在一定的消防效能的作用下，重大火灾易损性随着市场化进程中市场化受体结构的变迁而增强，这是转型期的重大火灾易损性的基本特点之一。

据此，经济转制仍然可以视为影响重大火灾风险的宏观因素之一，它在重大火灾风险的受体结构上表现出重大火灾易损性。尽管受到一定的消防效能的作用，其重大火灾易损性仍然较为显著。

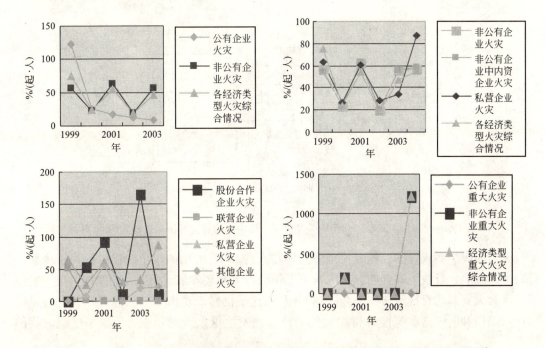

图 4-16　1999~2004 年 H 城的经济类型火灾的起均直接经济损失与人均 GDP 的比值

4.4.4　能源转变影响的受体结构分析

通过结构主义的系统分析表明，影响重大火灾易损性的能源性受体结构变量主要是："能源相关类一般火灾原因中的起均直接经济损失与人均 GDP 的比值"、"能源相关类重大火灾原因中的起均直接经济损失与人均 GDP 的比值"和"能源相关类特大火灾原因中的起均直接经济损失与人均 GDP 的比值"（后者由于 1999~2003 年期间在 H 城没有出现而没有讨论）。

而根据 H 城的统计情况及其时间序列分析表明，尽管 1999~2003 年（以及 2004 年），能源变化中一般火灾的起均直接经济损失与人均 GDP 的比值呈现下降态势，但是 2000~2004 年间已经表现出振荡上升态势；与城市生产或居民生活中电、油、煤等主要能源关系密切的电气类火灾、违章操作类火灾、用火不慎类火灾和玩火类火灾的起均直接经济损失与人均 GDP 的比值在 2000~2004 年都呈现不同程度的振荡性上升态势；放火类火灾的起均直接经济损失与人均 GDP 的比值尽管表现出下跌态势，但是其中若干年份的数额明

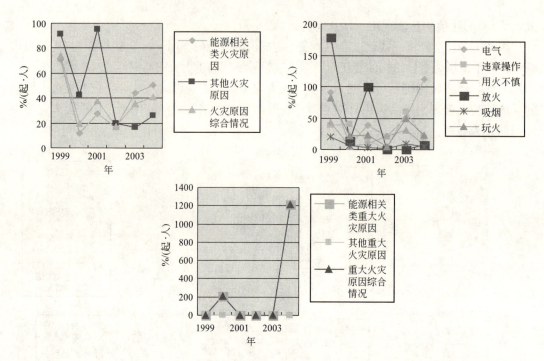

图 4-17 1999~2004 年 H 城的能源相关类火灾原因中起均直接经济损失与人均 GDP 的比值

显较大；而吸烟类火灾的起均直接经济损失与人均 GDP 的比值较小，相对较为平稳并保持着下跌态势，反映了吸烟类火灾的防范工作取得了明显效果。而且，能源相关类火灾原因的重大火灾起均直接经济损失与人均 GDP 的比值仍然表现出了增长态势，并先后是由于违章操作和电气这些与能源密切相关的原因而发生重大火灾，主要反映了电能时代的特点。

因此，在社会经济现代化进程中，在一定的消防效能的作用下，重大火灾易损性随着能源性受体结构的变迁而增强，这是转型期的重大火灾易损性的基本特点之一。

据此，能源转变仍然可以视为影响重大火灾风险的宏观因素之一，它在重大火灾风险的受体结构上表现出重大火灾易损性。尽管受到一定的消防效能的作用，其重大火灾易损性仍然较为显著。

4.4.5 火灾惯性影响的受体结构分析

通过结构主义的系统分析表明，影响城市区域重大火灾易损性的历史惯性变量主要是："近 5 年平均的一般火灾起均死伤率"、"近 5 年平均的重大火灾起均死伤率"和"近 5 年平均的特大火灾起均死伤率"（后者由于 1999~2003 年期间在 H 城没有出现而没有讨论），以及"近 5 年平均的一般火灾起均直接经济损失与人均 GDP 的比值"、"近 5 年平均的重大火灾起均直接经济损失与人均 GDP 的比值"和"近 5 年平均的特大火灾起均直接经济损失与人均 GDP 的比值"（后者由于 1999~2003 年期间在 H 城没有出现而没有讨论）。

而根据 H 城的统计情况及其时间序列分析表明，1999~2003 年间 H 城的"近 5 年平均的一般火灾起均死伤率"、"近 5 年平均的一般火灾起均直接经济损失与人均 GDP 的比值"、"近 5 年平均的重大火灾起均死伤率"和"近 5 年平均的重大火灾起均直接经济损失与人均 GDP 的比值"都是递减的。但是在 2000~2004 年的"近 5 年平均的重大火灾起均直接经济损失与人均 GDP 的比值"则转为增长态势，显示了重大火灾的相对突发性和相对较强的随机性。

因此，在社会经济现代化进程中，在一定的消防效能的作用下，随着社会经济结构的受体变迁和转型，重大火灾易损性会不断反复，突发性的重大火灾事故或事件会随时出现，这是转型期的重大火灾易损性的基本特点之一。

据此，作为重大火灾风险的宏观因素之一的火灾惯性，它在重大火灾风险的受体结构上仍然表现出重大火灾易损性。尽管受到一定的消防效能的作用和影响，其重大火灾易损性仍然表现出一定的增长态势。

4.4.6　从重大火灾易损性的受体结构量化分析得出的宏观性结论

从重大火灾风险的受体结构及其宏观变迁分析，尽管由于受到一定的消防效能的作用，产业转型影响了重大火灾易损性。因此，产业转型可以视为影响重大火灾风险的宏观易损因素之一。

从重大火灾风险的受体结构及其宏观变迁分析，尽管由于受到一定的消防效能的作用，经济转制影响了重大火灾易损性。因此，经济转制可以视为影响重大火灾风险的宏观易损因素之一。

从重大火灾风险的受体结构及其宏观变迁分析，尽管由于受到一定的消防效能的作用，能源转变影响了重大火灾易损性。因此，能源转变可以视为影响重大火灾风险的宏观易损因素之一。

从重大火灾风险的受体结构及其宏观变迁分析，尽管由于受到一定的消防效能的作用，火灾惯性影响了重大火灾易损性。因此，火灾惯性可以视为影响重大火灾风险的宏观易损因素之一。

另外，由于受到一定的消防效能的作用，人口转移活动对重大火灾易损性的影响未能显现出来。这里，本书认为这本身反映了消防安全现代化建设所取得的突出成果，并不能因此否认人口转移活动对重大火灾易损性的影响。所以，考虑到消防效能的作用，以及人口转移活动对重大火灾危险性和脆弱性的影响作用，可以假定它也影响了重大火灾易损性，并有待在今后的研究中创造条件进行深入的分析研究。

4.5　对重大火灾风险的宏观认知的初步结论

4.5.1　研究宏观风险源需要注重整体效果和结构变迁效应

本书的宏观定量研究表明，**影响城市区域重大火灾风险的宏观因素基本上可以归结为**

人口转移、产业转型、经济转制、能源转变和火灾惯性这5个大类,并主要取决于人口转移中城市化模式、产业转型中经济增长方式、经济转制中的市场化方式、能源转变中的能源利用方式(或天人关系,或现代化方式),以及火灾惯性系统的耗散结构和变迁方式。它们可以简称为重大火灾的"宏观风险源"。

它们分别反映了城市化、工业化、市场化、城市社会经济活动和火灾活动的能源基础,以及火灾的历史惯性对城市重大火灾的影响作用,系统地揭示了引起重大火灾的社会经济结构及其宏观变迁这一深层次因素。因此,**上述有关重大火灾的宏观风险源的基本分类本身注重了系统性的整体效果**。而从重大火灾风险的时序结构、空间结构和受体结构及其宏观变迁的角度分析上述5类重大火灾的宏观风险源则分别对应重大火灾风险的危险性、脆弱性和易损性的影响作用,可以系统地揭示出重大火灾的宏观危险源的结构效应及其宏观变迁效应。

为此,可以从转型期的重大火灾风险系统的构成要素的角度建立风险定义,简称**要素性定义**(可对应前文的结构性、功能性定义),并采用函数式表示如下:

$$R = f(M_u, M_i, M_m, M_e, M_f) \tag{4.1}$$

式中,R 是 Risk 的缩写,表示城市区域火灾风险;M 是 Mode 的缩写,表示"方式",其中,M_u 表示人口转移中城市化模式,M_i 表示产业转型中经济增长方式,M_m 表示经济转制中的市场化方式,M_e 表示能源转变中的能源利用方式或天人关系,M_f 表示火灾惯性系统的耗散结构和变迁方式。

而且,需要进一步注意的是,**若干不同的重大火灾的宏观风险源相互之间具有较强的相关性**,这一点显然与微观的重大危险源存在巨大差别。因此,在分析和研究重大火灾的宏观风险源的分级问题的时候,也需要关注上述5类重大火灾的宏观风险源对重大火灾风险的危险性、脆弱性和易损性以及综合风险的整体效果和结构效应,有必要采用因子分析等方法进行相应的数学处理。

4.5.2 宏观风险源的具体指标的影响作用各有重轻

本书的宏观定量研究表明,根据宏观因素影响重大火灾危险性的时序结构分析,在城市化进程中"非农业人口占年末总人口的比重"和"暂住人口与常住户籍人口的比值"的影响作用基本相当,且都在 0.85 以上,说明人口转移的影响作用非常明显。在工业化进程中,"非农产业增加值占 GDP 的比重"的影响作用最强,"重工业总产值占工业总产值的比重"的影响较强;而"工业增加值占第二产业增加值的比重"和"重工业总产值占工业总产值的比重"的影响作用基本相当,不可忽视。总体上,前两者达到 0.85 以上,后两者达到 0.65 以上,说明重化工业化具有非常明显的影响作用,而产业转型的其他情形也有明显影响作用。在市场化进程中,"规模以上工业企业比重"的影响作用最大,"私营经济从业人员相对值"的影响其次,"出口商品供货值与 GDP 的比值"的影响位列其三,但都在 0.85 以上,说明经济转制的影响作用非常明显。而从能源基础来看,"工业用油与用电相对值"的影响作用最大,"工业用电与用煤相对值"的影响其次,"工业用油与用煤相对值"的影响位列其三,但都在 0.85 以上,说明能源转变的影响作用非常明显。

本书的宏观定量研究也表明，根据宏观因素影响重大火灾脆弱性的空间结构分析，在城市化进程中，"非农业人口密度"的影响作用最强，"暂住人口密度"则其次，但基本相当，而且都在 0.85 以上，说明人口转移的影响作用非常明显。在工业化进程中，"第三产业增加值密度"的影响作用最大，"非农产业增加值密度"的影响为其次，"重工业总产值密度"的影响为其三，"工业增加值密度"的影响位列其四。前三者基本相当，而且这四大指标的相关性都达到 0.85 以上，说明产业转型的影响作用非常明显。在市场化进程中，"规模以上工业企业密度"的影响作用最大，"出口商品供货值密度"的影响其次，"私营经济从业人员密度"的影响位列其三。前两者的影响作用基本相当，而且这三大指标的相关性都达到 0.85 以上，可以说明经济转制的影响作用非常明显。而从能源基础来看，"工业用电密度"、"工业用油密度"和"工业用煤密度"的影响作用分列第一、第二和第三，都达到 0.85（甚至 0.90）以上，可以说明能源转变的影响作用非常明显。

上述情况都根据回归相关分析的相关系数显示出来，宏观风险源的具体指标对重大火灾风险及其子风险的影响作用各有重轻。当然，**由于数据条件的限制，有的研究依据的是 H 城的统计数据，有的研究则依据的是 H 城某一区域的统计数据，因此，上述相关系数尽管具有纵向可比性，但在一定程度上缺乏横向可比性，需要加以改进**（这将在第五章中选用同一区域的统计数据，并采用因子分析方法加以解决）。

另外，通过时间序列分析，宏观风险源的其他具体指标对重大火灾风险及其子风险的影响作用也是各有重轻的。

4.5.3　只有积极转变现代化方式，才能从根本上减少重大火灾风险

当前，我国社会正在从自给、半自给的产品经济社会向社会主义市场经济社会转型，从农业社会向工业社会转型，从乡村社会向城镇社会及城市社会转型。这种**转型是社会经济现代化的过程，是一个市场化、工业化和城市化的进程，是经济与社会的体制和结构的转变，是一种整体性发展，也是从一个无序方式到有序方式的循环演进和螺旋式上升的过程**。

一定时空条件下的现代化系统的秩序性是有限的，是一种有限秩序，因此可以表现出某些程度的无序性，从而决定了现代化的生产或创新方式及其秩序水平，并传导和分化为市场化、工业化、城市化、天人结合以及火灾惯性耗散等方面的变革方式及其秩序水平，最终通过城市重构和灾变实现火灾风险系统的结构变迁和功能演化以至风险成灾。而人类根据可接受风险方式和水平的选择和创新，反馈于现代化系统并努力改进现代化方式，因此可以实现现代城市的系统性安全。

因此，**现代化影响重大火灾风险，并不意味着停止现代化的步伐而"因噎废食"。只有积极转变现代化方式，才能从根本上减少重大火灾风险**。但是，这方面的研究基本处于空白状态，为此，需要进行深入研究。

4.5.4　重大火灾风险可以按照宏观风险源分类分级

研究城市重大火灾的宏观风险源直接有助于城市区域重大火灾风险的综合评估工作，

有助于提出相应的评估指标体系和计算方法。因此，城市区域重大火灾风险的分类分级可以建立在分析宏观风险源（或称宏观危险源）的基础上。

换言之，除了可以将风险从结构上分为危险性、脆弱性和易损性（一种狭义的稳定性）这三种子风险类型，重大火灾风险也可以按照人口转移、产业转型、经济转制、能源转变和火灾惯性这五类宏观风险源进行分类，可相应称之为重大火灾的人口型风险、产业型风险、**市场型风险、能源型风险、惯性型风险**。

同时，鉴于前述有关重大火灾的宏观风险源的整体效果和结构效应，可以从结构角度对城市区域重大火灾风险及其子风险（即危险性、脆弱性和易损性）建立起相应的分级标准，如表 4-10 所示。

火灾风险等级划分　　　　　　　　　　　　　表 4-10

评估得分	$R \geqslant 0.9$	$0.9 > R \geqslant 0.7$	$0.7 > R \geqslant 0.5$	$0.5 > R \geqslant 0.3$	$0.3 > R$
风险等级	极高风险	较高风险	中等风险	较低风险	很低风险
风险准则	不可容忍		可以容忍		可以忽略

单一性宏观危险源的分级　　　　　　　　　　表 4-11

评估得分	$R \geqslant 0.9$	$0.9 > R \geqslant 0.7$	$0.7 > R \geqslant 0.5$	$0.5 > R \geqslant 0.3$	$0.3 > R$
危险源级别	一级危险源	二级危险源	三级危险源	四级危险源	五级危险源
风险准则	不可容忍		可以容忍		可以忽略

4.5.5　火灾风险的分类分级不能改变风险的相对性

一般而言，任何风险都是相对的，并可以区分为空间风险、时间风险和主体风险。

（1）如果是一定时间条件下的城市内部不同区域之间的火灾风险，这是城市火灾的"**空间性相对风险**"，又可以称为"**时间性绝对风险**"；

（2）如果是城市内部某一区域不同年份时间之间的火灾风险，这是城市火灾的"**时间性相对风险**"，又称"**空间性绝对风险**"；

（3）如果是某一年份某一区域范围的不同城市或者不同的城市区域单元的火灾风险，这是"**组织性或主体性相对风险**"，又称为"**时空性绝对风险**"。

因此，重大火灾风险的分类分级工作始终难以改变风险的相对性。任何事物都会随着时间地点的转移而变化，火灾风险也不能例外。火灾风险只有针对特定的时间、特定的空间或者特定的主体才能加以说明。为此，**本书在分析城市区域重大火灾风险的过程中将主要选取空间性相对风险进行评估研究**。

4.5.6　今后需要研究宏观风险源的结构性临界值

必须指出的是，任何有关城市重大火灾的宏观风险源是与社会经济发展的一定历史阶段相联系的，具有一定的国情特点和城市特点以及宏观的结构变迁效应。因此，人口转移、产业转型、经济转制、能源转变和火灾惯性这五大因素之所以成为重大火灾的宏观风险源，不仅是定性研究与定量分析的初步结果，更是在于当前我国城市的社会经济发展正处在现代化转型阶段，并具有一定的城市个性特点。这就意味着，随着城市社会经济的不断发展，上述五大因素或者其中的有些因素又可以不再构成重大火灾的宏观危险源。因此，它们之所以成为宏观风险源以及之所以不再成为宏观风险源，应当分别存在一个结构性的临界值或临界区间。

但是，由于现有的数据条件还比较有限，目前尚难做出这方面的研究。这就需要在今后的研究中专门进行探索，何况这一问题本身需要设置若干研究专题才能有所解决。

4.6 本章要点

这一章以案例城市 H 城为例，以安全资源利用为目标导向，以风险结构变迁为主线，围绕重大火灾的宏观风险源的分类分级，讨论了社会经济的结构性因素及其宏观变迁对城市区域重大火灾风险的影响作用，并从时间序、空间序和组织序等三个方面展开了结构主义的系统分析和定量实证研究。

这一章的系统分析和宏观定量研究表明，影响重大火灾风险的宏观风险源可以归结并区分为人口转移、产业转型、经济转制、能源转变和火灾惯性等这五种反映城市社会经济变迁和发展的结构性因素，并主要取决于人口转移中城市化模式、产业转型中经济增长方式、经济转制中的市场化方式、能源转变中的能源利用方式或天人关系，以及火灾惯性系统的耗散结构和变迁方式。它们全面反映了城市化、工业化、市场化、城市社会经济活动和火灾活动的能源基础，以及火灾的历史惯性这五大方面的宏观变迁力量对城市重大火灾的影响作用。而宏观风险源的具体指标对重大火灾风险及其子风险的影响作用又各有轻重。这一章指出，现代化影响重大火灾风险，并不意味着停止现代化的步伐而"因噎废食"。只有积极转变现代化方式，才能从根本上减少重大火灾风险。这一章采用了马克思主义哲学和政治经济学，也采用了 2005 年诺贝尔经济学奖获得者谢林教授的"多人囚徒困境"模型（MPD），得出了一些初步观点。

运用结构主义方法以及定性分析和定量分析相结合的方法，这一章进一步从时序结构、空间结构和受体结构及其宏观变迁的角度探讨了人口转移等宏观风险源对城市区域重大火灾风险的影响关系，建立了相应的回归分析模型群，并对重大火灾风险的分类分级提出了一定的意见和建议，比如，"研究宏观风险源需要注重整体效果和结构变迁效应"，从而初步实现了城市区域重大火灾风险的结构主义的宏观认知研究。

第五章 转型期城市区域重大火灾宏观风险的综合评估

城市区域重大火灾宏观风险的综合评估不仅是重大火灾风险的宏观认知的集中体现，也是重大火灾风险的战略防范工作的基本科学依据，因此，在火灾风险研究中具有枢纽作用。实现重大火灾宏观风险的综合评估的核心工作是构建一套评估指标体系，用以揭示和反映重大火灾风险的转型期特点、社会经济属性和现代化重构作用下城市区域及其风险因素的结构性变迁的宏观特征。

为此，本书将继续根据第三章提出的"城市区域火灾风险系统论"，以第四章有关重大火灾风险宏观认知的实证研究为基础，并仍然以 H 城为例，探讨城市区域重大火灾宏观风险的评估指标体系的设计、计算、应用和平安城市（城区）评估中的火灾风险比较或总体风险评估的问题。其目的是对城市区域重大火灾风险展开进一步的宏观研究，揭示各种影响重大火灾风险的社会经济结构性因素之间的整体联系，并为重大火灾风险的战略化防范工作提供决策依据。

本书在这里综合运用了指数法、因子分析法、层次分析法与 G_1 法，以及数据包络分析等研究方法。上一章的回归相关分析中相关系数尽管具有纵向可比性却缺乏横向可比性的问题也将在本章得到解决。

5.1 基于风险结构变迁的评估指标体系（MRAI-UMF-H）

在深入分析和把握重大火灾风险的宏观认知的基础上，根据指标体系的方法学，通过指标的筛选和测试，以及参考国内外研究成果，并针对案例城市的特点，本书将提出"城市区域重大火灾宏观风险的综合评估指标体系"，或称"H 城重大火灾宏观风险的评估指标体系"（The Macro-risk Assessment Index of Urban Major Fire in City H，简写为 MRAI-UMF-H）。**其特点是基于转型期的城市社会经济及其火灾风险的结构变迁，面向安全资源利用这一宏观目标；实现火灾风险的系统化评估与宏观化认知的有机结合，以及与战略化防范的有机结合。**

5.1.1 定义风险评估指标体系需要将系统化评估与宏观化认知结合起来

城市及其火灾风险作为一个庞大而复杂的系统，其各子系统的每一因素都在质量上和数量上有序地表现为一个指标或变量。根据转型期的重大火灾风险的结构功能和宏观内涵以及指标体系的方法学，筛选出具有代表性的指标，并按其各自特征进行组合，就可以建构起城市区域重大火灾风险评估的指标体系，从而能够整体地反映出城市区域重大火灾的宏观风险水平并用于实际评估，比如，消防安全城市(城区)评估。

指标体系与其他评估城市区域重大火灾风险的单项指标或复合指标相比，其优点在于能够全面系统地描述城市区域火灾风险系统在宏观危险性、宏观脆弱性和宏观易损性等方面的运行和发展状况，以及在城市化、工业化、市场化、能源基础和历史惯性等方面的风险要素整合与风险结构变迁的具体表现；同时，它能够将系统化评估与宏观化认知有机地结合起来。具体如下：

(1) 指数层 也就是"城市区域重大火灾风险指数"(Urban Major Fire Risk Index，简写为 UMFRI)。它通过系统分析方法获得，是反映城市火灾宏观风险或消防安全的总体发展水平及其各子系统协调状态的指标。指数层是指标体系的最高一级，按照火灾风险系统的结构功能可以下设"宏观危险性"、"宏观脆弱性"和"宏观易损性"等3个子系统。按照火灾风险系统的宏观要素(即宏观风险源)可以下设"人口转移"、"产业转型"、"经济转制"、"能源转变"和"火灾惯性"等5个子系统(这也可为其他的重大事故风险研究提供借鉴)。

(2) 系统层 是指通过一定的方法或技术处理获得的宏观指标，但这些指标也不能直接从统计资料中获得。如果按照火灾风险系统的结构功能，系统层共有3大子系统，即"宏观危险性"、"宏观脆弱性"和"宏观易损性"。每个子系统按照"人口转移"等5大要素下设若干个指标。如果按照火灾风险系统的宏观要素，系统层共有5大子系统，即"人口转移"、"产业转型"、"经济转制"、"能源转变"和"火灾惯性"。每个子系统按照"宏观危险性"等三大类子风险下设若干个指标。上述两种系统分层或层次分析的具体方法都可以实现火灾风险的系统化评估，并将系统化评估与宏观化认知有机地结合起来。

不同的分析方法会得到不同的系统值，本书采用多元统计分析中的因子分析法对变量层指标处理，通过主成分分析提取最大因子作为各个系统的系统值。

(3) 指标层 它使每个系统层的含义和范围明确化和清晰化。指标层下设变量层，它对变量层起综合作用。因此，指标层是连接系统层和变量层的桥梁。指标层共设15个指标。每个指标下设若干个变量，个别指标的使用可以根据评估范围和具体情况进行选择。

(4) 变量层 它是指定义清晰，能够从统计资料中直接获得或通过简单计算就能获得的宏观指标。这层指标数据的来源较为规范和权威，为指标的进一步分析提供了有力的支持，是指标体系的最低一级。综合分析国内外的研究成果，结合我国国情和所评估的案例城市 H 城的市情以及火灾风险的具体特点，本书一共选取了44个变量。

5.1.2 设计风险评估指标体系需要将系统化评估与战略化防范结合起来

普通的风险评估指标体系的构建工作需要符合一些基本的科学设计原则。但是，基于风险结构变迁的评估指标体系的构建工作还需要符合一些宏观的实践要求或准则，并把科学设计原则和宏观实践准则有机结合起来，以实现火灾风险的系统化评估与战略化防范的有机结合。

5.1.2.1 设计指标体系的科学原则要符合系统化评估的要求

根据所评估的案例城市 H 城的重大火灾宏观风险的现状水平和发展特点，在城市区域重大火灾宏观风险的评估指标体系的设计过程中必须有明确的目的，同时还要符合科学、系统、可比、实用和前瞻的要求，符合火灾风险系统化评估的要求。

(1) 目的性原则——以安全资源利用为导向，为消防战略规划服务   目前，安全与能源、资源和环境一样，**被公认为人类可持续发展中的四大支柱，是当代世界面临的四大难题**。2005 年在**日本神户召开的联合国第二届世界减灾大会**，在分析**印度洋海啸巨灾**的基础上发表了《**兵库宣言**》和《**兵库行动框架**》，要求各国将防灾减灾作为"国家的第一责任"和"各国政府部门工作重心"。作为公共安全的关键问题之一，城市区域重大火灾宏观风险是影响城市安全可持续发展的一个重要内容，因此，**评估重大火灾宏观风险的核心是充分利用城市安全资源，实现城市消防长治久安，实现和谐公平、安全富裕的可持续发展目标**。

所以，城市区域重大火灾宏观风险的评估目标是为城市消防安全的战略规划提供科学依据。也就是说，这一评估工作**要以安全资源利用为导向，从城市不同区域的风险比较来研究，从致灾因子的危险性、承灾体的脆弱性和孕灾环境的易损性等方面着手，分析不同城市区域重大火灾宏观风险的现状水平，寻找出关键性的影响指标、区域之间的差距程度和产生差距的原因所在，从而为城市消防安全的战略规划提供定量的判据**。

(2) 科学性原则——能够改善城市消防安全水平   科学性是任何指标体系的构建原则。在城市区域重大火灾宏观风险的评估指标体系的设计过程中，其科学性就体现在该指标体系应该能够全面、客观、准确地反映城市消防安全战略规划实施前后的火灾风险现状、变化趋势，并能够反映规划实施对改善城市消防安全水平的作用。因此，所选指标必须概念清晰而明确，有具体的科学内涵，测算方法标准，统计方法规范。

(3) 系统性原则——要体现出整体性和层次性   系统性原则包含整体性和层次性这两个方面。

1) 整体性   从城市区域重大火灾风险系统的内部结构看，系统内的宏观危险性、宏观脆弱性和宏观易损性等三个子系统既自成系统，又相互联系。因此，城市区域重大火灾宏观风险的评估指标体系必须包含相对独立的子系统和用以反映子系统内部特征与状态的指标；同时，子系统间的相互关联使之形成一个有机整体，而子系统内部各指标之间的相互作用表现为子系统的状态和特征。

2) 层次性   城市区域重大火灾宏观风险的评估指标体系要具有鲜明的层次结构，任何指标都要建立起与其他指标之间的内在联系，合理确定其在指标体系中的层次和位置。

(4) 可比性原则——反映指标体系的科学性和系统性   在目标明确的前提下，指标体系的科学性和系统性可以确保其具有可比性。可比性的含义有三点：

1) 在城市不同区域的空间范围上具有可比性；

2) 在不同区域之间比较时，除了指标的口径、范围和时间必须一致外，一般用相对数、比例数、指数和平均数等进行比较；

3) 在具体评估时，对指标数据进行标准化等处理，确保在无量纲的条件下实现对比分析。

(5) 实用性原则——能够指导城市火灾宏观风险评估工作的具体实践 综合评估城市区域重大火灾宏观风险是一项实践性很强的工作，指标体系的实用性是确保评估工作实施效果的重要基础。实用性的含义有三点：

1) 符合国家政策和城市市情特点；
2) 易于理解，便于判别、交流、使用和更新；
3) 数据信息具有可获得性，可以通过各种方法加以结构化处理。

(6) 前瞻性原则——可以指示城市区域消防安全的发展方向 设计指标体系进行综合评估，既要反映城市区域重大火灾宏观风险的现状，也要通过表述过去和现在致灾因子、承灾体以及孕灾环境与城市重大火灾之间的关系，用以指示城市区域消防安全的发展方向。

5.1.2.2 设计指标体系的宏观准则要符合战略化防范的要求

构建城市区域火灾宏观风险的评估指标体系一般需要符合科学性、系统性、可比性、实用性和前瞻性的要求。而结合转型期的案例城市——H城的实际情况，这一综合评估指标体系的构建需要进一步坚持以下几个方面的宏观要求和实践准则，以符合火灾风险的战略化防范的要求。

(1) 战略性原则——以城市消防安全的战略规划为目标 评估城市区域重大火灾宏观风险是**为安全资源利用、火灾风险战略化防范和城市消防规划服务的，但不仅要服务于有形规划，更要服务于概念规划**。当前，我国城市规划的学术前沿极为关注城市的战略规划（即概念规划）问题，这正是过去的几十年所偏废的。**过去是技术型工程型的城市规划，目的是优化资源配置。现在要注重管理型战略型的城市规划，目的是要充分利用资源**。过去的城市规划是"国民经济计划的延续和在空间上的落实"，现在则是"注重公共政策、实施良好管治"[215][216][217]，并需要"引入概念性规划手段，提高城市规划方案的预测能力"[218]。这实际上是市场经济体制下确立和推进中国城市化战略的根本要求。以H城为代表的许多城市也纷纷提出了建设"平安城市"的战略愿景。

但是，这种新思潮和新实践在消防规划方面还缺少认识和表现。**人们甚至尚未意识到：城市区域火灾风险在根本上是一个可持续发展问题，是城市公共安全领域的资源利用失衡的问题，不应该被局限于微观的资源配置范畴**。因此，以消防安全的战略规划为目标进行重大火灾宏观风险的综合评估，正是火灾科学的探索和创新。这里简称为"战略性原则"。

(2) 现代化原则——以转型期的城市现代化重构活动为起点 根据前文对城市区域火灾风险的形成和发展机制的系统分析，城市区域火灾风险的形成和变化正是城市现代化重构活动及其过程的直接反映。**把城市区域火灾风险的形成和演变过程与城市重构活动有机地联系起来，有助于强化城市区域火灾风险和现代化转型之间的内在联系，不仅是深入理解城市区域火灾风险的系统机制的一个新的起点，也是建立和实施城市区域重大火灾风险评估指标体系的新起点**。由于城市重构活动以及城市区域（重大）火灾风险都是现代化转型的具体反映，这里简称为"现代化原则"。

（3）时代性原则——与时俱进，反映火灾风险的时代渊源和形势特征 当前，中国城市进入了城市化的加速时期，工业化进程事实上进入了重化工业阶段，市场化进入了社会主义市场经济体制建设的攻坚和完善阶段。人们在看到工业化、市场化和城市化的辉煌成就时，并没意识到这一切同时也是构成当前我国城市火灾频发、损失严重的重要原因。而前文的研究则显示，正是以城市化、工业化和市场化为主流和动力的城市社会经济领域的重大变革，促成了我国城市内部空间的重构活动，并代表了转型期的重大火灾风险的时代特征。这同样需要在评估指标体系中加以揭示和反映。这里简称为"时代性原则"。

（4）本土性原则——因地制宜，反映现代城市的基础和个性 城市的形成与发展的基本前提在于人们对能源的使用，而现代城市是建立在油气和电力的基础上的。因此，尽管存在重化工业阶段将会导致城市火灾频发、风险加剧的规律，但是，中国城市和西方发达国家的城市在这一阶段的火灾风险建立在不同的能源结构基础上。同时，同一国家城市千差万别，具有其不同的性质和特点。比如，H城是一个历史文化名城，著名的风景旅游城市，以风景旅游服务为代表的服务业和第三产业较为发达，拥有一大批历史文物建筑、旅游景点和会展场馆，一旦遭受火灾将会造成不可估量的损失和影响。因此，建立H城的城市区域重大火灾风险评估指标体系，也需要从宏观上反映现代城市的能源基础和H城的城市个性。因此，这里简称为"本土性原则"。

5.1.3 构建风险评估指标体系可以围绕火灾风险系统的结构功能

根据第三章提出的"城市区域火灾风险系统论"和现有的数据条件，按照火灾风险系统的结构和功能，围绕火灾风险的危险性、脆弱性和易损性这三个有机联系的内涵，这里可以构造出转型期的重大火灾宏观风险的评估指标体系的简化框架（如图5-1所示）。

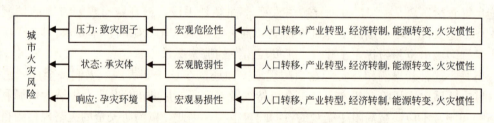

图5-1 城市区域重大火灾宏观风险的评估指标体系的简化框架之一

在这一框架中，存在三大类指标群组，反映了火灾风险系统的结构和功能，并与火灾风险系统的结构性、功能性定义相一致。

（1）宏观危险性子系统或致灾因子子系统，主要反映了城市社会经济的时序性结构变迁所造成的引发火灾危险的宏观可能性，具有时间意义上的宏观危险性，并可以对应可持续发展评价的PSR模型的"压力P"。

（2）宏观脆弱性子系统或承灾体子系统，主要反映了城市社会经济的空间序结构（或规模水平）及其变迁在火灾中遭受集中破坏的宏观可能性，具有空间意义上的宏观脆弱性，并可以对应可持续发展评价的 PSR 模型的"状态 S"。

(3) 宏观易损性子系统或孕灾环境子系统，主要反映了城市社会经济的组织体系(组织序结构)及其变迁所造成的火灾承受方式的改变及其相应的宏观易损性和稳定性，具有组织意义，并对应可持续发展评价的 PSR 模型的"响应 R"。

上述三类指标群组都是由反映人口转移、产业转型、经济转制、能源转变和火灾惯性的结构性要素、指标和变量构成，可以分别表征城市区域重大火灾的宏观风险系统的"致灾因子—承灾体—孕灾环境"（或"危险性—脆弱性—易损性"）这三个子系统的状况和特点。而且，这一架构与联合国经济发展合作组织(OECD)提出的"压力—状态—响应"框架(PSR 模型)基本吻合，反映出城市火灾风险在本质上是属于可持续发展领域中一个重要问题。

根据以上分析，这里提出了**构建城市区域重大火灾宏观风险的评估指标体系的结构功能型设计方案**，如表 5-1 所示。其中，D 是 Danger 的缩写，F 是 Frailty 或 Fragility 的缩写，V 是 Vulnerability 的缩写，分别表示时间意义上的危险性、空间意义上的脆弱性和主体或组织意义上的易损性。这一方案的优点是有助于描述火灾风险结构变迁的时间序特征、空间序特征和组织序特征。

H 城城市区域重大火灾宏观风险的评估指标体系(结构功能型) 表 5-1

系统层	指 标 层	变 量 层
宏观危险性 D	人口性时序结构与重大火灾危险性	D1.1 非农业人口占年末总人口的比重(%) D1.2 暂住人口与常住户籍人口的比值(%)
	产业性时序结构与重大火灾危险性	D2.1 非农产业增加值占 GDP 的比重(%) D2.2 第三产业增加值占非农产业的比重(%) D2.3 工业增加值占第二产业增加值的比重(%) D2.4 重工业总产值占工业总产值的比重(%)
	市场化时序结构与重大火灾危险性	D3.1 私营经济从业人员相对值(%) D3.2 规模以上工业企业比重(%) D3.3 出口商品供货值与 GDP 的比值(%)
	能源性时序结构与重大火灾危险性	D4.1 工业用电与用煤相对值(万千瓦时/百吨) D4.2 工业用油与用煤相对值(吨/百吨) D4.3 工业用油与用电相对值(吨/10 万千瓦时)
	火灾惯性与重大火灾危险性	D5.1 近 5 年平均的火灾发生率(起/10 万人) D5.2 近 5 年平均的重大火灾发生率(起/10 万人)
宏观脆弱性 F	人口性空间结构与重大火灾脆弱性	F1.1 非农业人口密度(人/km^2) F1.2 暂住人口密度(人/km^2)
	产业性空间结构与重大火灾脆弱性	F2.1 非农产业增加值密度(万元/km^2) F2.2 第三产业增加值密度(万元/km^2) F2.3 工业增加值密度(万元/km^2) F2.4 重工业总产值密度(万元/km^2)

续表

系统层	指标层		变量层
宏观脆弱性 F	市场化空间结构与重大火灾脆弱性		F3.1 私营企业从业人员密度(人/km²) F3.2 规模以上工业企业密度(个/km²) F3.3 出口商品供货值密度(万元/km²)
	能源性空间结构与重大火灾脆弱性		F4.1 工业用电密度(万千瓦时/km²) F4.2 工业用油密度(吨/km²) F4.3 工业用煤密度(吨/km²)
	火灾惯性与重大火灾脆弱性		F5.1 近5年平均的区域火灾发生率[起/(百万人·km²)] F5.2 近5年平均的重大火灾区域发生率[起/(百万人·km²)]
宏观易损性 V	人口性受体结构与重大火灾易损性		V1.1 一般火灾起均死伤率(人/〈百万人·起〉) V1.2 重大火灾起均死伤率(人/〈百万人·起〉)
	产业性受体结构与重大火灾易损性	火灾	V2.1 第二产业一般火灾的起均直接经济损失与人均GDP的比值 V2.2 第三产业一般火灾的起均直接经济损失与人均GDP的比值
		重大火灾	V2.3 第二产业重大火灾的起均直接经济损失与人均GDP的比值 V2.4 第三产业重大火灾的起均直接经济损失与人均GDP的比值
	市场化受体结构与重大火灾易损性	火灾	V3.1 公有企业一般火灾的起均直接经济损失与人均GDP的比值 V3.2 非公有企业一般火灾的起均直接经济损失与人均GDP的比值
		重大火灾	V3.3 公有企业重大火灾的起均直接经济损失与人均GDP的比值 V3.4 非公有企业重大火灾的起均直接经济损失与人均GDP的比值
	能源性受体结构与重大火灾易损性		V4.1 能源相关类一般火灾原因中的起均直接经济损失与人均GDP的比值 V4.2 能源相关类重大火灾原因中的起均直接经济损失与人均GDP的比值
	火灾惯性与重大火灾易损性	火灾	V5.1 近5年平均的一般火灾起均死伤率(人/〈百万人·起〉) V5.2 近5年平均的一般火灾起均直接经济损失与人均GDP的比值
		重大火灾	V5.3 近5年平均的重大火灾起均火灾死伤率(人/〈百万人·起〉) V5.4 近5年平均的重大火灾起均直接经济损失与人均GDP的比值

注：起均直接经济损失与人均GDP的比值的单位是"%/(起·人)"。

5.1.4 构建风险评估指标体系也可以围绕火灾风险的系统要素（宏观风险源）

根据第三章提出的"城市区域火灾风险系统论"和现有的数据条件，按照火灾风险系统的基本要素或宏观风险源，围绕人口转移、产业转型、经济转制、能源转变和火灾惯性这五个有机联系的方面，这里同样可以构造出转型期的重大火灾宏观风险的评估指标体系的简化框架（如图5-2所示）。

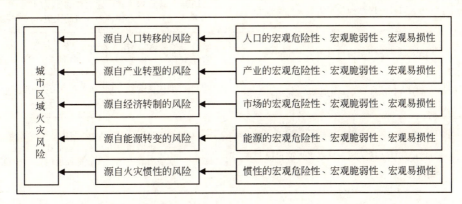

图 5-2 城市区域重大火灾宏观风险的评估指标体系的简化框架之二

在这一框架中，存在五大类指标群组，反映了火灾风险系统的构成要素或宏观风险源，并与火灾风险系统的要素性定义相一致。

（1）源自人口转移的风险，这一子系统主要反映了城市化创新及其方式（或城市化模式）决定下的城市社会重构和灾变所造成的火灾宏观风险。

（2）源自产业转型的风险，这一子系统主要反映了产业化创新及其方式（或经济增长方式）决定下的城市产业重构和灾变所造成的火灾宏观风险。

（3）源自经济转制的风险，这一子系统主要反映了市场化创新及其方式决定下的城市市场重构和灾变所造成的火灾宏观风险。

（4）源自能源转变的风险，这一子系统主要反映了现代化创新及其方式或转型期的天人关系（或能源利用方式）决定下的城市能源重构和灾变所造成的火灾宏观风险。

（5）源自火灾惯性的风险，这一子系统主要反映了火灾惯性系统的耗散结构及其变迁方式决定下的城市火灾重构和灾变所造成的火灾宏观风险。

上述五类指标群组都是火灾风险的基本结构和功能，可以区分出"致灾因子—承灾体—孕灾环境"（或"危险性—脆弱性—易损性"），并表现出相应的风险特点。因此，在间接意义上，这一架构仍然与联合国经济发展合作组织（OECD）提出的"压力—状态—响应"框架基本吻合，反映出城市火灾风险在本质上是属于可持续发展领域中一个重要问题。

根据以上分析，这里提出了**构建城市区域重大火灾宏观风险的评估指标体系的系统要素型方案**，如表5-2所示。其中，RM_u表示源自人口转移的风险并取决于人口转移中城市化模式，RM_i表示源自产业转型的风险并取决于产业转型中经济增长方式，RM_m表示源自经济转制的风险并取决于经济转制中的市场化方式，RM_e 表示源自能源转变的风险并取决于能源转变中的能源利用方式或天人关系，RM_f 表示源自火灾惯性的风险并取决于火灾惯性系统的耗散结构和变迁方式。

H城城市区域重大火灾宏观风险的评估指标体系（系统要素型）　　表 5-2

系统层	指标层		变量层
源自人口转移的风险 RM_u	人口性时序结构与重大火灾危险性 D		D1.1 非农业人口占年末总人口的比重（%） D1.2 暂住人口与常住户籍人口的比值（%）
	人口性空间结构与重大火灾脆弱性 F		F1.1 非农业人口密度（人/km²） F1.2 暂住人口密度（人/km²）
	人口性受体结构与重大火灾易损性 V		V1.1 一般火灾起均死伤率（人/〈百万人·起〉） V1.2 重大火灾起均死伤率（人/〈百万人·起〉）
源自产业转型的风险 RM_i	产业性时序结构与重大火灾危险性 D		D2.1 非农产业增加值占 GDP 的比重（%） D2.2 第三产业增加值占非农产业的比重（%） D2.3 工业增加值占第二产业增加值的比重（%） D2.4 重工业总产值占工业总产值的比重（%）
	产业性空间结构与重大火灾脆弱性 F		F2.1 非农产业增加值密度（万元/km²） F2.2 第三产业增加值密度（万元/km²） F2.3 工业增加值密度（万元/km²） F2.4 重工业总产值密度（万元/km²）
	产业性受体结构与重大火灾易损性 V	火灾	V2.1 第二产业一般火灾的起均直接经济损失与人均 GDP 的比值 V2.2 第三产业一般火灾的起均直接经济损失与人均 GDP 的比值
		重大火灾	V2.3 第二产业重大火灾的起均直接经济损失与人均 GDP 的比值 V2.4 第三产业重大火灾的起均直接经济损失与人均 GDP 的比值
源自经济转制的风险 RM_m	市场化时序结构与重大火灾危险性 D		D3.1 私营经济从业人员相对值（%） D3.2 规模以上工业企业比重（%） D3.3 出口商品供货值与 GDP 的比值（%）
	市场化空间结构与重大火灾脆弱性 F		F3.1 私营企业从业人员密度（人/km²） F3.2 规模以上工业企业密度（个/km²） F3.3 出口商品供货值密度（万元/km²）
	市场化受体结构与重大火灾易损性 V	火灾	V3.1 公有企业一般火灾的起均直接经济损失与人均 GDP 的比值 V3.2 非公有企业一般火灾的起均直接经济损失与人均 GDP 的比值
		重大火灾	V3.3 公有企业重大火灾的起均直接经济损失与人均 GDP 的比值 V3.4 非公有企业重大火灾的起均直接经济损失与人均 GDP 的比值

续表

系统层	指标层		变量层
源自能源转变的风险 RM_e	能源性时序结构与重大火灾危险性 D		D4.1 工业用电与用煤相对值(万千瓦时/百吨) D4.2 工业用油与用煤相对值(吨/百吨) D4.3 工业用油与用电相对值(吨/10 万千瓦时)
	能源性空间结构与重大火灾脆弱性 F		F4.1 工业用电密度(万千瓦时/km²) F4.2 工业用油密度(吨/km²) F4.3 工业用煤密度(吨/km²)
	能源性受体结构与重大火灾易损性 V		V4.1 能源相关类一般火灾原因中的起均直接经济损失与人均 GDP 的比值 V4.2 能源相关类重大火灾原因中的起均直接经济损失与人均 GDP 的比值
源自火灾惯性的风险 RM_f	火灾惯性与重大火灾危险性 D		D5.1 近 5 年平均的火灾发生率(起/10 万人) D5.2 近 5 年平均的重大火灾发生率(起/10 万人)
	火灾惯性与重大火灾脆弱性 F		F5.1 近 5 年平均的区域火灾发生率[起/(百万人·km²)] F5.2 近 5 年平均的重大火灾区域发生率[起/(百万人·km²)]
	火灾惯性与重大火灾易损性 V	火灾	V5.1 近 5 年平均的一般火灾起均死伤率[人/(百万人·起)] V5.2 近 5 年平均的一般火灾起均直接经济损失与人均 GDP 的比值
		重大火灾	V5.3 近 5 年平均的重大火灾起均火灾死伤率[人/(百万人·起)] V5.4 近 5 年平均的重大火灾起均直接经济损失与人均 GDP 的比值

注：起均直接经济损失与人均 GDP 的比值的单位是"%/(起·人)"。

这一方案的优点是有助于描述火灾风险结构变迁的要素型特征，说明各类宏观重大风险源的结构变迁特征和状况。

5.1.5 风险评估指标体系具有监测功能和应用价值

转型期的重大火灾宏观风险的综合评估的根本目标是充分利用安全资源，为火灾风险的战略化防范和消防安全的战略规划而提供科学、定量的决策服务；而其直接目的是揭示和监测社会经济转型期的城市区域的重大火灾风险的宏观水平、主要影响因素、发展趋势和城市中各区域的重大火灾宏观风险的相对水平。这两者不可分割，风险评估的根本目标的实现离不开其直接目的的实现。

5.1.5.1 指标体系的监测功能

(1) 描述和反映转型期的重大火灾风险系统及各个子系统的水平或状况，从而将火灾风险的概念变成有实际意义的内容，反映转型期的重大火灾风险的影响因素和基本特点。

(2) 评估和监测转型期的重大火灾风险系统及各个子系统的宏观变化趋势和速度。

(3) 综合衡量转型期的重大火灾风险系统与各个子系统之间的整体关系和定量的对应关系。

(4) 以上述三者为基础，通过指标体系的信息说明能力，决策者可以了解转型期的城市区域重大火灾宏观风险的相关信息，判断过去为实现消防安全的战略目标所开展的工作是否收到了良好的成效。而且，决策者可以据此确定防范重大火灾宏观风险的战略重点和优先顺序，制定相应的战略举措，发挥应有的政策作用，进而影响城市政府和公众的思想和行为。

5.1.5.2 指标体系的应用价值

重大火灾宏观风险的评估指标体系可以用于城市各级政府、消防部门以及参与管理火灾风险的其他组织，指导消防安全建设，引导重大火灾风险的战略防范工作。具体而言，有以下两个方面的应用。

(1) 城市重大火灾风险的宏观信息的搜集、处理和传播　这也是指标体系的功能决定的。该指标体系可以使得人们能够比较容易地搜集社会经济转型期的城市重大火灾风险的宏观信息，进行规范的处理和比较，并且积累和传播防范城市重大火灾风险的社会经济的宏观经验。

(2) 提供政策依据和指示政策效果　政策的执行需要可操作性的指标，政策的效果也需要一些可衡量的指标。城市区域重大火灾宏观风险的管理和政策更是如此。这也是落实和推进城市消防安全战略的基本手段之一。

5.1.6 风险评估指标体系仍然有待改进

(1) 具备现成数据，评估的可操作性强，但只能反映现有的计量与体制框架下的风险水平　H城重大火灾风险评估指标体系所选取的指标基本上都是现成的数据，有的指标正是统计部门或公安消防部门经常统计或应用的指标，有的指标则根据一般的统计指标适当加以计算就可以获得。这对于有效实现城市区域重大火灾风险的宏观评估和战略防范，充分切入社会经济转型期的重大火灾风险的现状，揭示其宏观特征，并增强分析研究的可操作性等等，都是非常有利的。

但是，也正由于此，也带来了相应的缺点。这主要是该指标体系反映的是现有的统计计量和管理的观念、政策和体制下的城市区域重大火灾风险水平。

1) 同城各区统计指标未统一，对搜集整理各区共有指标带来困难　比如，H城与各区统计局的社会经济统计指标千差万别、参差不齐，评估指标体系就只能在建立在共有指标的基础上，并且尤其需要关注各区之间的共有指标。即便如此，有的区域仍然缺乏一些必要的指标，譬如，缺少个体工商户和私营企业的统计，缺乏工业企业主要能源消费情况的统计等等。而330108区这样的面积较大的开发区尽管在行政区划上属于330104区，但尚未纳入330104区统计年鉴的统计范围。

2) 受到非在地统计制度的局限，今后有待跟踪研究　更为重要的是，2003年以前，H城市区的区级统计长期处在"非在地统计"的状态下，2004年才试行"在地统计"制度，较为完善的统计数据在2005年以后才会出现。这就意味着评估指标体系的设计和应用在一定程度上会受到非在地统计制度的局限和制约。因此，还需要进一步开展相应的跟踪研究。

3) 目前只能描述宏观性重大危险源的水平，却不能兼顾微观性重大危险源的总体情况 有关微观的重大（火灾）危险源的数据统计工作尚未真正起步。我国中央和地方各级的安全生产和监督管理部门的设置还仅仅是新生事物，许多工作还在摸索中；而有关微观的重大（火灾）危险源的数据主要以企事业单位上报为主，非常不完整，当局内部对这些数据本身也持保留态度。何况，安全生产和监督管理部门又并未管辖所有类型的重大危险源。因此，当前，权威可靠的反映重大（火灾）危险源在城市各行政区域分布情况的总量数据尚待形成。这样，评估指标体系**目前只能描述宏观性重大危险源的水平，却不能兼顾微观性重大危险源的总体情况**。

4) 消防组织体系与行政区划并不吻合，人口年龄和贫富数据缺乏，难以完整反映火灾易损性方面的情况 H城的市消防支队的组织体系对评估指标体系的设计也有不利的地方。在其组织架构中，支队之下设大队，大队之下设中队。大队负责防火，其行政范围与行政区划基本一致；而中队负责灭火，其行政范围经常是跨行政区域的，各中队的行政范围累加起来往往并不与行政区域相一致。这样，如果以消防中队的有关数据为基础进行累计，所得到的反映移动消防力量状况的数据并不严格属于H城市区的某一行政区域。这在统计上构成数据口径不一致的问题。这样，评估指标体系目前只能反映在假定各区域的消防资源、力量和绩效等城市消防效能相同情况下的重大火灾易损性。另外，有关人口年龄结构的数据一般在人口普查中才会形成，缺少连续性；有关贫富差距的数据（比如，低保户数量和比例等）还非常少见。因此不管怎样，从稳定性或广义的易损性来看，这是不完整的。

5) 缺乏自然地理和城市建设方面的相关数据，难以完整描述火灾风险 此外，有关城市建筑密度、用电总量、用气总量、绿化覆盖率、风力、相对湿度、雷击、地震、液化指标等方面的数据缺乏区域性的数据。关系到城市生命线的各种基础设施投资根据具体情况由发改委、建委、区政府、新城等十来个部门和机构分割，难以形成权威而统一的反映城市生命线状况的基础设施投资总额、增长率和不同年代的比例、燃气管网密度、加油气站密度等数据。既有的少量数据可以区分H城整个老市区和330112区、330115区两个新加入区的情况，但不能区分H城老市区内部各区的情况。当然，有的基础设施的一体性在一定程度上还不允许按行政区划进行分割。这些都会影响到评估指标体系对重大火灾脆弱性、危险性和易损性的完整描述。

(2) 今后，要进一步研究设计面向不固定区域的评估指标体系 诸如此类，都会或多或少地降低这套指标体系的科学指导作用和应用价值。所以，评估指标体系的设计在相同的评估目标下还应当不断完善。重要的是，评估指标体系本身也可以进一步加以系列化。比如，在现有的面向固定区域（主要是行政区域）的评估指标体系的基础上，可以进一步研究面向不固定区域的评估指标体系的设计问题。这显然会有助于解决前面所提到的一部分问题。

5.2 基于风险结构变迁的评估指标体系的计算方法

在探讨了基于风险结构变迁的评估指标体系的定义、设计和构建等内容之后，本书有必要进一步讨论风险评估指标体系的计算方法。其目的是：既符合统计学与数学的原理，又适应有限的数据条件进行探索性研究，形成一定的应用价值的研究需要。为此，至少需要处理好以下几个方面的关系：

(1) 宏观数据的可得性与结构性指标的精简性的关系；
(2) 宏观指标的相关性和计算的准确性的关系；
(3) 在火灾风险结构变迁过程中，权重的不平衡性和认知的有限性。

所以，这里以结构功能型的风险评估指标体系为例，相应需要做好以下几个方面的工作：

首先，探讨宏观数据的收集和无量纲处理问题；

其次，采用因子分析方法，将风险评估指标体系中的各项指标按照"危险性"、"脆弱性"和"易损性"这三大子系统转化为综合变量，求解各自的系统值，以实现对重大火灾风险各子系统的评分；

再次，运用层次分析法，选择合理的权重计算方法，以便计算出上述三大子系统相对于重大火灾风险的权重；

最后，选择合理的合成方法，根据各子系统的系统值的得分及其在重大火灾风险系统中的权重，计算得出重大火灾宏观风险的综合评估值，即"城市重大火灾宏观风险指数"。

5.2.1 宏观数据需要采用 Z-score 方法进行无量纲处理

5.2.1.1 数据的收集

在研究过程中往往需要对多个变量进行观测，收集大量的数据以便进行分析，努力寻找其中的数学或统计学方面的特征。多变量大样本无疑能够为研究工作提供丰富的信息，但也在一定程度上增加了数据采集的工作量，并在某种程度上影响到数据本身的权威性。为此，在本研究中，评估指标体系的变量层指标的数据主要来源于 H 城的统计年鉴、H 城的市区下属各区的统计年鉴、H 城的市公安局的《暂住人口统计报表》，和 H 城的市消防支队的《火灾及灭火救援信息管理系统》。有的数据可以直接采用，有的数据经过计算后得出。由于评估指标体系在设计上已经注意到了指标的精简性，因此绝大多数的指标能够找到相应的数据。如果个别变量缺失某一年的数据，可以通过回归分析方法、均值法、成果参照法来估计指标值。受到现有统计制度的限制，在有关研究年限尚未实行"在地统计"的情况下，对于市区各区的人均 GDP 指标的缺失问题，目前只能暂时采用市区的人均 GDP（330112 区和 330115 区除外）来表示。

同时，评估指标体系的变量层的指标避免了一些定性指标的设置，全部变量层指标都是定量指标。这样可以使得指标的数据性质简单而统一，同时又可以确保数据的可得性和权威性。

5.2.1.2 数据的处理

在基本完成数据搜集工作之后,在对变量进行因子分析之前,本书需要对数据进行无量纲化的处理。无量纲化,也就是数据的标准化或规格化,它是一种通过简单的数学变换来消除各指标量纲影响的方法。无量纲处理的方法有许多种,而在进行因子分析、聚类分析或关联分析的时候,则通常采用 Z-score 转换公式。因此,本书选用 Z-score 方法,将所有变量层指标的数据通过标准化转换成为均值为 0,方差为 1 的无量纲数值。Z-score 方法能够避免由于变量均值不同导致的数据扭曲,其计算公式为:

$$Z_x = \frac{x_i - \bar{x}}{S_D} \quad (i=1, 2, \cdots, n) \tag{5.1}$$

其中,Z_x 是指标 X 的标准分数;x_i 是第 i 个所评估的城市区域的指标 X 的数值;$\bar{x}$ 是全部的评估区域的指标 X 的平均值;S_D 是指标 X 的标准差。

平均值 $\bar{x}$ 的计算公式为:

$$\bar{x} = \frac{1}{N} \sum_{i=1}^{n} x_i \quad (i=1, 2, \cdots, n) \tag{5.2}$$

其中,N 为所评估的城市区域的总数。

标准差 S_D 的计算公式为:

$$S_D = \sqrt{\frac{1}{N-1} \sum_{i=1}^{n}(x_i - \bar{x})^2} \quad (i=1, 2, \cdots, n) \tag{5.3}$$

其中,N 为所评估的城市区域的总数。

若有取值越高但对 H 城重大火灾宏观风险指数的贡献越低的指标,理论上则需要相应地将 Z-score 方法的计算公式中的分子分母倒置,以符合指标值越大风险性越高的原则。即:

$$Z_x = \frac{S_D}{x_i - \bar{x}} \quad (i=1, 2, \cdots, n) \tag{5.4}$$

5.2.2 基于风险结构变迁的宏观评估需要采用因子分析方法

基于风险结构变迁的评估指标体系采用的是结构性指标或变量。因此,在对基于风险结构变迁的评估指标体系的有关数据进行分析的过程中,经常碰到观测变量很多,且变量之间存在着较强的相关关系等情况,这不仅给重大火灾风险的分析和描述带来一定的问题,而且在使用某些统计方法时也会出现问题。如果简单地使用加权求和的方法来计算出评估指标体系中各变量的得分,会重复计算某些信息而导致计算值失真;如果直接用选定的两三个不相关的变量进行分析,其他的变量的信息又丢失了。实际上,变量之间信息的高度相关意味着它们所反映的信息高度重合,因此我们可以通过多元统计分析技术中的因子分析(Factor Analysis)方法对数据进行处理,用几个假想的因子来反映数据的基本结构和信息[219]。

5.2.3 处理宏观的权重关系需要采用层次分析中的改进方法——G_1 法

5.2.3.1 层次分析可以用来处理综合评估中的权重关系

层次分析是一种定性分析与定量分析相结合的系统分析方法,由美国匹兹堡大学教授

Saaty T. L 于 20 世纪 70 年代提出，简称 AHP 法。

用层次分析方法进行系统分析，首先要按照系统科学思想和系统工程方法把社会、经济以及管理领域中的问题进行层次划分。这样，根据所分析问题的性质和决策总目标，将问题分解为不同的组成因素，并按照因素间的相互关联、影响以及隶属关系将因素按不同层次聚集组合，形成一个多层次的分析结构模型，并最终把系统分析归结为最低层相对于最高层的相对重要性权值的确定或相对优劣次序的排序问题。因此，层次分析可以用来处理和计算综合评估中的权重问题。

层次分析法是一种重要的系统分析方法和决策分析工具，充分反映了决策活动和决策科学的特点——用定量化的方法处理决策人的价值判断，是定量的事实元素与定性的价值元素的结合，是自然科学与社会科学的结合[220]。

5.2.3.2　层次分析中计算权重的特征值法缺乏科学合理性

但是，层次分析的特征值方法存在以下几点不足：
（1）不具有保序性；
（2）一致性原则难以在实践中得到贯彻；
（3）一致性检验标准本身缺乏普适性；
（4）特征值法不够简捷，难以应用；
（5）与人的理性判断的有限性存在冲突。

5.2.3.3　G_1 法是对特征值法的科学改进

为了使特征值法能够真正成为实际评估工作中的有效的决策工具，**东北大学郭亚军教授**对特征值法进行了若干改进，提出了 G_1 法。

G_1 法的步骤主要有以下三个方面：

（1）确定序关系。若评估指标 x_i 相对于某评估准则或目标的重要性程度大于或不小于 x_j 时，则记为：$x_i > x_j$。

若评估指标 x_1，x_2，…，x_m 相对于某评估准则或目标具有关系式 $x_1 > x_2 > \cdots > x_m$，则称 x_1，x_2，…，x_m 之间按 ">" 确立了序关系。

（2）给出 x_{k-1} 与 x_k 之间相对重要程度的比较判断。可以设专家关于评估指标 x_{k-1} 与 x_k 之间的重要程度之比 w_{k-1}/w_k 的理性判断为：$w_{k-1}/w_k = r_k$，（$k = m$，$m-1$，$m-2$，…，3，2）。

（3）权重系数 w_k 的计算。

r_k 赋值参考表　　　　　　　　　　　表 5-3

r_k	说　明	r_k	说　明
1.0	指标 x_{k-1} 与指标 x_k 之间具有同样重要性	1.6	指标 x_{k-1} 比指标 x_k 强烈重要
1.2	指标 x_{k-1} 比指标 x_k 稍微重要	1.8	指标 x_{k-1} 比指标 x_k 极端重要
1.4	指标 x_{k-1} 比指标 x_k 明显重要		

因此，G_1 法的特点有以下几个方面：
（1）不用构造判断矩阵，更无需一致性检验；

(2) 计算量较 AHP 法中的特征值法成倍地减少；

(3) 方法简便、直观，便于应用；

(4) 对同一层次中元素的个数没有限制；

(5) 具有保序性，可以适应于增加或减少指标的情形以及具有空缺判断(或不完全判断)的情形[221]。

这些特点使 G_1 法本身尤其能够适合于处理和计算宏观的权重关系。这样，G_1 法解决了特征值法的一系列缺陷。因此，特征值法不应在实际评估中广泛应用，而 G_1 法应当得到提倡和普及。

5.2.3.4 G_1 法应用在 MRAI-UMF-H 权重计算中具有良好效果

在因子分析的基础上运用 G_1 法计算 MRAI-UMF-H 的权重，具有良好效果。这一计算将仅仅会涉及"宏观危险性"、"宏观脆弱性"和"宏观易损性"这三大子系统对于 H 城重大火灾风险的权重关系，不必涉及"人口转移"、"产业转型"、"经济转制"、"能源转变"和"火灾惯性"相对于各子系统的权重关系，更不必涉及关于"火灾"与"重大火灾"的权重关系，既合理又简便。

现在设系统层中的 3 个子系统"宏观危险性"、"宏观脆弱性"和"宏观易损性"为 x_1、x_2、x_3，并同时表示其系统值。经过专家评议得到一致意见，认为它们之间存在序关系：

$$x_2 > x_1 > x_3 \rightarrow x_1^* > x_2^* > x_3^* \tag{5.5}$$

且给出序关系中前后要素之间的重要性程度之比分别是：

$$r_2 = w_1^*/w_2^* = 1.4, \quad r_3 = w_2^*/w_3^* = 1.2$$

则有
$$r_2 r_3 = 1.68, \quad r_3 = 1.2$$

而
$$r_2 r_3 + r_3 = 2.88$$

所以，
$$w_3^* = (1 + 2.88)^{-1} \approx 0.257732$$
$$w_2^* = w_3^* r_3 = 0.3092784$$
$$w_1^* = w_2^* r_2 = 0.43298976$$

且有，
$$\sum_{k=1}^{m} w_k^* = w_1^* + w_2^* + w_3^* = 1 \tag{5.6}$$

即各权重系数之和严格等于 1。

故评估指标 x_1、x_2、x_3 的权重系数为

$$w_1 = w_2^* = 0.3092784 \approx 0.31$$
$$w_2 = w_1^* = 0.43298976 \approx 0.43$$
$$w_3 = w_3^* = 0.257732 \approx 0.26$$

于是，在风险评估指标体系中，系统层中的 3 个子系统"宏观危险性"、"宏观脆弱性"和"宏观易损性"相对于宏观风险的权重分别为 0.31、0.43 和 0.26。

5.2.4 基于风险结构变迁的综合评估适宜采用指数法合成

5.2.4.1 基于风险结构变迁的综合评估需要采用指数法

在国际上，风险评估的技术路线表现为以下三种：①事前风险评估；②事中风险评

估;③事后风险评估。因此,不同的技术路线下,风险评估的内涵各不相同(参见附录)。

事前风险评估主要采用概率风险评估方法和指数风险评估方法。概率风险评估方法是根据元部件或子系统的事故发生概率,求取整个系统的事故发生概率。该方法系统结构清晰,相同元件的基础数据相互借鉴性强,已经在航空、航天和核能领域得到了广泛应用。由于它要求数据准确充分,分析过程完整,判断和假设合理,在系统复杂、不确定性因素多、人员失误概率的估计十分困难的化工和煤矿等行业中还未能得到有效应用。而指数风险评估方法可以避免这种困难,可以兼顾事故频率和事故后果两个方面的因素。

转型期的城市区域重大火灾风险评估的直接目的是为了揭示和监测重大火灾风险的宏观水平、主要影响因素、发展趋势,并服务于充分利用安全资源的宏观目标,为火灾风险的战略化防范和消防安全的战略规划而提供科学、定量的决策服务。因此,它属于事前风险评估的范畴。但是,**转型期的重大火灾风险系统的结构和要素显然比化工和煤矿等行业系统更为复杂,属于社会复杂巨系统的范畴,它同样难以用概率加以表述。**

因此,**在转型期的重大火灾宏观风险评估工作中,基于风险结构变迁的综合评估适宜采用事前风险评估中的指数风险评估方法。**

5.2.4.2 评估指标体系的计算与合成

上述分析表明,通过因子分析,可以分别对 MRAI-UMF-H 的 3 大子系统中的变量提取公共因子,然后由每个子系统的公共因子计算出 3 个系统值。而通过层次分析以及 G_1 法,可以分别确定 MRAI-UMF-H 的 3 大子系统相对于重大火灾风险的权重。这样,就进一步计算 $MRAI_{UMF-H}$ 指数,如图 5-3 所示。

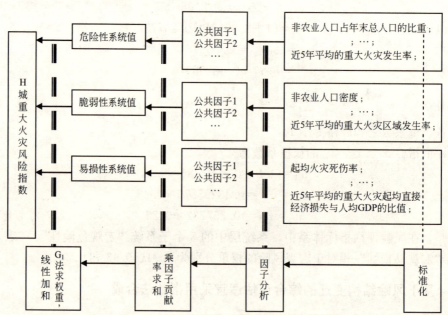

图 5-3 H 城重大火灾风险评估指标体系的计算方法

$MRAI_{UMF-H}$的具体计算采用以下5个步骤:

(1) 根据评估指标体系,收集和整理各区域的有关指标的基本数据。

(2) 采用Z-score方法对各指标数据进行标准化处理,形成标准数据表格。

(3) 采用SPSS for Windows软件,在主成分分析的基础上进行因子分析,分别对重大火灾风险系统中的"宏观危险性"子系统中的14个变量、"宏观脆弱性"子系统中的14个变量和"宏观易损性"子系统中的16个变量提取累计贡献率达到80%～90%以上的公共因子。

(4) 计算系统值。其计算公式如下:

$$Y_i = \sum_{j=1}^{n} V_{ij} w_{ij} \quad (i = 1, 2, 3) \tag{5.7}$$

式中,Y_i就是所求的系统值;V_{ij}为i系统提取的第j个因子与指标的相关系数;W_{ij}为i系统第j个因子的贡献率;n为i系统提取公共因子的总个数。

(5) 运用线性加权综合法(即"加法"合成法),确定$MRAI_{UMF-H}$指数。其计算公式如下:

$$MRAI_{UMF-H} = \sum_{i=1}^{m} w_i Y_i \quad (i = 1, 2, 3) \tag{5.8}$$

式中,W_i为MRAI-UMF-H的第i个子系统相对于重大火灾风险的权重系数;Y_i为i个子系统的系统值;m为MRAI-UMF-H的子系统的的总个数。$MRAI_{UMF-H}$就是所求的重大火灾宏观风险指数。

根据前文的权重分析,能够得到基于风险结构变迁的重大火灾宏观风险指数模型,如下所示。

$$\begin{aligned} MRAI_{UMF-H} &= \sum_{i=1}^{m} w_i Y_i \quad (i = 1, 2, 3) \\ &= w_1 Y_1 + w_2 Y_2 + w_3 Y_3 \\ &= 0.31 Y_1 + 0.43 Y_2 + 0.26 Y_3 \end{aligned} \tag{5.9}$$

5.2.5 风险评估指标体系的算法同样有待改进

(1) 跟踪收集长时间的数据资料,完善标准化处理 原则上,若有取值越高但对重大火灾风险指数的贡献越低的指标,在进行数据标准化处理时则需要相应地将Z-score方法的计算公式中的分子分母倒置。这就需要把握指标的变化趋势和临界值。但是,现有数据的年限还较短,当前的研究对有关指标的临界值还难以分析,因此,需要进行相应的跟踪分析。

(2) 在G_1法基础上进一步研究综合集成赋权方法 另外,在指标权重的计算方面,本书尽管运用G_1法改进了权重的算法,但它本质上是一种主观赋权法。在宏观研究中,最优的权重算法不能仅仅采用主观赋权法,同样也不能仅仅采用客观赋权法,而是主观赋权和客观赋权有机结合的综合集成赋权方法[222]。这样才能在充分体现宏观决策者的主观信息的重要作用的同时，运用比较完善的数学理论和方法反映来自客观背景的指标体系的原始信息，才能从宏观权重方面也反映出评估工作本身的主客观结合的本质属性。因此，指标权重的算法需要进一步加以改进。

5.3 消防安全城市(城区)评选中火灾总体风险的数据包络分析

当前，在安全发展观思想的指导下，许多城市纷纷提出建设平安城市的发展宏图，但缺乏有效的评估办法。不管怎样，转型期的城市区域重大火灾风险的宏观评估可以构成平安城市评估的重要内容之一，并为平安城市评估提供一定的通用性借鉴。如果以消防安全城市(城区)评估为实践背景，转型期的城市区域重大火灾宏观风险的综合评估需要进一步探讨火灾总体风险评估及各城市(城区)的风险比较问题。为此，需要引入数据包络分析方法。

5.3.1 数据包络分析适用于基于风险结构变迁的火灾总体风险评估

在城市管理或企业管理等社会经济活动中常常需要对决策单元(具有相同类型的部门或单位，比如城市中的行政区域)进行评估，其依据是决策单元的"输入"数据和"输出"数据。输入数据是指决策单元在某种活动中需要耗费的某些量，反映投入水平；输出数据是指决策单元经过一定的输入之后，产生的表明该活动成效的某些信息量，反映产出水平。根据输入数据和输出数据来评估决策单元的优劣状况，即所谓评估城市(或企业)内部各个运作单元的相对效率或相对有效性[223]。在此基础上，就可以进一步认识决策单元的总体水平。

数据包络分析(Data Envelopment Analysis，简称 DEA)的方法，正是一种解决这种多目标决策问题的评价方法，它是由运筹学家查恩斯(Charnes)、库伯(Cooper)以及罗兹(E. Rhodes)在 1978 年首先提出的。这是一种适用于研究具有多个输入，特别是具有多个输出的城市(或企业)能否同时构成"规模有效"和"技术有效"的十分理想且卓有成效的方法，具有强大的优势[224]。而其他的利用规划问题求解有效性的评估方法，几乎仅限于单输出的情况。而且，DEA 有效性与相应的多目标规划问题的帕累托(pareto)有效解(或非支配解)是等价的也已经得到了证明[225]。

利用 DEA 法对同一城市不同区域的重大火灾的总体风险进行评估，实际上是根据一定的城市社会经济及火灾风险的结构变迁，从重大火灾宏观风险的投入产出关系的角度对样本城区的消防安全的相对有效性进行研究，然后利用其求解结果测算样本集的重大火灾宏观风险的总体水平。DEA 方法可以利用帕累托最优来衡量效率，能够处理具有多投入(指标)和多产出(指标)关系的城市区域火灾风险的评估问题。而且，DEA 分析还允许各指标处于不同量纲，因此可以增加风险有效性评估和总体风险评估模型的适用性，并扩大模型指标选择的范围。同时，作为一种非参数方法，它不受设定指标与样本的约束，便于实际应用。

尤其是，传统的有效性评价方法偏重于先建立多元指标，然后通过个别评价指标来比较出决策单元之间有效性水平的优劣,这样会不可避免地遇到指标权重主观设定和多元指标难以整合的问题。而 DEA 方法可以客观地综合利用各评价指标,不需要决策者对指标权重系数进行主观设定或判断。数据包络分析最大的优点也正是在于其评价的客观性,这是大多数指标加权评价方法所无法比拟的。这一优点恰恰可以满足城市区域重大火灾总体风险评估的研究要求。

5.3.2 基于 MRAI-UMF-H 提取总体风险评估的指标体系

DEA 模型最常用的有 C^2R 模型和 BC^2 模型。1978 年 Charnes、Cooper 和 Rhodes 根据 Farrell(1957)所提出的"两投入一产出"的概念,将其推广至"多投入多产出"状态,以衡量决策单元的"整体技术有效性"(Overall Technical Efficiency)。BC^2 模型由 Banker、Charnes 和 Cooper 于 1984 年提出,主要是扩充 C^2R 模型的使用范围,将 C^2R 模型中的整体技术有效性分解为"纯技术有效性"(Pure Technical Efficiency)和"规模有效性"(Scale Efficiency)。

DEA 方法中的 C^2R 模型实际上可视为一个具有多投入和多产出的黑箱(如图 5-4 所示),要通过对它投入和产出进行 DEA 分析,进而客观地得出黑箱内部的相对有效性情况,比如,判断某一城市中的哪一区域或哪几个区域所存在重大火灾宏观风险更大。无疑,在采用 DEA 方法建立评估模型之前,需要建立相应的投入产出评价指标。

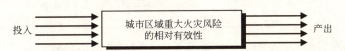

图 5-4 城市区域重大火灾总体风险的相对有效性评估黑箱

而根据前文分析,城市区域火灾风险系统是由时间意义上的危险性、空间意义上的脆弱性和组织或主体意义上的易损性这三大子系统构成的。从投入产出的角度来看,危险性、脆弱性和易损性这 3 个子系统可以构成投入性系统,而火灾风险可以构成为产出性系统,因此形成一种投入(指标)和产出(指标)的关系。这样,重大火灾宏观风险的评估指标体系成为评估 H 城各行政区域重大火灾宏观风险的相对有效性的指标体系,而评估中的有关权重的求解结果是客观的,可以有效地整合多指标的指标体系。最后,相对有效性评估的结果就可以用来进一步评估有关区域重大火灾宏观风险的总体水平。

在前文所说的因子分析的基础上,H 城重大火灾宏观风险的评估指标体系可以进一步简化为由若干个公共因子所构成的指标体系,这可以看成投入性系统;而由上述若干个子系统各自的公共因子求解得到的系统值所构成的指标体系,即危险性因子、脆弱性因子和易损性因子,可以看成是产出性系统。这必然简化城市区域重大火灾宏观风险的有效性和总体水平的计算和评估工作,并适用于一定时间条件下的城市内部区域之间相对风险的总体水平的评估(或城市内部某一区域不同年份时间之间的相对风险的评估)。

这里,如果仅仅用风险表示产出,其问题不在于是惟一产出,而是风险值中包含了各子系统之间的权重关系;而前文运用 G_1 法加以确定,具有一定主观性,势必会带来一定的误差干扰。相反，采用各子系统的系统值不仅能够有效表示产出水平，而且可以有效避免上述误差干扰，这就决定了建立多投入多产出关系并采用 DEA 模型加以分析的必要性。

于是，我们就可以初步得到一个较为简单的有关城市区域重大火灾宏观风险的有效性评估及总体风险评估的指标体系，具体如表 5-4 所示。

基于结构变迁的城市区域重大火灾总体风险的评估指标体系　　　　表 5-4

风险系统	投入产出关系的系统	评估指标	指标符号	
危险性 f_D	投入性系统	公共因子 f_{D1}	x_{1q} x_{2q} ⋮ x_{jq}	x_{jq}
		公共因子 f_{D2}		
		公共因子 f_{Dm}		
脆弱性 f_F		公共因子 f_{F1}		
		公共因子 f_{F2}		
		公共因子 f_{Fm}		
易损性 f_V		公共因子 f_{V1}		
		公共因子 f_{V2}		
		公共因子 f_{Vm}		
风险 RAI-UGF-H	产出性系统	危险性因子 D_q		y_{iq}
		脆弱性因子 F_q		
		易损性因子 V_q		

但是，本书在采用 DEA 模型分析重大火灾宏观风险的有效性的过程中，碰到了这样一个事实，即所评估的城市区域的样本数目过少（而评估指标的数目过多）的时候，可能会发生 DEA 评估结果为每一个城市区域都为 DEA 有效，这样的结论和进行相对有效性评估的最终目的背道而驰，因此，这里称之为 DEA 评估"失效"。

对于这样的决策单元均为 DEA 有效的结果，在实际应用中，可能不会对重大火灾宏观风险的有效性评估起到帮助作用。因此，为避免今后在评估过程中遇到类似的问题，笔者建议在满足各样本区域的投入类与产出类指标可比的条件下，应尽量增大要进行相对有效性评价的样本（即所评估的城市区域）数量，或尽量减少 DEA 模型的指标数量，进而增加评估结果的可用度与可信度。

为此，有鉴于我国许多城市市区的行政区域的数量都非常有限，甚至因为合并而导致行政区域数量不断减少，笔者认为尽量减少 DEA 模型的指标数量应当首先予以考虑。比如，根据重大火灾风险评估指标体系的 3 大子系统，可以将危险性子系统和脆弱性子系统视为投入性系统，并分别用"火灾发生率"和"区域火灾发生率"加以表示；同时，可以将易损性子系统视为产出性系统，并且初步选用"起均火灾直接经济损失与人均 GDP 的比值"加以表示。而且，在必要的时候，针对一定时间条件下的城市内部区域之间相对风险，可以仅选用"区域火灾发生率"来反映投入性系统；或针对城市内部某一区域不同年份时间之间的相对风险，可以仅选用"火灾发生率"来反映投入性系统。因此，DEA 模型的指标数量可以压缩到 3 个甚至 2 个，可以积极避免 DEA 评估的"失效"问题；同时，这些 DEA 评估指标仍然是根据重大火灾风险评估指标体系提取出来的，保持了一定的科学合理性，如表 5-5 所示。

基于风险结构变迁的城市区域重大火灾总体风险评估的指标体系（简化型）　　表 5-5

风险系统	投入产出关系的系统	评估指标	指标符号	
危险性 f_D	投入性系统	火灾发生率	x_{1q}	x_{jq}
脆弱性 f_F		区域火灾发生率	x_{2q}	
易损性 f_V	产出性系统	起均火灾直接经济损失与人均 GDP 的比值		y_{iq}

当然，如果这一研究从同城市的不同区域延伸到不同城市之间比较研究，意味着可以选取较多的样本城市，而 DEA 模型的指标数量可以有所增加，不仅多投入和多产出的指标关系可以有效维持，而且，DEA 评估的"失效"问题将会自然地迎刃而解。

5.3.3 建立数据包络分析模型评估火灾风险的相对有效性

在建立重大火灾宏观风险的相对有效性评估的 DEA 模型之前，首先需要构建一个基于若干个案例区域（在后文中，本书仍然以 H 城 330102 区、330103 区、330104 区、330105 区和 330106 区进行试评估）的投入与产出数据的合成的城市区域，称为合成区域。该合成区域的产出指标等于各个案例区域的加权平均值，而该合成区域的投入指标等于各个案例区域的加权平均值。并且，在计算各个案例区域的投入的加权平均值的时候，各案例区域所取的权重与计算产出加权平均值时所取的权重必须相同。

然后，可以建立一个线性规划模型，该规划模型的约束条件是：该合成区域的各项产出都必须大于（或等于）某一案例区域（即要求评估其相对有效性的案例区域，可以称之为评估区域）的产出。这时，如果可以证明该合成区域的投入小于（或等于）评估区域的投入，就可以表明合成区域与评估区域相比，在较少的投入下，可以获得更多（或相同）的产出。在这种情况下，合成区域比评估区域的效率更高（或至少相等）；换言之，评估区域比和合成区域的效率低。由于合成区域的投入与产出是基于所有各个案例区域的数据的加权平均之上的，它反映的是所有各个案例区域的总体状况，所以，在这种情况下评估区域比其他案例区域的相对效率较低。

根据上述基本思路，可以建立重大火灾宏观风险的相对有效性评估的 DEA 模型。具体如下：

$$\begin{aligned}
&\text{Min } E_p \\
&\text{s. t.} \quad \lambda_1 + \lambda_2 + \lambda_3 + \cdots + \lambda_p + \cdots + \lambda_q = 1 \\
&\quad \lambda_1 y_{11} + \lambda_2 y_{12} + \lambda_3 y_{13} + \cdots + \lambda_p y_{1p} + \cdots + \lambda_q y_{1q} \geqslant y_{1p} \\
&\quad \lambda_1 y_{21} + \lambda_2 y_{22} + \lambda_3 y_{23} + \cdots + \lambda_p y_{2p} + \cdots + \lambda_q y_{2q} \geqslant y_{2p} \\
&\quad \lambda_1 y_{i1} + \lambda_2 y_{i2} + \lambda_3 y_{i3} + \cdots + \lambda_p y_{ip} + \cdots + \lambda_q y_{iq} \geqslant y_{ip} \quad (5.10) \\
&\quad \lambda_1 x_{11} + \lambda_2 x_{12} + \lambda_3 x_{13} + \cdots + \lambda_p x_{1p} + \cdots + \lambda_q x_{1q} \leqslant x_{1p} E_p \\
&\quad \lambda_1 x_{21} + \lambda_2 x_{22} + \lambda_3 x_{23} + \cdots + \lambda_p x_{2p} + \cdots + \lambda_q x_{2q} \leqslant x_{2p} E_p \\
&\quad \lambda_1 x_{j1} + \lambda_2 x_{j2} + \lambda_3 x_{j3} + \cdots + \lambda_p x_{jp} + \cdots + \lambda_q x_{jq} \leqslant x_{jp} E_p
\end{aligned}$$

其中，$\lambda_q \geqslant 0$，表示第 q 个案例区域的权重，$q=1, 2, \cdots\cdots, n$；λ_p 表示第 p 个评估区域的权重，$p \leqslant q$，$p=1, 2, \cdots\cdots, n-1, n$。

$x_{jq}(j=1, 2, \cdots\cdots k)$ 表示第 q 个案例区域的第 j 种投入类型的投入量，且 $x_{jq} \geqslant 0$；x_{jp} 表示第 p 个评估区域的第 j 种投入类型的投入量，且 $x_{jp} \geqslant 0$。

$y_{iq}(i=1, 2, \cdots\cdots k)$ 表示第 q 个案例区域的第 i 种产出类型的产出量，$y_{iq} \geqslant 0$；y_{ip} 表示第 p 个评估区域的第 i 种产出类型的产出量，且 $y_{ip} \geqslant 0$。

E_p 表示可供合成区域的投入资源与第 p 个评估区域的投入资源的比率[226]。其公式如下：

$$E_p = \frac{\sum_{j=1}^{k} w_j \sum_{q=1}^{n} \lambda_q x_{jq}}{\sum_{j=1}^{k} w_j x_{jp}}, \quad (p=1, 2, \cdots, n-1, n; \quad q=1, 2, \cdots, n) \quad (5.11)$$

其中，W_j 表示第 j 种投入类型的权重，$W_j \geqslant 0$。

DEA 模型的目标函数是使得 E_p 的值最小化，也就是使得合成区域投入资源最小化。因此这里 E 既是决策变量又是目标函数。如果求解结果为 $E_p=1$（$E_p>1$ 不可能），则表明合成区域需要与评估区域相同（或更多）的投入资源，以获得不低于评估区域的产出，这时无法断定评估区域是相对低效的；如果 $E_p<1$，则表明合成区域可以用比评估区域低的投入资源，却可以得到不低于评估区域的产出。因此合成区域具有更高的效率，这时可以断定评估区域是相对低效的[227]。

根据这一模型，运用 Excel 软件的数学规划功能，就可以测算某一评估区域的重大火灾风险相对于所有案例区域的重大火灾风险（即总体风险）的相对有效性水平 E_p。显然，这一结果正是当前我国在安全性发展的新发展观下建设和评选平安城市（平安区域或平安社区）所迫切需要的科学依据。

5.3.4　引入 G_1 法计算效率权重并用线性加权综合法合成总体风险

在上述 DEA 模型中，λ_q 的求解结果会随着评估区域 p（在绝对空间性风险的相对有效性和总体风险评估中为同一城市区域的不同的评估年份）的变化而变化，因此，它不能用来测算总体风险水平。这里可以采用的则是 DEA 模型的基本结果 E_p。在假定非负的情况下，$0 \leqslant E_p \leqslant 1$，并且每个评估区域都有惟一解。

E_p 反映的是评估区域 p 与合成区域之间的效率关系，据此，引入 G_1 法就可以确定 q 个案例区域之间的序关系和重要程度，计算出各案例区域的权重（α_q）。

于是，可以建立起基于风险结构变迁的重大火灾总体风险（Total Macro-risk）的数学模型。

$$TMRAI_{UMF-H} = \sum_{q=1}^{m} \alpha_q R_q \quad (i=1, 2, \cdots m) \quad (5.12)$$

其中，R_q 在时间性绝对风险评估中表示某一年城市中第 q 个案例区域的风险值（或在空间性绝对风险的评估中表示城市某案例区域中第 q 年的风险值）；α_q 表示第 q 个案例区域(或年份)的风险与总体风险(TMR)的权重关系。

5.4 案例城市重大火灾宏观风险的试评估

根据前述重大火灾宏观风险的综合评估的理论和方法,并继续以结构功能型的风险评估指标体系为例,本书将选择若干案例区域进行实证分析。首先,对案例区域的各项变量的基础数据进行标准化处理,再运用因子分析法、层次分析法中的 G_1 法和线性加权综合法计算出各案例区域的重大火灾宏观风险指数;然后,运用数据包络分析法和 G_1 法计算出全部案例区域的总体风险水平;最后,依据风险评估的基本结果和有关信息数据对 H 城公共(消防)安全战略规划要点提出若干初步的建议。

5.4.1 根据调查研究选择样本城区并对数据做标准化处理

5.4.1.1 案例区域的选择

2001~2004 年,北京大学冯健博士借鉴其博士生导师周一星教授 1996 年以来从城市地理学的角度所提出的中国城市郊区化理论[228][229][230][231][232],从城市人口、经济和社会这 3 个方面探讨了转型期中国城市内部空间重构的过程和特征、机制和模式,建立了转型期中国城市内部空间重构理论[233][234][235][236][237],并在实证分析中将案例城市 H 城划分为中心区、近郊区和远郊区[238][239][240][241]。

其中,中心区为 H 城的老城区,相当于 1982 年的 330102 区和 330103 区所构成的行政范围;近郊区则按照 2000 年的市区范围为准,市区以内、中心区以外的地段构成近郊区;远郊区则按照 2000 年的市区范围为准,中心区和近郊区以外的市域部分为远郊区,包括 2001 年后纳入市区的 330112 区和 330115 区以及 330114 区、330116 区、330110 区、330113 区和 330111 区。

本书主要以 2000 年的 H 城的市区范围为对象,对远郊区的 330112 区和 330115 区涉及不多。因此,借鉴冯健和周一星的研究,并结合各有关区域的火灾风险的特点,本书在试评估的案例区域方面主要选取 330102 区、330103 区、330104 区、330105 区和 330106 区这 5 个区域。这 5 个区域的原始数据相对较为完整,基本可以满足本研究所提出的城市区域重大火灾风险评估指标体系的需要。

而且,330102 区和 330103 区在 1982 年之前属于老城区的范围,此后其行政范围尽管向外又有不少扩展,但仍然可以将之视为中心区,或者在相当程度上代表了中心区的情况,至少其城市化水平是非常高的;330104 区(不含 330108 区)和 330105 区则显然属于近郊区的范畴;330106 区不仅属于近郊区,而且反映了 H 城的风景旅游城市的性质和特色。另外,330103 区本身发生过重大火灾,1999~2003 年至少发生 1 起(2004 年又发生 1 起),而其余各区没有发生过重大火灾;而且,330103 区的私营经济发展水平较高;而 330104 区的暂住人口和重化工业相对较为集中,能源结构水平较高,火灾易损性以及火灾惯性也较强。

5.4.1.2 案例区域的基本数据的标准化

根据指标体系和上述 3 个案例区域的统计局提供的 2003 年度的统计年鉴,可以提取试评估工作所需要的原始数据;然后,根据各变量的内涵或公式,整理出基本数据;最后,根据前文所提到的标准化方法,运用 Excel 软件就可以将基本数据转换为标准数据。具体如表 5-6~表 5-8 所示。

2003 年 H 城重大火灾宏观危险性试评估的案例区域及其标准数据　　表 5-6

变量	基础数据[①]					平均值 ($\bar{x}$)	标准差 (S_D)	标准数据				
	330102	330103	330104	330105	330106			330102	330103	330104	330105	330106
D1.1	99.94	97.77	73.63	93.54	77.85	88.55	12.01	0.95	0.77	−1.24	0.42	−0.89
D1.2	23.44	37.54	82.81	64.54	33.51	48.37	24.53	−1.02	−0.44	1.40	0.66	−0.61
D2.1	100.00	97.86	94.25	97.07	89.00	95.64	4.24	1.03	0.52	−0.33	0.34	−1.56
D2.2	33.41	56.41	47.71	47.37	40.44	45.07	8.64	−1.35	1.31	0.31	0.27	−0.54
D2.3	98.58	98.77	88.53	97.49	94.58	95.59	4.29	0.70	0.74	−1.65	0.44	−0.24
D2.4	17.81	45.78	63.65	50.82	42.68	44.15	16.76	−1.57	0.10	1.16	0.40	−0.09
D3.1	650.00	662.93	158.40	385.82	103.39	392.11	263.57	0.98	1.03	−0.89	−0.02	−1.10
D3.2	30.55	38.15	17.46	18.24	19.52	24.78	9.17	0.63	1.46	−0.80	−0.71	−0.57
D3.3	32.15	73.88	49.65	67.91	62.79	57.28	16.65	−1.51	1.00	−0.46	0.64	0.33
D4.1	50.75	15.90	29.77	29.00	29.08	30.90	12.52	1.59	−1.20	−0.09	−0.15	−0.15
D4.2	11.38	6.03	14.66	12.00	9.58	10.73	3.20	0.20	−1.47	1.23	0.40	−0.36
D4.3	2.24	3.79	4.92	4.00	3.29	3.65	0.98	−1.43	0.14	1.29	0.36	−0.36
D5.1	98.33	83.41	93.61	93.15	61.55	86.01	14.71	0.84	−0.18	0.52	0.49	−1.66
D5.2	0.00	0.06	0.00	0.00	0.00	0.01	0.03	−0.45	1.79	−0.45	−0.45	−0.45

数据来源:① 根据 H 城的市公安局的《暂住人口统计报表》(2003)、市消防支队的《火灾及灭火救援信息管理系统》以及 H 城有关行政区的统计年鉴(1999~2003 年)计算得出

2003 年 H 城重大火灾宏观脆弱性试评估的案例区域及其标准数据　　表 5-7

变量	基础数据[①]					平均值 ($\bar{x}$)	标准差 (S_D)	标准数据				
	330102	330103	330104	330105	330106			330102	330103	330104	330105	330106
F1.1	17361	10477	1853	3111	1473	6855.10	6919.28	1.52	0.52	−0.72	−0.54	−0.78
F1.2	4072	4023	2084	2147	634	2591.86	1460.17	1.01	0.98	−0.35	−0.30	−1.34
F2.1	23444	6835	5015	3310	1291	7979.07	8885.39	1.74	−0.13	−0.33	−0.53	−0.75
F2.2	7833	3855	2393	1568	522	3234.27	2845.04	1.62	0.22	−0.30	−0.59	−0.95
F2.3	15389	2943	2322	1698	727	4615.81	6077.69	1.77	−0.28	−0.38	−0.48	−0.64
F2.4	11584	6125	6351	3760	1252	5814.03	3831.10	1.51	0.08	0.14	−0.54	−1.19
F3.1	3611	2670	405	495	116	1459.17	1576.56	1.37	0.77	−0.67	−0.61	−0.85
F3.2	4.67	4.26	2.4	2.13	0.78	2.85	1.6052	1.14	0.88	−0.28	−0.45	−1.29
F3.3	7536	5160	2642	2316	911	3712.84	2629.77	1.45	0.55	−0.41	−0.53	−1.07
F4.1	2091	400	208	208	53	592.15	847.06	1.77	−0.23	−0.45	−0.45	−0.64

续表

变量	基础数据①					平均值 ($\bar{x}$)	标准差 (S_D)	标准数据				
	330102	330103	330104	330105	330106			330102	330103	330104	330105	330106
F4.2	469	152	103	103	18	168.78	174.73	1.72	−0.10	−0.38	−0.38	−0.87
F4.3	4121	2513	700	700	183	1644.61	1644.00	1.51	0.53	−0.57	−0.57	−0.89
F5.1	5.46	2.69	0.83	1.06	0.23	2.05	2.11	1.61	0.30	−0.58	−0.47	−0.86
F5.2	0	0.0021	0	0	0	0.0004	0.0009	−0.45	1.79	−0.45	−0.45	−0.45

数据来源：① 根据 H 城的市公安局的《暂住人口统计报表》(2003)、市消防支队的《火灾及灭火救援信息管理系统》以及 H 城有关行政区的统计年鉴(1999~2003 年)计算得出

2003 年 H 城重大火灾宏观易损性试评估的案例区域及其标准数据　　表 5-8

变量	基础数据①					平均值 ($\bar{x}$)	标准差 (S_D)	标准数据				
	330102	330103	330104	330105	330106			330102	330103	330104	330105	330106
V1.1	0.0634	0.0163	0.0555	0.0201	0.0044	0.0319	0.0259	1.21	−0.60	0.91	−0.46	−1.06
V1.2	0	0	0	0	0	0	0	#	#	#	#	#
V2.1	2.17	30.48	261.89	1.05	64.18	71.95	109.26	−0.64	−0.38	1.74	−0.65	−0.07
V2.2	30.29	5.92	35.95	7.45	17.64	19.45	13.42	0.81	−1.01	1.23	−0.89	−0.14
V2.3	0	0	0	0	0	0	0	#	#	#	#	#
V2.4	0	0	0	0	0	0	0	#	#	#	#	#
V3.1	0	1.01	0	1.04	1.48	0.71	0.67	−1.05	0.45	−1.05	0.50	1.15
V3.2	22.26	30.49	126.33	6.38	55.63	48.22	47.16	−0.55	−0.38	1.66	−0.89	0.16
V3.3	0	0	0	0	0	0	0	#	#	#	#	#
V3.4	0	0	0	0	0	0	0	#	#	#	#	#
V4.1	36.85	11.85	156.43	29.75	43.84	55.74	57.53	−0.33	−0.76	1.75	−0.45	−0.21
V4.2	0	0	0	0	0	0	0	#	#	#	#	#
V5.1	0.0457	0.0154	0.0561	0.0160	0.0357	0.0338	0.0180	0.66	−1.02	1.24	−0.99	0.11
V5.2	4.05	4.09	4.39	4.45	7.05	4.81	1.27	−0.60	−0.57	−0.33	−0.28	1.77
V5.3	0	6.98	0	0	0	1.40	3.12	−0.45	1.79	−0.45	−0.45	−0.45
V5.4	0	0.41	0	0	0	0.08	0.18	−0.45	1.79	−0.45	−0.45	−0.45

数据来源：① 根据 H 城的市公安局的《暂住人口统计报表》(2003)、市消防支队的《火灾及灭火救援信息管理系统》以及 H 城有关行政区的统计年鉴(1999~2003 年)计算得出

5.4.2　建立因子模型群用以试评宏观风险及其危险性、脆弱性和易损性

5.4.2.1　宏观危险性试评估的基本结果

试评估建立了案例区域重大火灾宏观危险性的因子模型。具体如下：

$$Y_{Di}=0.31350f_1+0.29157f_2+0.22246f_3+0.17247f_4 \tag{5.13}$$

试评估计算出案例区域重大火灾危险性的系统值。具体结果如下：

2003 年 H 城 330102 区重大火灾宏观危险性的系统值 Y_{D1} 为 -0.4374；
2003 年 H 城 330103 区重大火灾宏观危险性的系统值 Y_{D2} 为 0.5024；
2003 年 H 城 330104 区重大火灾宏观危险性的系统值 Y_{D3} 为 0.5211；
2003 年 H 城 330105 区重大火灾宏观危险性的系统值 Y_{D4} 为 0.0076；
2003 年 H 城 330106 区重大火灾宏观危险性的系统值 Y_{D5} 为 -0.5785。

5.4.2.2 宏观脆弱性的试评估的基本结果

试评估建立了关于案例区域重大火灾宏观脆弱性的因子模型。具体如下：

$$Y_{Fi}=0.70160f_1+0.18733f_2+0.10624f_3+0.00483f_4 \quad (5.14)$$

试评估计算出案例区域重大火灾脆弱性的系统值。具体如下：
2003 年 H 城 330102 区重大火灾宏观脆弱性的系统值 Y_{F1} 为 1.2110；
2003 年 H 城 330103 区重大火灾宏观脆弱性的系统值 Y_{F2} 为 0.1880；
2003 年 H 城 330104 区重大火灾宏观脆弱性的系统值 Y_{F3} 为 -0.4565；
2003 年 H 城 330105 区重大火灾宏观脆弱性的系统值 Y_{F4} 为 -0.4600；
2003 年 H 城 330106 区重大火灾宏观脆弱性的系统值 Y_{F5} 为 -0.4825。

5.4.2.3 宏观易损性的试评估及其基本结果

试评估建立了案例区域重大火灾易损性的因子模型。具体如下：

$$Y_{Vi}=0.34332f_1+0.24277f_2+0.22851f_3+0.18540f_4 \quad (5.15)$$

试评估计算出案例区域重大火灾易损性的系统值。具体如下：
2003 年 H 城 330102 区重大火灾宏观易损性的系统值 Y_{V1} 为 -0.3163；
2003 年 H 城 330103 区重大火灾宏观易损性的系统值 Y_{V2} 为 0.2694；
2003 年 H 城 330104 区重大火灾宏观易损性的系统值 Y_{V3} 为 0.4401；
2003 年 H 城 330105 区重大火灾宏观易损性的系统值 Y_{V4} 为 -0.7278；
2003 年 H 城 330106 区重大火灾宏观易损性的系统值 Y_{V5} 为 0.3679。

5.4.3 宏观风险试评估显示各城区相对风险由于其区位特点出现较大落差

根据前文建立的 H 城重大火灾宏观风险指数模型（MRAI-UMF-H），就可以计算出各案例区域的重大火灾风险指数。结果显示，各个城区的风险水平存在一定落差；330102 区和 330103 区这两个老城区的风险相对较高；330106 区作为 H 城较为集中的自然人文风景旅游区，其相对风险较小。

2003 年 330102 区重大火灾宏观风险为 0.302898。由于 $0.3<0.302898<0.5$，因此，2003 年 330102 区的重大火灾风险水平较低。根据第三章火灾宏观风险的可接受准则的定量标准，按照主观法可以容忍，按照客观法可以忽略。

2003 年 330103 区重大火灾宏观风险为 0.306628。由于 $0.3<0.306628<0.5$，因此，2003 年 330103 区的重大火灾风险水平较低。根据第三章火灾宏观风险的可接受准则的定量标准，按照主观法可以容忍，按照客观法可以忽略。

2003 年 330104 区重大火灾宏观风险为 0.079672。由于 $0<0.079672<0.3$，因此，2003 年 330104 区（不含 330108 区）的重大火灾风险水平很低。根据第三章火灾宏观风险

的可接受准则的定量标准，按照主观法和客观法都可以忽略。

2003年330105区重大火灾宏观风险为－0.384672。作为空间相对风险，这里的负值并不表示2003年330106区实际上不存在重大火灾风险，而是相对其他案例区域而言，由于$0.3<|-0.384672|<0.5$，构成较低安全。参照第三章火灾宏观风险的可接受准则的定量标准，按照主观法和客观法都可以接受。

2003年330106区重大火灾宏观风险为－0.291156，与330102区、330103区的相对落差尤其明显。作为空间相对风险，这里的负值并不表示2003年330106区实际上不存在重大火灾风险，而是相对其他案例区域而言，由于$0<|-0.291156|<0.3$，构成很低安全。参照第三章火灾宏观风险的可接受准则的定量标准，按照主观法和客观法都可予以忽略。

5.4.4 宏观性总体风险试评估得出"风险水平可以忽略"的判断

5.4.4.1 总体风险的试评估指标体系

针对2003年H城市区各城市区域之间相对风险，前文的研究显示：330102区、330103区和330104区存在相对风险，而330105区和330106区不存在相对风险。据此，由这5个区域构成的重大火灾的宏观性总体风险主要来自330102区、330103区和330104区这3个样本区域。因此，在进行重大火灾风险的相对有效性评估的时候，选取两个指标较为合适。根据前一章的分析，根据重大火灾风险评估指标体系，这里可以暂时仅仅将脆弱性子系统视为投入性系统，并选用"区域火灾发生率"加以反映；同时，将易损性子系统视为产出性系统，并且初步选用"起均火灾直接经济损失与人均GDP的比值"加以表示。这样，仍然是根据重大火灾风险评估指标体系提取了案例区域重大火灾风险的相对有效性及总体风险的试评估指标体系，保持了一定的科学合理性，同时又确保了DEA评估本身的有效性和实用性，如表5-9所示。

基于风险结构变迁的城市区域重大火灾总体风险评估的指标体系（实用型） 表5-9

风险系统	投入产出关系的系统	评估指标	指标符号	
脆弱性 f_F	投入性系统	区域火灾发生率	x_{1q}	x_{jq}
易损性 f_V	产出性系统	起均火灾直接经济损失与人均GDP的比值	y_{1q}	y_{iq}

5.4.4.2 相对有效性评估的DEA模型

根据上述指标体系，可以建立案例区域重大火灾宏观风险的相对有效性试评估的DEA模型。具体如下：

$$\begin{aligned}&\text{Min } E_p \\ &\text{s.t.} \quad \lambda_1+\lambda_2+\lambda_3+\cdots\lambda_p+\cdots+\lambda_q=1 \\ &\quad \lambda_1 y_{11}+\lambda_2 y_{12}+\lambda_3 y_{13}+\cdots+\lambda_p y_{1p}+\cdots+\lambda_q y_{1q}\geqslant y_{1p} \\ &\quad \lambda_1 x_{11}+\lambda_2 x_{12}+\lambda_3 x_{13}+\cdots+\lambda_p x_{1p}+\cdots+\lambda_q x_{1q}\leqslant x_{1p}E_p\end{aligned} \quad (5.16)$$

这里，$p\leqslant q=3$，如表5-10所示。

案例区域重大火灾宏观风险的相对有效性评估的 DEA 模型　　　　表 5-10

	330102 区	330103 区	330104 区
产出性指标： 起均火灾直接经济损失与人均 GDP 的比值	1.93	0.92	2.92
投入性指标： 区域火灾发生率	62.72	35.93	6.44

5.4.4.3　相对有效性评估的基本结果

设 q 个案例区域中第 p 个评估区域分别为 330102 区、330103 区和 330104 区，因此 p 分别等于 1、2、3。比如，当 $p=1$ 时，评估区域为 330103 区。

运用 Excel 软件的规划求解功能，分别求出各案例区域重大火灾宏观风险的 DEA 模型的最优解，如表 5-11 所示。

案例区域重大火灾风险的相对有效性评估的最优解　　　　表 5-11

案例区域	λ_1	λ_2	λ_3	E_p
1(330102 区)	0	0	1	0.102679
2(330103 区)	0	0	1	0.179237
3(330104 区)	0	0	1	1

5.4.4.4　基于 E_p 的宏观性总体风险试评估的基本结论

试评估显示，各案例区域的重大火灾风险相对于合成区域的总体风险的权重为：0.1656、0.2980、0.5364。

根据重大火灾的总体风险(Total Macro-risk)的数学模型，可以计算出由上述 3 个案例区域构成的合成区域的风险，即总体风险 TMRAI 为 0.18。

由于 TMRAI<0.3，根据第三章火灾宏观风险的可接受准则的定量标准，可以认为 2003 年上述 3 个区域的重大火灾风险的总体水平很低，可以忽略。

5.4.5　抓住风险构成的突出环节，做好消防安全战略规划

对火灾宏观风险的具体数值可以按照可接受准则有所忽略，但不能因此忽略火灾风险的构成方式和突出环节。

为此，根据前述案例区域重大火灾宏观风险试评估，本书认为，2003 年 H 城的重大火灾的宏观危险源及其具体指标对重大火灾风险既构成了不同的影响作用，又形成了一定的交叉和共振关系，有必要在 H 城公共(消防)安全战略规划中予以充分考虑。

5.4.5.1　重视和防范暂住人口对重大火灾风险的影响

针对人口转移这一宏观危险源，要重视和防范暂住人口对重大火灾风险的影响。在 H 城重大火灾风险评估和防范工作中，的确不能仅仅注意通常的城市化进程中的非农业人口因素，需要根据我国城市化的特殊国情，进一步充分考虑人口转移中的以暂住人口为代表的流动人口问题，并且有必要作为 H 城公共(消防)安全战略规划的规划

因素。

5.4.5.2 除了第三产业因素，要重视和防范重化工业对重大火灾风险的影响

针对产业转型这一宏观危险源，不仅要重视风景旅游等第三产业因素，也要重视和防范重化工业对重大火灾风险的影响。在 H 城重大火灾风险评估和防范工作中，第三产业因素应当继续予以重视，这符合了 H 城作为国际旅游文化城市的城市产业发展特点。但是，由于 H 城同样进入了工业化的中后期阶段，第二产业因素，尤其是工业中重工业因素需要引起重视。因此，有必要进一步将重工业因素也作为 H 城公共（消防）安全战略规划的规划因素。

5.4.5.3 重视和防范市场化规模和开放性对重大火灾风险的影响

针对经济转制这一宏观危险源，不仅要重视具有市场化主体性质的私营企业因素，也要重视和防范市场开放性和市场化规模对重大火灾风险的影响。在 H 城重大火灾风险评估和防范工作中，私营企业因素应当继续予以重视，这基本能够符合 H 城所处的"市场经济大省"的市场化进程水平和社会经济发展特点。但是，随着市场化的不断推进，不仅作为市场主体性因素的非公有企业构成了重大火灾风险，而且，市场开放性和市场集中度因素或市场规模因素也构成了重大火灾风险，并逐步处在更为突出的位置上。这反映了市场化改革向纵深发展的阶段特点，也反映了全球化的时代背景。因此，在 H 城公共（消防）安全战略规划中，不仅要重视私营企业，也要重视市场开放性和市场规模，充分反映市场化改革的阶段性特点和全球化背景对城市重大火灾风险的影响作用。

5.4.5.4 重视和防范石油因素对重大火灾风险的影响

针对能源转变这一宏观危险源，不仅要重视电煤因素，更要重视和防范石油因素对重大火灾风险的影响。在 H 城重大火灾风险评估和防范工作中，电和煤炭等因素应当继续予以重视，这符合了发展中国家的城市大力发展电力的现代化特点，也符合中国作为煤炭大国的能源特点。但是，由于 H 城像我国其他城市一样，20 世纪 90 年代以来在能源消费或生产方面已经逐步进入了石油时代或油气时代，石油因素需要引起重视。因此，有必要进一步将石油因素也作为 H 城公共（消防）安全战略规划的规划因素。

5.4.5.5 重视和防范重大火灾的突发事件

针对火灾惯性这一宏观危险源，在 H 城重大火灾风险评估和防范工作中，要重视历史上的重大火灾，又不能忽视现实中一般火灾逐步诱发或突然转变为重大火灾。因此，有必要同时将现实中一般火灾也作为 H 城公共（消防）安全战略规划的规划因素，积极防范重大火灾风险。

5.4.5.6 针对宏观风险源的交叉作用和相对独立性，做好消防战略规划

针对宏观风险源指标的交叉作用和相对独立的地位，做好消防战略规划。

从时间序结构或重大火灾危险性来看（如表 5-12 所示），因子 1 对 D1.2、D2.4、D4.2、D4.3 等指标有较大影响（负载值大于 0.6）；因子 2 对 D2.2、D2.4、D3.3 等指标有较大影响；因子 3 对 D1.1、D2.1、D3.1、D5.1 等指标有较大影响；因子 4 对 D3.2、D5.2 等指标有较大影响。这说明，在进行 H 城公共（消防）安全战略规划的时候，从时间序结构上需要分别对上述 4 组具有交叉和共振关系的宏观风险源及其指标因素予以综合考

虑。而且，根据案例区域重大火灾危险性的因子模型，这4组公共因子的重要程度都较为接近。

案例区域重大火灾危险性试评估中旋转后的因子负载值表　　　表 5-12

评估指标		因子及负载值				
		1	2	3	4	5
D1.1	非农业人口占年末总人口的比重	-0.736	3.03E-02	0.637	0.227	5.64E-09
D1.2	暂住人口与常住户籍人口的比值	0.812	0.343	0.198	-0.428	-3.04E-09
D2.1	非农产业增加值占GDP的比重	-0.254	-9.74E-02	0.940	0.204	1.911E-09
D2.2	第三产业增加值占非农产业的比重	0.268	0.908	0.137	0.293	-1.07E-09
D2.3	工业增加值占第二产业增加值的比重	-0.933	0.115	0.300	0.161	5.78E-09
D2.4	重工业总产值占工业总产值的比重	0.733	0.632	-0.136	-0.211	-1.11E-08
D3.1	私营经济从业人员相对值	-0.541	-6.92E-03	0.690	0.482	8.09E-10
D3.2	规模以上工业企业比重	-0.455	7.71E-02	0.325	0.826	5.67E-10
D3.3	出口商品供货值与GDP的比值	-0.135	0.958	0.252	3.54E-03	7.14E-09
D4.1	工业用电与用煤相对值	-0.172	-0.925	0.233	-0.247	5.71E-09
D4.2	工业用油与用煤相对值	0.626	-0.434	0.188	-0.620	-1.10E-08
D4.3	工业用油与用电相对值	0.792	0.589	9.45E-03	-0.158	2.61E-08
D5.1	近5年平均的火灾发生率	0.204	-0.221	0.948	-9.97E-02	-3.34E-09
D5.2	近5年平均的重大火灾发生率	-0.188	0.593	0.156	0.767	-5.69E-09

但是，需要注意的是，正是由于上述4组交叉和共振关系的形成，使得原本属于同一类宏观风险源的指标因素具有了相对独立性。比如"D1.2暂住人口与常住户籍人口的比值"与D2.4、D2.2、D4.2、D4.3等指标构成交叉和共振关系，同受因子1的影响。这就意味着它与"D1.1非农业人口占年末总人口的比重"之间形成了一种相对独立的关系，而不是一种隶属关系。因此，这足以说明有必要将暂住人口因素作为H城公共(消防)安全战略规划中的一个独立的规划因素。类似地，相对于同类宏观风险源而言，重工业因素和石油因素，以及市场开放性因素和集中度因素，也都可以成为独立的规划因素。

从空间序结构或重大火灾脆弱性来看(如表5-13所示)，因子1对F1.1、F1.2、F2.1、F2.2、F2.3、F2.4、F3.1、F3.2、F3.3、F4.1、F4.2、F4.3、F5.1等指标有较大影响(负载值大于0.6)；因子2对F1.2、F5.2有较大影响(负载值大于0.6)，且对F3.1、F3.2等指标的影响能够达到0.5以上；因子3对F2.4的影响能够达到0.5以上。这说明，在进行H城公共(消防)安全战略规划的时候，从空间序结构上需要分别对上述3组具有交叉和共振关系的宏观危险源及其指标因素予以综合考虑。而且，根据案例区域重大火灾脆弱性的因子模型，这3组公共因子的重要程度相差较大，因子1的重要性尤为突出。

案例区域重大火灾脆弱性试评估中旋转后的因子负载值表　　　表 5-13

评估指标		因子及负载值				
		1	2	3	4	5
F1.1	非农业人口密度	0.899	0.401	0.158	8.04E−02	2.70E−09
F1.2	暂住人口密度	0.601	0.624	0.473	0.162	−8.85E−10
F2.1	非农产业增加值密度	0.960	3.79E−02	0.277	−3.01E−02	−1.13E−08
F2.2	第三产业增加值密度	0.906	0.226	0.359	−1.13E−02	−8.98E−09
F2.3	工业增加值密度	0.974	−4.22E−02	0.222	1.10E−02	6.57E−09
F2.4	重工业总产值密度	0.802	0.134	0.579	−6.09E−02	−3.32E−10
F3.1	私营经济从业人员密度	0.825	0.529	0.193	4.56E−02	1.67E−08
F3.2	规模以上工业企业密度	0.664	0.572	0.475	8.07E−02	8.94E−09
F3.3	出口商品供货值密度	0.837	0.407	0.363	5.02E−02	8.26E−09
F4.1	工业用电密度	0.979	−1.33E−02	0.198	3.94E−02	6.69E−09
F4.2	工业用油密度	0.945	5.61E−02	0.311	8.47E−02	−1.35E−09
F4.3	工业用煤密度	0.882	0.401	0.245	4.73E−02	−1.09E−08
F5.1	近5年平均的区域火灾发生率	0.925	0.279	0.242	9.06E−02	1.82E−08
F5.2	近5年平均的重大火灾区域发生率	−0.116	0.993	6.26E−03	−2.93E−02	−1.68E−09

但在重点关注因子1这一组具有交叉和共振关系的宏观风险源及其指标因素的时候，尤其不能忽视因子2中暂住人口密度与"近5年平均的重大火灾区域发生率"以及"私营经济从业人员密度"和"规模以上工业企业密度"的交叉和共振关系。如前所述，这种交叉共振关系显示了同类宏观风险源的不同指标因素的相对独立性。因此，它再次说明，暂住人口因素、市场集中度因素以及其他因素（如历史上的重大火灾因素、市场主体性因素等）可以构成H城公共（消防）安全战略规划中的一些独立的规划因素。

从受体结构或重大火灾易损性来看（如表5-14所示），因子1对V2.1、V3.2、V4.1等指标有较大影响（负载值大于0.6）；因子2对V5.3、V5.4等指标有较大影响；因子3对V3.1、V5.2等指标有较大影响；因子4对V2.2、V5.1等指标有较大影响，对V1.1的影响达到0.564。这说明，在进行H城公共（消防）安全战略规划的时候，从受体序结构上需要分别对上述4组具有交叉和共振关系的宏观风险源及其指标因素予以综合考虑。根据案例区域重大火灾易损性的因子模型，这4组公共因子的重要程度都较为接近。

案例区域重大火灾易损性试评估中旋转后的因子负载值表　　　表 5-14

评估指标	因子及负载值				
	1	2	3	4	5
V1.1	0.195	−0.239	−0.766	0.564	−3.666E−09
V2.1	0.983	−6.320E−02	−7.625E−02	0.152	3.160E−09
V2.2	0.501	−0.385	−0.285	0.721	−4.660E−09

续表

评估指标	因子及负载值				
	1	2	3	4	5
V3.1	−0.290	0.151	0.792	−0.516	1.412E−08
V3.2	0.958	−3.582E−02	3.740E−02	0.281	9.977E−10
V4.1	0.913	−0.288	−0.208	0.200	−9.129E−09
V5.1	0.551	−0.379	−0.145	0.729	6.573E−09
V5.2	6.588E−02	−0.268	0.958	8.383E−02	−7.850E−09
V5.3	−0.127	0.974	−3.327E−02	−0.187	1.409E−08
V5.4	−0.127	0.974	−3.327E−02	−0.187	−1.224E−08

而且，各个同类宏观风险源的不同指标在交叉共振的同时仍然强烈地显示了各自的相对独立性，它们也都可以在 H 城公共（消防）安全战略规划中构成独立的规划因素。

5.4.5.7 消防安全战略规划要突出重点区域

针对各案例区域的风险水平及其在总体风险中的权重关系，消防安全战略规划要突出重点区域。

根据案例区域重大火灾宏观风险的试评估，330102 区、330103 区和 330104 区存在相对风险，而 330105 区和 330106 区不存在相对风险。因此，在 H 城公共（消防）安全战略规划 H 城公共（消防）安全战略规划中，330102 区、330103 区和 330104 区是重点规划区域。其中，330103 区是重中之重，实际上，H 城市区（330112 区和 330115 区暂时除外）近几年发生的重大火灾尽管为数不多，但集中发生在 330103 区。

同时，330105 区和 330106 区可以作为相对一般的区域进行规划。尽管如此，仍然需要注意的是，2003 年 330105 区的重大火灾风险水平要比 330106 区低，这在一定程度上说明过去对 330106 区的消防安全工作有些盲目乐观。因此，需要适当强化 330106 区的公共（消防）安全战略规划和重大火灾风险防范工作。这必将有助于提高 H 城作为风景旅游城市的火灾安全水平。

此外，根据案例区域重大火灾的宏观性总体风险的试评估，2003 年以 330102 区、330103 区和 330104 区为代表的 H 城重大火灾的空间相对风险的总体水平很低。今后，应当保持并进一步降低各区域之间的空间相对风险。但是，2003 年根据案例区域的重大火灾的总体风险模型，330104 区的权重最高，达到了 0.5364，说明这是一个潜在的重大火灾事故的发生区域，应当给予不低于 330102 区和 330103 区的重视程度，或者在防范力量和规划措施上逐步达到与 330102 区和 330103 区这两个老城区相当的水平。

5.5 本章要点

这一章继续根据第三章提出的"城市区域火灾风险系统论"，以第四章有关重大火灾风险宏观认知的系统定性研究和定量实证分析为基础，并仍然以 H 城为例，阐述了城市区域重大火灾宏观风险的评估指标体系(MRAI-UMF-H)的定义与设计、功能与局限、计算与应用,以及基于重大火灾宏观风险的评估指标体系的总体风险的评估方法,最后进行了试评估研究。

这一章认为,定义风险评估指标体系需要将系统化评估与宏观化认知结合起来,设计风险评估指标体系则需要将系统化评估与战略化防范结合起来,而构建风险评估指标体系可以分别按照火灾风险系统的结构功能和系统要素。这一切都需要基于转型期的城市社会经济及其火灾风险的结构变迁,并面向安全资源利用这一宏观目标。为此,这一章分别建立了结构功能型和系统要素型的风险评估指标体系,并与火灾风险系统的结构性功能性定义和要素性定义保持一致。该指标体系基于风险结构变迁,面向安全资源利用,揭示了火灾风险系统的时间序、空间序和组织序特征,因此也与火灾风险系统的秩序性定义保持一致;并可以用以实证研究重大火灾宏观风险的可接受方式和水平,为改进现代化方式和水平提供定量依据。为此,这一章相应探讨了评估指标体系的设计原则(比如,"以安全资源利用为导向,为消防战略规划服务"等)和实践准则(比如,以转型期的城市现代化重构活动为起点等);并认为指标体系虽然具有监测功能和应用价值,但仍然有待改进。

以结构功能型的指标体系为例,这一章认为,风险评估指标体系的各个宏观的结构性变量的基本数据应采自权威部门的统计数据,并需要采用 Z-score 方法进行无量纲的标准化处理;这一章认为,基于风险结构变迁的宏观评估需要采用因子分析方法,并将指标体系中的各项指标按照子系统转化为综合变量,求解出各自的系统值,以实现对重大火灾风险各子系统的评分;这一章认为,处理宏观的权重关系需要采用层次分析中的改进方法——G_1 法,可以有效避免一般常用的特征值法不具有保序性等方面的一系列的局限性,并计算出上述三大子系统相对于重大火灾风险的权重分别为 0.31、0.43 和 0.26;这一章认为,基于风险结构变迁的综合评估适宜采用指数法合成,运用线性加权综合法,根据各子系统的系统值的得分及其在重大火灾风险系统中的权重,就可以计算得出重大火灾风险的综合评估值,为此,这一章建立了基于风险结构变迁的"城市区域重大火灾宏观风险指数"模型;尽管如此,风险评估指标体系的算法同样有待改进。

这一章认为,消防安全城市(城区)评选研究中,还需要比较样本城市(城区)的火灾风险水平,判断样本集的总体风险水平,并适宜采用数据包络分析;运用数据包络分析方法,基于 MRAI-UMF-H,可以从重大火灾宏观风险的投入产出关系的角度提取评估指标体系,建立 DEA 模型,实现对重大火灾风险的相对有效性及总体风险评估;最后,在 DEA 模型求解结果——相对有效性水平 E 的客观基础上,引入 G_1 法计算出各样本的效率权重,并采用线性加权综合法可以合成和计算出总体风险。为此,这一章建立了基于结构变迁的城市区域重大火灾总体风险的评估指标体系(及其简化型体系)和 DEA 模型,以及基于风险结构变迁的重大火灾总体风险模型。

最后,这一章仍然以结构功能型的指标体系为例,选取了试点城市 H 城的 330102 区、330103 区、330104 区、330105 区和 330106 区为案例样本区域对一定时间条件下(即 2003 年)的城市区域重大火灾宏观风险中的空间相对风险,以及合成区域的总体风险进行了试评估。为此,这一章建立了案例区域重大火灾宏观危险性的因子模型群、宏观脆弱性的因子模型群和宏观易损性的因子模型群；建立了实用型总体风险评估的指标体系及其 DEA 模型；根据第三章火灾宏观风险的可接受准则的定量标准，可以认为 2003 年上述 3 个区域的重大火灾风险的总体水平很低，可以忽略。这一章认为，对火灾宏观风险的具体数值可以按照可接受准则有所忽略，但不能因此忽略火灾风险的构成方式和突出问题；为此，根据试评估的结果，抓住风险构成的突出环节，这一章有针对性地提出了防范 H 城重大火灾风险的若干建议和战略规划要点，比如，重视和防范暂住人口对重大火灾风险的影响。

第六章　面向概念规划，构建重大火灾宏观风险的防范策略

本书前述若干章节对城市区域重大火灾风险的宏观认知、综合评估及案例应用的研究，说明转型期的重大火灾宏观风险的确具有全面的结构性变迁和阶段性过渡的特征，并由一组结构变化的参数得到说明。它是现代化背景下城市化、工业化和市场化进程中人口转移、产业转型、经济转制、能源转变和火灾惯性等宏观因素所构成的一种系统性风险，并表现出独特的中国逻辑。

相比而言，以往与城市现代化创新、重构与灾变活动缺乏联系却又局限于微观配置目标的火灾风险研究及其社会经济指标，一般不能加以描述和揭示，也难以企及。

因此，这一章在此基础上有必要继续按照第三章提出的"城市火灾风险系统论"，包括"有效安全及管理"的理论框架和"安全优化"模型假说，并仍然采用结构主义研究方法，以安全资源利用和消防概念规划为目标，以风险结构变迁为主线，进一步探讨一些具有一定普适价值的宏观策略，用以防范转型期的重大火灾的宏观危险性、脆弱性和易损性，促进城市安全资源充分利用，创建结构性、体制性的社会本质安全；并从策略层面深化"有效安全及管理"的探讨和研究。

其中，重大火灾的宏观危险性的防范策略是本书研究的重点。

6.1　面向消防概念规划，有效防范宏观危险性的主要对策

著名社会学家袁方指出："简单化地理解社会稳定无疑也与社会稳定的地位十分不相称。**改革有具体的战略体系和实施纲要，发展也有五年计划，而稳定却只停留在'救火式'的应急控制上，显然是不适宜的。我们应当从整体战略的高度提出带有整体性和全局性的社会稳定思想，使社会各阶层不仅在'稳定压倒一切'下达成共识，而且在'如何实现稳定'的具体操作上通力合作，主动总比被动的好。**"[242][243]

作为城市公共安全之一的城市重大火灾风险防范问题，同样属于社会稳定的范畴，同样属于"改革、发展、稳定"三位一体的思想逻辑。我国社会经济转型期的重大火灾风险防范问题首先是一个宏观的战略命题，并在经济学本质上是属于资源利用的问题，而绝非仅仅是一个资源配置的问题。所以，我们的确应当从整体战略的高度相应提出一些带有整体性和全局性的思考。

从火灾风险系统的致灾因子和时间属性这一层面分析，防范城市区域重大火灾的宏观危险性有必要转变城市化模式、工业化模式和市场化模式，逐步改进城市人口的时序结构、产业时序结构、市场时序结构、能源时序结构和火灾惯性的时序结构，优化城市安全

的结构性水平。

为此，需要在思想、行动、组织、体制、机制、法制、政策等方面采用一系列宏观风险管理的系统性措施和宏观风险治理的整体性方略。根据当前火灾风险宏观管理的实际需要，**本书将主要探讨前三个方面的内容，兼顾其余**；而有关于**火灾风险宏观管理的体制、机制、法制、政策等方面的研究**，其本身是个宏大的主题，在本书中有一定的探索性的研讨，需要今后进一步开展专题研究。

6.1.1 主动转变城市化模式，提高人口时序结构的安全性

有效防范转型期的重大火灾的宏观危险性，需要主动转变城市化模式，培育现代社会组织，提高城市人口的时序结构的消防安全水平。

6.1.1.1 以转变城市化模式为核心，辩证把握城市化与重大火灾危险性的关系

从**思想层面**而言，有效防范转型期的重大火灾宏观危险性，要**以暂住人口为重点，以转变城市化模式为核心**，辩证把握城市化与重大火灾危险性的关系。

前一章的公共因子分析显示，H 城重大火灾危险性的公共因子中，D1.1(非农业人口占年末总人口的比重)的因子负载值仅为 0.637，而 D1.2(暂住人口与常住户籍人口的比值)的因子负载值达到 0.812。按照唯物辩证法，这样就形成了城市化与消防安全之间的矛盾，而矛盾的主要方面在于城市化；相对而言，非农业人口结构与消防安全之间的矛盾是次要矛盾，而主要矛盾是暂住人口结构与消防安全之间的矛盾，因此暂住人口结构是问题的重点。

如表 6-1 显示，1999～2003 年 H 城市区暂住人口与非农业人口的比值和火灾发生率之间呈现同方向变动。根据 Eviews3.1 软件的统计分析，"暂住人口与非农业人口的比值"(X)与"火灾发生率"(Y)的相关性系数为 0.886061。回归方程为：

表 6-1　1999～2003 年 H 城市区的暂住人口与非农业人口的比值和火灾发生率

年份	火灾发生率（起/十万人）	非农业人口（万人）[2]	暂住人口（万人）[3]	暂住人口与非农业人口的比值（%）
1999	39.653	139.29	40.4483	29.04
2000	75.176	143.69	45.4453	31.63
2001	83.778	149.87	51.1474	34.13
2002	102.168	160.79	71.5353	44.49
2003	110.779	169.21	87.8044	51.89

数据来源：[1][2] 根据《H 市统计年鉴》(2000～2004)计算得出，因此已经扣掉了 330112 和 330115 的数据；[3] 来自 H 市公安局的《暂住人口统计报表》(1999～2003)。

$$Y = -15.31766988 + 2.553312843X \tag{6.1}$$

其中，R^2 为 0.785104，S.E. 为 14.84746；而 Prob(F-statistic)为 0.045371＜0.05，显著异于 0，说明 X 是自变量。

"暂住人口与非农业人口的比值"(X)与"火灾发生率"(Y)的相关性系数超过 0.85，

意味着它对火灾危险性的影响作用非常显著。这显示出：城市人口的无序重构和盲目增长以及严重滞后的社会化管理水平必将造成极大的火灾危险性。这不仅证明，城市人口结构中的暂住人口❶构成了影响重大火灾危险性的结构重心；而且说明，城市化的人口组织方式同样会深刻地影响重大火灾危险性。相关领域的研究也显示，如果暂住人口与常住户籍人口❷的比例失调，势必引发一系列的城市社会问题[244][245]。因此，转变城市化模式是防范重大火灾危险性的基本出发点。

但是，当前无论是在学术研究领域、还是在社会政策方面以及业务实践过程中，人们对城市化引发的重大火灾危险性的理解仍然是初浅的，经常仅仅从城市非农业人口占年末总人口的比重的角度对城市化及其影响进行简单化的理解，并未积极地充分考虑暂住人口的问题，进而忽视城市化方式或城市人口增长方式存在的问题，导致认识方面、方法层面以及社会政策的缺失。而在实践过程中，人们习惯于将火灾风险等社会安全问题理解为暂住人口与常住户籍人口之间的谁得谁失的配置性问题，设置了许多人为的障碍引起恶性循环。这必须加以改进。

6.1.1.2 实施宏观的人口结构安全治理，主动转变城市化模式

从**行动层面**而言，有效防范转型期的重大火灾宏观危险性，需要**在城市化进程中对人口结构实施宏观治理，主动转变城市化模式**。

解决城市化与消防安全之间的矛盾，尤其是城市化模式与消防安全之间的矛盾，不能仅仅采用普通的人口管理办法，更不能推行政府包揽式的单一管理。它需要以建立安全型的城市人口结构为目标，以转变城市化模式为核心，以全面提高城市人口的组织化安全素质为关键，实施宏观管理，强化人口结构安全治理，并逐步实现城市社会结构对上述矛盾的自主调节。这里，所谓安全型的城市人口结构是人口结构的宏观范畴，是城市人口（社会）组织以及与之相关的资源、社会、经济、政治乃至文化的结构性稳定或本质性安全的协调系统。

(1) 不能满足于人口数量和素质的单一管理　通常，人们容易注意到人口数量和人口素质方面存在的问题，但忽视城市人口结构的宏观管理。这容易滋生单一控制城市人口数量、排斥外来流动人口的社会心理和行为，并演变为现实的社会政策和机制，强化了人口流动过程中的社会振荡和社会风险；而提高人口素质（包括安全素质）的构想也容易在应试教育的体制环境下显得苍白无力。

受计划经济时代思维观念的影响，一些部门的管理措施比较强调重视行政管理，忽视群众参与；重视强制手段，忽视引导机制；重视本部门利益，忽视社会共同利益，容易形成"管不胜管，防不胜防"的局面。从管理方式上看，主要有两种方式，一种是"防范式"的管理，严查、重罚、整治成为流动人口管理的主旋律，客观上形成了歧视、排斥流

---

❶ "暂住人口"是指经流动人口的暂住地或者客居地的公安部门进行登记并颁发暂住证的"流动人口"，因此与流动人口的实际数量之间仍然有一定距离。

❷ "常住户籍人口"是"年末总人口"中不包含"口袋户口"的户籍人口，它一般与"年末总人口"的差距极微小，因此可以互用。但"常住户籍人口"与"年末总人口"都来源于公安部门，因此，不同于人口普查中的"常住人口"。

动人口，增加了工作难度；另外一种是"只管手脚，不管头脑"的管理方式，当流动人口违法犯罪时才进行干预，而平时对流动人口的思想教育、道德培养、文化学习和法制教育等涉及精神世界的"头脑"问题不闻不问，缺乏正确的引导和培养。从工作思路上看，一些部门"重管理、轻服务"，缺少对流动人口的关心和关爱，影响了对流动人口管理和服务工作的开展。

(2) 积极调动暂住人口资源的积极性，强化人口结构安全治理　流动人口或暂住人口是城市安全资源的重要组成部分，这与城市常住人口没有区别。因此，有必要着眼于人口或社会人口组织等安全资源的充分利用这一宏观目标，积极调动各方面（尤其是暂住人口）的积极性和合作性，实施宏观管理，强化人口结构治理，主动转变城市化模式，促使城市人口结构的现代化重构纳入有序发展的轨道，主动规避城市人口结构的现代化重构的无序灾变而引致的重大火灾风险等灾害风险，积极防止风险积聚成灾，逐步建立安全型的城市人口结构。

各级管理部门首先要调整工作思路，转变方法。要树立"市民化管理、亲情化服务、人性化执法"的理念，正确认识流动人口对城市发展的必然性和重要性，正确认识流动人口来到城市不是"阻力"，而是一种"助力"，正确认识流动人口为城市经济发展和城市建设作出的巨大的贡献。要充分认识广大流动人口是宝贵的人力资源，保护他们的合法权益就是保护社会生产力，摒弃对流动人口歧视和排斥的错误观念，把流动人口管理同本地人管理一样来对待，尊重流动人口应享受的权利，切实从防范为主转向保护为主，逐步形成和谐融洽的社会人际关系，让他们感到城市的温暖，共同维护社会秩序和社会稳定。

6.1.1.3　积极培育现代社会组织体系，强化人口结构安全治理

从**组织层面**而言，有效防范转型期的重大火灾宏观危险性，需要**积极培育现代社会组织体系，强化人口结构的安全治理工作，提高城市人口的时序结构的消防安全水平**。

(1) 遵循社会安全与发展的规律，发挥社会组织不可替代的作用　在人口结构治理过程中，关系城市公共安全与发展的城市社会组织体系可以包括市场组织、政府组织和社会组织等组织类型。其中，市场组织涉及自然人、企业法人和行业组织，它主要与社会财产合法性私人占有关系之间构成联系[246]。而这里的社会组织是除了市场和政府之外狭义的社会组织，它最早由美国学者Levitt提出，统称为"the third sector"[247]；有的则称之为"非营利组织"、"非政府组织"、"社会基层组织"、"社会团体"等[248][249][250][251][252]。显然，城市人口的宏观管理和结构治理，需要以政府为主导，更需要社会的主人翁式的广泛参与。为此，有必要培育现代社会组织体系，逐步确立应有的组织主体地位和职能。

相对而言，市场组织在私人产品领域内进行交易活动，以利益（利润或效用）最大化为目标，因此，它面对具有公共产品性质的消防安全等公共安全问题时，就会出现市场失灵。前文的分析评估也表明，市场经济体制改革在逐步深入的过程中，市场化水平提高了，私营经济发展了，企业规模壮大了，经济开放性水平增加了，但是，城市重大火灾的危险性也显著提高了。换言之，在社会主义初级阶段和社会主义市场经济尚未

完善以及国有企业转制的历史条件下，在城市社会组织体系中，市场组织是一种日益增长的重大火灾危险性的生成性组织。有的城市尽管利用行业协会开展消防安全工作，但成效并不显著。

这样，承担公共产品的生产服务职责的政府组织需要发挥应有的作用，以行政手段为代表的制度化能力是政府组织的基本特点和优势。目前，城市政府在人口政策、教育政策、安全战略与规划、城市安全效能建设以及政绩考核制度等方面有待强化，形成面向公共安全战略的有效政府和有限政府是城市政府组织建设的基本目标之一。问题是**政府组织的制度化能力同样不是取之不尽、用之不竭，如同政府组织只能在市场组织自主调节的基础上干预市场组织一样，政府组织只能在社会组织自主调节的基础上干预社会组织，市场能办的需要还给市场，社会能办的也需要还给社会，需要尊重市场发展的规律，同时也需要尊重社会发展的规律。**

因此，**在城市公共(消防)安全等公共产品的非制度化生产和服务的领域，社会组织具有不可替代的作用，是城市现代组织体系的有机构成，并具有结构性价值和主体性作用。**社会组织是社会结构变动的社会化力量，是社会结构之所以成为社会转型的主体的内在力量，是李培林所谓"另一只看不见的手"[253]。

1) 将暂住人口资源纳入安全社区建设　1989 年**世界卫生组织(WHO)**召开了第一届事故与伤害预防大会，正式提出了"**安全社区**"的概念，通过了《**安全社区宣言**》。宣言指出，"任何人都享有健康和安全的权利"。为了将"安全社区"从战略性的概念推广落实为实际的建设行动，世界卫生组织提出了安全社区的标准(参见表 6-2)[254]。

世界卫生组织制订的安全社区的基本标准　　　　　　　　表 6-2

序号	安全社区的基本标准
1	有一个负责安全促进的跨部门合作的组织机构；
2	有长期、持续、能覆盖不同的性别、年龄的人员和各种环境及状况的伤害预防计划；
3	有针对高风险人员、高风险环境，以及提高脆弱群体的安全水平的伤害预防项目；
4	有记录伤害发生的频率及其原因的制度；
5	有安全促进项目、工作过程、变化效果的评价方法；
6	积极参与本地区及国际安全社区网络的有关活动

a. 认识安全社区建设的宏观意义　按照世界卫生组织提出的安全社区的概念和标准，安全社区的基本标准并不在于一个社区的安全水平，而是**在于该社区是否有一个有效的组织机构、持续地促进社区居民的安全及健康**。这显然是**城市社会的基础结构的深刻变革**。

社区是在一定地域范围内，按照一定规范和制度结合而成的，具有一定共同经济利益和心理因素的社会群体和社会组织；它是一个包括人口、地域及各种社会关系的具体的、有限的地域社会共同体，是社会的基本构成单位，是人们生活的基本区域。因此，社区是具有组织属性的；由于其具体性和空间有限性，人们会在主观上将社区看成是一种微观事物。

但是，当社区建设涉及到组织结构的重大变革的时候，由于组织结构变革的"资源利用"属性，社区建设演变为宏观性活动；换言之，**安全社区建设属于宏观的资源利用范畴，其所利用的"资源"是"组织资源"或结构性资源**。而且，笔者还认为，由于是充分利用了组织性资源，**安全社区建设势必会引起次级组织性资源的充分利用以及非组织资源的广泛利用**（如图6-1所示）。

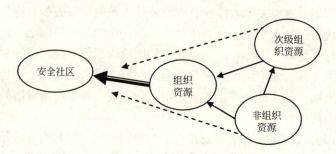

图6-1 安全社区的资源利用体系

根据世界卫生组织的要求，安全社区要拥有包括政府、卫生服务机构、志愿者组织、企业和个人共同参与的工作网络，网络中的各个组织之间紧密联系，充分运用各自的资源为社区安全服务。因此，安全社区建设本质上是社会基层组织的结构创新和变迁进程，由于其能够充分利用组织性资源，进而引起对次级组织资源和非组织性资源的充分而广泛的利用，形成了一个面向安全社区建设的资源利用体系和网络，具有显著的宏观意义。

在这方面，成功案例为数不少。比如，在境外，有**香港屯门安全社区**；在境内，有**北京望京街道**的安全社区建设。

——**安全社区建设案例之一：香港屯门安全社区** 安全社区的申请受理工作由世界卫生组织设在瑞典皇家医科大学的社区安全推广中心负责和评审。WHO社区安全推广中心通过在全球发展"安全社区支援中心"推广安全社区的概念和行动。2000年3月21日中国香港与WHO签署盟约成为全球第6个安全社区支援中心，这些支援中心通过提供技术咨询和培训等协助社区成为WHO认可的安全社区。2003年3月，在香港举行的第12届安全社区年会上，香港屯门区和葵青区成为中国首次被WHO确认的两个安全社区[255]。

香港屯门区是香港特区人口最为稠密的地区之一，1999年启动安全社区建设。实施两年后，火灾受伤个案减少47%，家居意外伤害率降低了18.7%，严重罪行个案下降了30%。

香港屯门安全社区的安全促进项目推广机构，包括督导委员会、工作委员会及个别工作小组（如图6-2所示）。屯门安全社区督导委员会负责安全社区推行计划的制定、协调和监督，充分利用督导委员会的各方资源（比如，大学、议会、医院、企业等），使社区计划得以顺利推行。安全社区工作委员会也是非常设机构，负责协调各个工作小组，共同策划举办活动。工作委员会下设6个工作小组，主要负责安全社区建设项目和日常管理工作。

比如，家居安全项目小组［涉及大厦防火和电气安全(含电气防火安全)］，防火安全项目小组(火警演习、灭火示范、巡查特别危险点、推行消防安全大使计划等)。

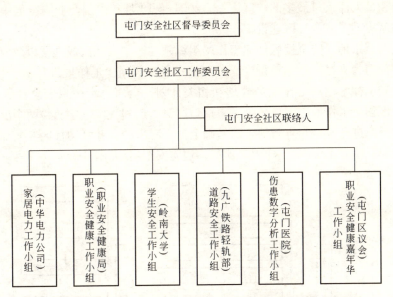

图 6-2　香港屯门安全社区的创建的组织机构

图 6-3　香港屯门安全社区的督导委员会

图 6-4　香港屯门安全社区成立典礼

——**安全社区建设案例之二：北京望京街道的安全社区建设**　北京市朝阳区望京街道成立于 2000 年，拥有 10.36km² 的辖区面积，和 11.2 万常住人口以及 4 万外来人口，是首都区域面积最大而人口最多的社区之一。2004 年 10 月在中国职业安全健康协会的指导下，望京地区启动了安全社区建设工作。

为加强对望京地区安全社区创建工作的组织领导，望京社区成立了以政府为主导、政府专业职能部门为支撑，社会单位广泛参与的安全社区创建工作推进委员会（简称"创推委"），制定安全社区创建工作推进规划和相关计划，全面负责望京安全社区创建推进工作。安全社区创建工作推进委员会是在望京地区对街道和社区（居委会）两个层面上的原有的地区协调组织进行调整和重新组合的基础上建立起来的，并吸纳社区专业部门、社会单位和专家参与，建立了 10 个工作组，比如，消防安全组（如图 6-5 所示）。

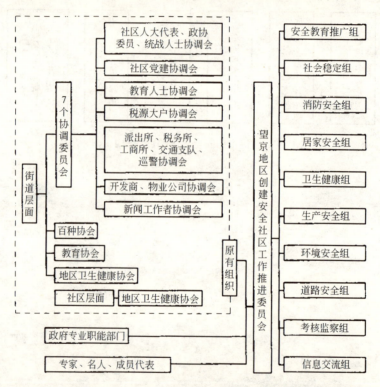

图 6-5　北京市朝阳区望京街道与望京安全社区的组织机构变动关系

望京安全社区建设采用试点先行，边总结试点经验边逐步推进的方法进行，并在启动准备阶段就成立了地区（社区）跨界组织，明确了各自的职责和任务，使安全社区成为"家庭的减压阀、百姓的热水袋、资源的搅拌机、政府的探测仪、社会的缓冲器"[256]。

b. 贯彻全类别预防理念，安全社区建设工作要吸纳暂住人口资源　安全社区建设是学习全人类先进文明的具体写照。我国安全社区建设是 2000 年之后才刚刚启动，目前已经有 8 个安全社区获得 WHO 认可（台湾 4 个，香港 3 个，大陆 1 个），约占全球安全社区总数的 8%，并在亚洲地区处于前列。

但是，我国现阶段的安全社区建设仍然还处在消化吸收的学习过程中，比较注重国外发达城市的整体化运作方式和被世界卫生组织认可的安全社区的六条标准，尚未与中国实际有机结合起来。**我国安全社区建设从一开始就缺少一个符合中国特点的对照体系，没有一个成型的工作机制；同时，我国安全社区建设必须在创新中推进，不能照搬国外经验。**比如，安全社区建设如何与发展中大国的国情结合、如何与老龄化社会结合、如何与快速城市化的时代进程结合、如何在老城区或人口规模远远超过欧美城市的社区创建国际化安全社区，诸如此类的现实问题亟待破题。

> **案例：我国首个获国际认可的安全社区建设方法**（节选）
>
> 　　2002年6月，济南市青年公园街道正式启动"安全社区"创建活动，按照世界卫生组织的"安全促进"理念、"安全社区"六条标准（跨界协调组织、工作规划、工作目标、伤害监测、工作评价、国内外的信息交流）、工程项目管理模式运作（社区动员、社区诊断、制订干预规划、现场干预、中期评估、调整干预等阶段工作），并且形成了符合本地实际情况的"大安全"观。这些工作得到了世界卫生组织专家们的肯定，2006年青年公园街道终于成为中国大陆第一个被世界卫生组织命名的"安全社区"。
>
> 　　……**安全社区建设是社会的需要。**国内随着现代化的进程加快，人口的增多，人口老龄化的突显，人的生活、生产节奏的加快，各种伤害增加，慢性非传染性疾病增加，个人、集体和国家的财产由于突发公共事件导致损失增加，生产秩序、生活秩序受许多不稳定因素的影响，**安全成为社会的需要和居民的迫切需求。**创建安全社区对社会稳定发挥了基础的广泛的有效保障作用。
>
> 　　……**安全社区建设要有人本的情怀。**以人为本，"依靠群众创建，为了群众创建"是安全社区的思想支撑。在整体推进过程中，街道建立了"社区体验制度"，即安全事务推行事前体验。如在服务残疾人出行安全中，体验到聋哑人日常外出活动和购物的难点，随后街道便联络开通了"爱心号社区购物专车"，兴建了占地1500平方米的社区无障碍广场"我的兄弟姐妹广场"；**在老年群体的宣教中，街道体验到无文化人员的接受，在宣传画册、宣传栏中加挂了大量的配套漫画注解**；在青少年成长教育中，考虑到青少年和部分家长的心理特点，街道在学校专门建立了"悄悄话室"，在办事处专门建立了"心理驿站"，实行"无时间界限"接待。社区居民在体会到安全社区创建带来的实惠的同时，以一种积极的心态、热情支持和参与到创建工作之中。……

目前，我国安全社区建设工作开始注意与老龄化社会结合起来。比如，**济南市槐荫区青年公园街道**在2002年正式启动WHO安全社区建设项目以后，发现社区的主要伤害源集中于交通、人身伤害、火灾和用电等因素，为此，提出并坚持了"依靠群众创建，为了群众创建"的思想，努力与突显的人口老龄化现实结合起来，通过普及预防伤害的基本知识和基本技能的"双基"方式来控制伤害源[257][258]。2006年，它成为中国大陆第一个被WHO命名的"安全社区"。

在WHO制定的安全社区六大标准中，除了第一大标准强调"社区是否有一个有效的组织机构"，它的第二大标准所强调的就是全类别预防的建设理念。即，安全社区的基

图 6-6　宁波市江东区王隘社区组织
外来人口开展消防安全培训

图 6-7　北京市丰台区南宫村组织
流动人口安全教育培训

本理念是强调针对所有类别的伤害预防，包括所有年龄、环境和条件，尤其是高危人群和弱势群体以及高风险环境；强调社区内人人参与预防工作，也就是"全员、全过程、全方位"。但是，由于现有的城乡分割和人口管理体制等原因，我国现阶段的安全社区建设总体上并未覆盖到暂住人口（或流动人口），未能全面符合 WHO 关于安全社区建设的全类别预防理念和要求。

从组织结构变迁的角度来说，**我国现阶段的安全社区建设已经严格执行了 WHO 关于安全社区建设的首要标准——建立跨界协调组织，实现了社会基层组织的结构创新和变迁**，引起了城市基层的组织性资源及其他相关资源的充分利用。但是，在组织理念这一更深层次的组织变迁方面，我国安全社区建设尚未结合现实国情和前沿需要取得突破和创新。

为此，**有必要进一步贯彻全类别预防理念，安全社区建设工作要吸纳并处理好暂住人口资源或流动人口资源**，从而促使我国安全社区建设工作走向新的台阶和适应性创新的阶段。

在这方面，个别社区的局部性经验值得借鉴。比如，**宁波市江东区王隘社区组织外来人口开展消防安全培训**[259]，**北京丰台区南宫村组织流动人口安全教育培训**[260]。

2) 借鉴安全社区建设经验，健全社区消防管理组织　WHO 认可的安全社区毕竟有限。目前，我国很多社区的消防管理组织和体制并不健全，基于派出所和居委会的社区消防仍然存在一定的组织局限性，需要借鉴学习国内外安全社区建设经验，努力加以改进和完善。

我国社区消防管理工作普遍实行由消防部门负责，基层派出所领导分管，配备 1～2 名主管民警的管理模式；基层派出所和居委会等单位按照消防法的有关规定对社区消防工作负有监督、指导和管理等方面的职责。从实际运行看，许多社区并未把消防安全工作纳入社区管理服务工作的基本职能，许多街道和社区的消防工作并未得到落实，资金投入有限，消防基础设施建设不力，成为消防安全工作的薄弱环节。

a. 建立健全社区消防管理组织体系，推进社区消防自治　针对社区消防的上述基本情况，有必要借鉴学习国内外安全社区建设经验，努力完善基层社会的消防组织建设，借鉴学习国内外安全社区建设经验，真正形成一个政府统一领导、部门协作、社会广泛参与的社区消防管理组织体系。街道和居委会要将社区消防工作纳入年度计划，推进社区消防自治。

b. 努力发挥业主委员会和物业公司的作用 适应城市住房建设的新形势，充分发挥业主委员会及其聘用的物业管理公司的作用，是可以考虑的改进型的社会化（及市场化）方式。这样，不仅可以在面上覆盖城市非农业人口，而且可以深入到这些城市人口的不同层次结构之中。

> **案例：北京市石景山区古城街道成立流动人口治安巡逻队**
>
> 在平房地区如何搞好治安防范，面对流动人口稠密的地区应该如何确保百姓的人身财产安全不受损失？近日，古城街道在水屯村社区成立了流动人口治安巡逻队，并于6月10日举行了上岗仪式。
>
> 水屯村社区位于古城地区的最南部，周遍是首钢厂矿，常住人口565人，而流动人口1530人，人口稠密，居住结构复杂，给治安管理带来一定的困难。
>
> 古城街道研究决定，在水屯村建立一支夜间流动人口治安巡逻队，这一决定受到社区居委会及居民们的一致称赞。社区居委会从外来人口中挑选了9名身体健康、年富力强的中年男子，由社区出资为他们统一购买了服装。看着治安巡逻队身穿迷彩服，臂带红袖标的样子，不知情的人还以为是解放军战士进村了呢。在水屯村成立夜间流动人口治安巡逻队的消息不径而走，居民们高兴地说："这下可好了，晚上可以睡个踏实觉了。"
>
> 社区主任陈自强介绍说：这支队伍是尽义务兼适当补助的方式，由于他们上岗主要在晚上9点至第二天早6点分两班巡逻，考虑到他们较为辛苦，在村内经商的个体户们主动捐出一点钱，每月对巡逻队员给予适当的生活补助，以更好的使这支队伍长久的维持下去。下一步还要对这支巡逻队进行业务上的培训，使他们更好地掌握巡逻值勤的工作技巧。

为此，社区可以成立消防安全委员会，吸纳居委会、业主委员会、物业管理公司、物业管理委员会、社区民警，以及热心社区安全并具有消防专业知识的居民代表组成。消防安全委员会可以义务消防队、消防志愿者组织、消防巡逻队等组织开展社区消防工作。

c. 适当引导和发展民工消防组织或民工安全队伍 适应流动人口的社会习性和亲缘化、地缘化的社会网络和交往方式，尊重和维护流动人口合法权益，建立相应的民工消防组织或民工安全组织，并进一步推动城市消防的社会法人建设，同样值得探索和提倡。目前，这种自发性的组织已经开始出现，但为数极少，理论界缺乏关注，政府尚未加以积极引导。比如，**北京市石景山区古城街道**成立了流动人口治安巡逻队。

3) 健全流动人口管理组织体系，创立综合治理、共建安全的良性格局 从组织体制上看，虽然流动人口管理和服务工作纳入了社会治安综合治理范畴，但流动人口管理和服务的组织网络还不够完善，职能部门的合力作用发挥不够明显，一些区、镇、街道、社区、村的管理潜能有待发挥。

加强流动人口管理和服务工作，共建安全城市和安全社区，这是一项长期的系统工程。为此，必须坚持"**党政领导、综治牵头、公安为主、各方配合、齐抓共管、综合治理**"**的工作格局，落实长效管理**。

需要调整或撤销以往常设的流动人口管理整治工作领导小组，**建立城乡流动人口管理和服务委员会**，进一步整合社会各方力量(比如，积极吸纳民工劳模或民工代表)，健全制度，明确职责，落实责任，形成合力。各区、镇、街道也要相应健全流动人口管理和服务领导小组，充实人员，明确职责。社区要建立专门的流动人口管理和服务工作班子，配备专职人员从事这项工作，形成以块为主，条块结合的管理体制。各级政府和街道社区**要将流动人口管理和服务工作列入本地区经济建设和社会事业发展的总体目标**。

(2) 立足于城市安全发展，逐步调整"大政府、小社会"的政社关系 目前的组织瓶颈是"大政府、小社会"的政社关系，尤其是政府在社会团体的观念变革和制度建设方面远远落后于(并且制约了)城市公共(消防)安全的社会组织建设的需要。所以，立足于城市安全发展，按照"小政府、大社会"的原则重塑政社关系，积极放宽政府对社会团体的观念束缚和制度局限，努力探索转型期的城市政社关系转换的路径依赖，主动开展城市消防安全的社会化建设并将社会消防落实到社会宏观结构和组织层面上，是未来城市社会改革和安全建设的基本方向和内容之一。

(3) 强化城郊结合部的社会区域的社会治理 目前的薄弱区域是城市基层的社会区域尤其是属于城市生长地带的城郊结合部的社会区域，而不仅仅是普通的城市社区。这些城郊结合部的社会区域是城市人口的无序重构和盲目增长的典型区域，也是社会化管理水平严重滞后的典型区域，因此必将造成极大的火灾危险性。为此，无论是积极培育现代社会组织体系，还是强化人口结构治理，都需要开展有针对性的社会化、城市化创新，探索相应的社会化组织或组织群及其体制、机制、法制和政策。

总之，上述分析表明，在转型期的城市社会组织体系中，市场组织通常是一种重大火灾危险性的生成性组织(其自身的规章性或习惯性调控作用相对有限)，政府组织是一种防范重大火灾危险性的制度性调控组织；非营利非政府(以及非政治性)的社会组织则是防范重大火灾危险性的自主性组织，并亟待发展壮大。而转型期的城市化与消防安全之间的矛盾本质上是城市化水平和城市人口安全的社会组织化水平之间的矛盾，以及由此引发的城市人口增长方式和城市社会(人口)安全之间的矛盾。这也正是进行城市重大火灾危险性的战略防范的基本依据。尊重社会发展规律和关键需求，针对组织瓶颈和薄弱区域，积极培育现代城市社会组织体系，分类引导和有效组织暂住(流动)人口与非农业人口(包括老龄化社会条件下的老年人口以及未成年人)的社会化消防管理，实现城市化和消防安全的和谐发展，是城市政府积极调控、城市社会主动防范城市重大火灾危险性的一项重要工作。如此，安全型的城市人口结构也就可以由目标转变为现实，当然其具体战略模式和实现方式可以因时制宜、因地制宜。

6.1.1.4 努力探索宏观人口安全治理，创设社会化体制、机制、法制和政策

从**体制、机制、法制和政策**层面而言，有效防范转型期的重大火灾宏观危险性，需要以政府组织为主导，以社会组织为主体，以市场组织为支持，努力探索宏观人口管理，创设相应的城市化体制、机制、法制和方针政策，以便培育现代城市社会组织安全体系和强化人口结构的安全治理工作，从而切实提高城市人口的时序结构的消防安全水平。

比如：实施"秩序优先"的现代化战略，构建"公平与效率并重"的公共财政体系；设立"暂住人口转移支付资金"，建立流动人口财政转移支付及其预算制度；努力落实各种安全投入，主动增强安全保障。

(1) 实施"秩序优先"的现代化战略，构建"公平与效率并重"的公共财政体系

"文革"结束后的二三十年时间，是我国政府发起和推动改革开放政策、建设社会主义市场经济的现代化转型关键时期，为此，一度实施了"效率优先、兼顾公平"的基本方略。

从财政这一改革开放的"发动机"来看，这一方略在财政上表现为一个"甩掉包袱"、推动改革的过程。同时，1993年推行分税制后，中央财政和地方财政之间形成了中央财政收入比重较大而地方财政支出比重较大的收支关系格局；地方各级财政之间也形成了类似的收支关系格局，出现不同程度的"赤字"财政。因此，地方财政需要中央财政或上级财政的转移支付才能达成财政收支平衡。这就导致当时的地方政府一味依靠工业化和城市化扩大财源，以便缩小财政收支逆差；同时，也裁减人民生活与社会生活领域的财政支出，节制财流，以便平衡财政收支。因此，**财政在不遗余力、积极有效地推动改革进程的同时，一方面不断增强了现代化建设的安全压力和社会灾害风险；另一方面又在弱化社会基础性的安全支撑力量和灾害承载力。**

20世纪90年代中期以后，现代化建设不再是改革初期的社会各方的"全赢"，"几乎每一步的改革成果的取得都必须以一部分人的损失为代价"，"效率优先"的政策思路所隐含的**长期矛盾日益显现**。正如《中国财政政策报告2007/2008》所指出，普通民众（尤其是流动人口）的不公平感和不公正感日益积累和放大，"社会矛盾有加剧的趋势，成为社会秩序的巨大安全隐患"[261]。

这说明**社会秩序与现代化方略、社会安全与财政体制之间存在着内在的联系**。比如，一个"效率优先"的国家财政体系容易积累大量的消防基础设施投入方面的"欠账"。在此背景下，一些社区出现了"防盗重于防火"的错误观念和行为，结果，一些防盗隔离设施却阻挡了消防车。

但是，一个转型社会，如果从原初的计划经济时代的绝对公平迅速转向市场经济初期的绝对效率，经历30年，其积聚的社会风险是非常巨大的，一旦进入社会矛盾突发期非常容易产生"井喷"效应。既有的城市重特大火灾以及城乡各种社会和自然灾害事实上也一再告诫我们，过于偏重效率，过于忽视公平公正的经济增长是不可持续的；现代化建设应当进入"科学发展"和"安全发展"的新轨道上来。

为此，2004年9月的中共十六届四中全会开始放弃"效率优先、兼顾公平"的提法。

随后，中共十六届五中全会进一步提出未来中国要"更加注重社会公平，使全体人民共享改革发展成果"；中共十六届六中全会提出"走共同富裕道路，推动社会建设与经济建设、政治建设、文化建设协调发展"；而 2007 年 10 月召开的中共十七大则强调要深入贯彻落实科学发展观，加快推进以改善民生为重点的社会建设，并专门对教育、就业、收入分配制度、社会保障、医疗卫生、**社会管理**等重点的民生领域做了具体的阐述[262]。

所以，**有必要统筹公平与效率的基本关系，重新配酿和创新现代化建设与转型的基本方略**。考虑到公平与效率构成了社会秩序的基本要素，考虑到转型社会的独特的变迁性，考虑到社会矛盾突发期的到来，"秩序"这一高于"公平"和"效率"的更为基本的社会转型要件需要摆在更为突出的位置上。为此，**现代化建设与转型战略要采取和实施"秩序优先"的战略，并相应构建起"公平与效率并重"的公共财政体系**。

公共财政需要以社会安全压力和城乡灾害风险等方面的市场失效为标准构建起可以面向社会秩序和稳定的公共财政职能；需要以公共安全的社会需要为标准构建起可以面向社会秩序和稳定的公共财政支出能力；需要以安全发展的社会转型秩序为目标的构建起公共财政政策体系；另外，需要形成和改进公共财政的决策制度和体制关系。

(2) 设立"暂住人口转移支付资金"，建立流动人口财政转移支付及其预算制度　如前所述，在借鉴国际经验的同时，我国开展安全社区和社区消防建设工作还需要紧密结合在城乡分割的社会历史环境下城市化快速推进这一现代化建设大背景，有必要将暂住人口因素（或流动人口因素）纳入安全社区建设工作范畴以及社区消防工作范畴。但是，既有工作中之所以存在相应的欠缺，不仅仅在于安全思想、行动和组织建设方面存在不足，还在于相应的面向社会流动人口与消防安全的公共财政体制有待建立健全。其中，比较突出的是，面向社会流动人口与消防安全的转移支付制度亟待建立。

自 1994 年实行财政转移支付制度以来，上级财政部门对下级的财政转移支付工作对均衡地方政府以及街道与社区的财力，发挥了积极作用。但是，转移支付的政策目标还不够清晰，转移支付方案的人口确定依据并不完整合理（仅以户籍人口数为依据），专项拨款的项目确定和支付办法不够合理，事权和财权不对称等问题仍然普遍存在[263]。

而从经费保障上看，由于取消了流动人口暂住证收费和治安联防费，各镇、街道、社区（村）用于流动人口管理和服务的经费主要来源于每人每月 3 元的卫生费。另外，宣传、教育等费用则更少。

这导致基层政府入不敷出，形成和积累了大量的诸如消防基础设施建设、安全教育培训等方面的公共安全建设"欠账"。

为此，要完善上级政府对下级政府的转移支付制度，明确转移支付的公共服务目标，**要将安全城市/城区建设、安全社区建设、社区消防建设纳入专项转移支付的范围，并解决历史欠账**；为解决因流动人口的流入而发生的安全教育培训、社会安全管理等费用负担不均的问题，按照年度登记在册的流动人口（即暂住人口）为统计依据，设立**"暂住人口转移支付资金"，建立流动人口财政转移支付制度，并逐步纳入财政预算的制度范畴**。另外，有条件的城市，可以拨出专项拨款，支持政府和企业规划和兴建民工宿舍楼区或民工廉租新村，减轻人口复合区域的灾害风险。

> **案例：上海市嘉定区政协建议——完善转移支付，明确目标，分清事权**
>
> 嘉定区政协以解剖麻雀的方式分析了市级财政部门对区县的财政转移支付制度存在的问题，比如，目标不够清晰，支付不够合理，事权和财权不对称。为改进和完善市级财政转移支付，嘉定区政协特以社情民意的形式向市政协提出《完善市对区财政转移支付制度的建议》。
>
> 2006年底嘉定区的全区人口达到119.8万，其中常住人口53.2万余人，流动人口为66.6万余人，流动人口超过常住人口。随着流动人口日益呼唤国民待遇，流入地政府的统筹管理和服务责任加大。但是，长期以来，市对区的财政转移支付分配方案一直以户籍人口的实际数为依据，没有考虑流动人口因素。因此，市级财政对区县转移支付方案以户籍人口数为依据的方法，导致事权与财权不对称。
>
> 《建议》认为，为完善市对区转移支付制度，应进一步明确转移支付的目标。要均衡区县政府财力，保证区县基本公共服务需求的提供，扶持中央和本市的特定政策目标和重点政策目标的实施(包括解决这些方面的历史欠账)。因此，诸如三峡移民安置、超高压供电走廊内的民居搬迁、市区人口导出、民工子弟入学、高速公路过境、河道水利工程、基本粮田补贴等项目，都应列入市级财政对相关区县专项转移支付的范围，并根据需要和可能对其加大财政转移支付扶持力度。
>
> 市级事权委托区级操办所发生的费用支出，市级财政应当安排足额专项拨款。诸如高速公路穿越区境发生的征地、动拆迁和沿线绿带建设等费用，市级财政应当足额安排专项拨款，不留资金缺口。对于市和区的共同事权全部委托区级操办的，则应按责任大小依适当比例分担，由市级财政拨出相应专款。**为解决因流动人口的流入而发生的义务教育、公共卫生、社会管理等费用负担不均的问题，设立"流动人口转移支付资金"，以半年以上流动人口为统计依据，建立流动人口财政转移支付制度，做到专款专用。**其来源，可按各区县筹措50%、市财政拨出50%的比例实施。

(3) 努力落实各种安全投入，主动增强安全保障 前述"秩序优先"的现代化战略、"公平与效率并重"的公共财政体系，和流动人口财政转移支付及其预算制度的构建都需要一个必要的时间过程，存在一定的时滞性。为此，一些经济财政条件允许、社会安全压力较大的流动人口流入地城市，可以积极整合人力、财力、物力和社会资源，主动开展社会安全建设，增强公共安全保障。

1) 综合采用各种安全建设模式 目前，可以采用的面向城市化和流动人口的城市安全建设模式有以下几种[264]：

a. 社会化安全防控网络建设模式 以治安岗亭为点，以民警和户口协管员队伍为主体，以出租私房和路面控制为阵地，实施全天候的网格式管理方法。

b. 群防群治专管员队伍集中管理模式 通过对原有户口协管员和联防队伍的有效整合，由镇综治办、派出所实行统一招聘、统一着装、统一管理、统一考核的"四统一"方法。

c. 出租房屋委托管理模式 由房东把自己的出租房屋委托给保安公司管理的市场化运作办法。

d. 新市民志愿者队伍建设模式 通过镇、所、村、单位共建的形式，组建流动人口治安志愿者队伍，开展安全防范宣传和治安巡逻。

e. 以社区(村)为主管理的户口协管员队伍模式 大多数社区都实行这一管理模式。

上述不同模式各有特点和长处，可以综合采用，抓好队伍建设，形成综合治理优势。当前，要提倡新市民志愿者队伍建设模式和出租房屋委托管理模式等新模式。

2) 积极增加资金投入 要逐步确立"花钱买平安、花钱保平安"的思想，主动实现本地财政的公共转型，加大公共安全建设的资金投入。

a. 增加流动人口管理和服务经费的投入 随着流动人口的不断增加，需要在原有标准的基础上适当提高补贴标准。比如，某地原有标准为1个户口协管员补贴5000元，可在此基础上追加补贴投入。同时，可从返回给镇、街道的房产税（私房出租部分的税收）中拿出一定比例财力用于社区流动人口管理和服务工作，实行专款专用。

b. 以奖代拨，将资金投入与考核奖惩激励机制结合起来 完善流动人口管理和服务工作的考核细则，并将考核结果与绩效、奖金等挂钩。要通过"以奖金取代拨款"的形式，落实考核奖励经费，充分调动工作积极性。

3) 加强文化法制教育和安全技能培训，提高整体安全素质 要利用流动人口入城办理暂住证、计生证的时机，组织他们学习和了解有关市民守则、务工经商规定和法律法规知识。

在流动人口与用人单位建立起比较固定的劳动关系后，用人单位要组织他们进行安全技能培训、思想品德教育和法制教育。

在流动人口有了比较固定的居住条件后，居住地的社区（村）通过建立流动人口文化教育培训基地或者市民学校，开展经常性的文化法制教育和安全技能培训，逐步提高他们的整体安全素质。

与此同时，也要充分发挥流动人口中的党团员的模范作用。

6.1.2 切实转变经济增长方式，提高产业时序结构的安全性

有效防范转型期的城市区域重大火灾的宏观危险性，需要切实转变经济增长方式，培育现代产业组织，提高城市产业的时序结构的消防安全水平。

6.1.2.1 以经济增长方式为核心，辩证把握工业化与重大火灾危险性的关系

从思想层面而言，有效防范转型期的重大火灾宏观危险性，要**以重化工业和新兴服务业为重点，以经济增长方式为核心**，辩证把握工业化与重大火灾危险性的关系。

固然，转型期的城市化与消防安全之间的矛盾本质上是城市人口增长方式和城市社会（人口）安全之间的矛盾。但是，城市化的基础是工业化。换言之，城市在走向工业社会的进程中，城市人口的集聚源自资本和产业的集聚。只有进入后工业社会或服务社会之后，城市人口的集聚（主要是创新型知本型人才的集聚）反过来会主导资本和产业的集聚，并导致城市创意产业和创意城市的兴起。因此，**在社会经济转型期的中国城市，构成城市化与消防安全之间这一矛盾的深层次矛盾不仅在于城市人口增长方式和城市社会（人口）安全之间的矛盾，而且还在于工业化与消防安全之间的矛盾。**

按照唯物辩证法，工业化与消防安全之间的矛盾的主要方面在于工业化。根据前文的定量分析和评估，**其主要矛盾是重化工业化与消防安全之间的矛盾，因此产业结构中的重

化工业比重是问题的重点，由重化工业化所带动的仓储物流、社会服务等新兴第三产业同样也是问题的重点，而产业结构中其余的层次和因素与消防安全之间的矛盾则是次要矛盾。所以，**构成工业化与消防安全之间这一矛盾的深层次矛盾是工业化水平和城市安全的产业组织化水平之间矛盾。换言之，是工业化水平和经济增长方式之间矛盾，以及由此引发的城市经济增长方式与城市消防安全之间的矛盾。这是城市重大火灾危险性的战略防范工作的基本依据。**

相反，20 世纪 80 年代以来，我国在全盘引进国际流行的重大危险源理论的同时，没有给予正确的认识和评价，在取其精华的同时并未去其糟粕，并在实践中遭遇到了极大了挑战，日益表现出其难以应对宏观安全形势的局限性。而国外的前沿研究虽然已经转向重大(火灾)事故与宏观的社会经济因素的关系的研究，但并未触及到产业结构和经济增长方式的问题。

国内的消防专家开始注意到火灾与经济增长之间的关系，但仅仅考虑到火灾与经济增长期的关系[265]，没有深入到产业结构变迁和经济增长方式转变的问题，因此对资本主义主义经济危机或经济衰退期与火灾的关系主观地忽视了。这实际上正是西方国家极力回避的，而国内的部分人士在介绍西方的火灾情况和研究观点时盲目地照搬照用。这样，反而给国内消防官兵和普通居民造成一种误解：凡是经济增长，必然带来更大的火灾危险和危害，防不胜防。因此，只"消"不"防"或者重"消"轻"防"也似乎变得理直气壮，重灭火战术，轻消防战略的思想因此可以"心照不宣"。如此，显然不利于我国城市消防事业的健康成长和发展。

国内有的学者也注意到了火灾与经济增长的关系的国别差异和城市差异。比如，他们注意到 1988~1998 年美国经济和中国经济都是迅速增长的，但美国的火灾危险性和危害性都在下降[266]，而中国则在总体上处于增加趋势。他们将这种差异解释为经济发达阶段和经济起步阶段的差异，并据此来解释 1997~2000 年上海在经济增长的同时火灾发生率和死亡率却持续降低的现象[267]。这种观点并不人云亦云，并同样有力地说明了宏观经济危险源相比微观的重大危险源而言更加值得关注。但是，它对经济增长水平仅用高低或者是否发达来区别，显然又模糊了火灾危险性的宏观经济本质。

本书第四章的研究指出：国内外重大火灾的历史和现实可以表明，城市重大火灾深受城市产业结构和经济增长方式的影响。先行工业化的英美等发达国家在产业更替的过程中不断发生重大火灾，但随着经济增长方式的转变，城市消防安全水平日益提高。自 20 世纪 80 年代至今美国进入了后工业社会，作为主导产业的信息产业尤其是信息服务产业得到迅猛发展，实现了经济增长方式的转变。在保持经济快速增长的同时，美国的火灾危险性和危害性不断下降。这说明，转变经济增长方式，可以从根本上防范和减少城市重大火灾危险性(和危害性)。相反，如果不转变经济增长方式，城市消防安全难以根本好转，重大火灾危险性难以得到有效防范和持续减轻。这可以在前苏联、日本以及东南亚、中东和南美洲等其他许多国家的城市消防历史和现实中找到实证依据。尤其是，前苏联解体之前发生的切尔诺贝利核电站火灾、反应堆爆炸及核辐射这一当今人类的世纪灾难，促使核电站危险性高但危害性小的技术神话因此彻底破灭。它也说明，如果不能积极有效地实现经济增长方式的转变，如果将工业化等同于重化工业化，社会主义制度在防范和抵御重大火灾、保障城市公共安全方面的制度优越性就难以充分发挥。在我国，清末鸦片战争到新中国建立之前的百年国难及其历史罕见重大火灾，充分说明了传统落后的社会生产方式和血腥的资本主义制度是社会灾难和城市灾害的根源。建国以来，重大火灾危险性和危害性与各个时期中国工业化的粗放型经济增长方式是基本一致的[268]，而且这种时间分布在 90 年代以来的市场经济建设中得以强化。"九五"以来尤其是"十五"期间，由于工业化在地方政府主导和地区竞争下重返重化工业道路[269]，经济增长方式没有得到切实转变，由此带来的重大火灾危险性势必会演变为现实的危害性（并在不完善的市场经济条件下日趋严重）。

总之，上述分析说明，在历史和实践相统一的逻辑视角下，生产方式是决定城市火灾危险性（和危害性）的根本原因。构成工业化与消防安全之间的矛盾主要表现为重化工业化与消防安全之间的矛盾，而这一矛盾的深层次矛盾是工业化水平和城市安全的产业组织化水平之间矛盾。换言之，是工业化水平和经济增长方式之间矛盾，并由此造成了城市经济增长方式与城市消防安全之间的矛盾。以重化工业及其带动的新兴服务业为重点，以转变经济增长方式为核心，才能辩证地把握工业化与重大火灾危险性的关系，才能提出切实可行的防范重大火灾危险性的战略方向，才能有所为、有所不为，自觉、自信、积极探索出防范重大火灾危险性的行动方略。

6.1.2.2　实施宏观的产业结构安全治理，切实转变经济增长方式

从**行动层面**而言，有效防范转型期的重大火灾宏观危险性，要**实施宏观的产业安全管理，切实转变经济增长方式**，提高产业时序结构的消防安全水平。

解决工业化与消防安全之间的矛盾，尤其是城市经济增长方式与城市火灾安全之间的矛盾，**不能仅仅采用普通的城市消防规划和管理办法，不能用消防官兵的血肉之躯去化解这一矛盾，不能一边重返重化工业化的老路，一边指望城市消防救援和公共安全的应急联动，更不能盲目搬用资本主义国家的应急管理来满足传统的基于农业社会的运动式的消防模式**。解决这一矛盾需要以建立安全型的城市产业结构为目标，**以转变经济增长方式为核心，以全面提高城市产业的组织化安全素质为关键，实施宏观的产业管理，强化产业结构安全治理，积极培育现代产业组织体系**，并逐步实现城市产业结构对上述矛盾的自主调节。这里，所谓安全型产业结构是产业结构的宏观范畴，是产业组织以及与之相关的资源、经济、社会、政治及至文化的结构性稳定或本质性安全的协调系统。

(1) 借鉴国外火灾经验，防止城市产业单向升级　通常，人们容易注意到产业升级及其资源禀赋方面的需求，但容易忽视城市产业结构的宏观管理。这容易滋生城市产业单向升级，排斥不具有资源禀赋优势的产业的形成和建设的产业思想和行为，并演变为现实的产业政策和机制，强化了产业转型过程中的产业振荡和产业风险，而提高行业素质（包括行业安全素质）的设想也在企业利润最大化的追求中显得力不从心。

国外的经验教训可资借鉴。在美国，以汽车产业为代表的产业组织在资源上和经济上过于倚重石油和油化工业，并通过政治、军事和文化的力量加以强化，结果在 2001 年引

来"911"恐怖袭击和华盛顿与纽约的爆炸火灾[270]。

在欧洲,发达资本主义国家不关心贫困人口和移民的需要,没有运用政府的力量保留足够的劳动密集型产业,2004年法国巴黎市郊骚乱失火并波及周边城市和周边国家,表明转变经济增长方式不等同于淘汰夕阳产业,尤其不等同于淘汰劳动密集型产业,否则就会加剧社会贫困和贫富差距,诱发火灾事件。

在中东,1991年1月17日至2月26日历时42天的海湾战争最后以科威特油田大火而结束;2003年伊拉克战争爆发。中东国家的产业结构以石油产业为主,产业结构单一,没有完整的产业链,平时火灾不断,战时战火纷飞。这也说明依赖重化工业和单一的产业结构,构成了世界罕见的重大火灾危险性和危害性。

(2) 建立合理分布、有序延展的链式产业结构 我国城市要建设安全型的产业结构,不能崇洋媚外,要因时制宜,因地制宜,适应城市公共安全和消防安全的现状特点和未来趋势的需要。

为此,有必要着眼于产业或产业组织等安全资源的充分利用这一宏观目标,积极调动各方面(尤其是不具有资源禀赋优势的产业)的力量形成合力,实施宏观管理,强化产业结构治理,建立合理分布、有序延展的链式产业结构,主动转变产业化模式,促使城市产业结构的现代化重构纳入有序发展的轨道,主动规避城市产业结构的现代化重构的无序灾变引致的重大火灾风险等城市重大灾害风险,积极防止风险积聚成灾,逐步建立安全型的城市产业结构。

(3) 将产业政策与安全政策结合起来,规制或限制火灾风险型的产业 本书所谓"火灾风险型的产业"主要是石油化工等重大危险源密集的产业和人员密集型的产业。

要把产业政策与安全政策结合起来,形成产业安全政策,并纳入法治化轨道,探索产业安全的法治建设和安全准入机制建设。要对火灾风险型产业中人员密集型企业,采用产业安全规制政策;对火灾风险型产业中石油化工等重大危险源密集的产业,采用产业安全限制政策。

要从立项和建设审批等环节,严格控制火灾风险型产业中人员密集型企业和石油化工企业的数量、规模,依法报送消防机构进行审核和验收,对不具备消防安全条件的企业,坚决予以调整关闭。要进一步严格执行有关法律法规和消防安全监督检查,坚决纠正不顾人身安全,因陋就简,野蛮生产等错误行为,确保人员密集型企业生产、经营活动中人的生命安全。

6.1.2.3 积极培育现代产业组织体系,强化产业结构安全治理

从组织层面而言,有效防范转型期的重大火灾宏观危险性,需要**积极培育现代产业组织体系,强化产业结构的宏观安全治理工作**,提高城市产业的时序结构的消防安全水平。

(1) 遵循产业安全与发展的规律,发挥产业组织不可替代的作用 在产业结构的宏观治理过程中,城市公共安全与发展的城市产业组织体系涉及到产业、政府和社会等不同组织形态之间的关系。首先,产业组织反映产业或经济增长方式中的结构性的生产力水平,比如,是传统的资本雇佣劳动(或传统知本),还是现代资本中分化出现代

知本并雇佣了资本；是服务业从属于工业，还是工业中分化出现代服务业或者服务业化并主导工业发展。因此，它是一个政治经济学概念而不是西方经济学或产业经济学的概念。其次，产业组织与政府组织的关系反映经济增长方式中的功能性的生产关系水平。因此，城市经济增长方式与城市火灾安全之间的矛盾涉及到产政关系的问题，而且在转型期的中国城市尤其需要关注。另外，这里的社会组织同样是一种第三部门，比如行业性的防火协会或行业协会下属的防火机构和组织，以及环境与可持续发展组织等。而产业组织与社会组织的关系同样反映了经济增长方式中的功能性的生产关系水平，转型期城市经济增长方式与城市火灾安全之间的矛盾进一步涉及到产社关系的问题。显然，城市产业的宏观管理和结构治理，需要以政府为主导，更需要产业组织的主体性的广泛参与。为此，有必要培育现代产业组织体系，逐步确立应有的组织主体地位和职能。

在转型期的城市产业组织体系中，反映经济增长方式的产业组织是重大火灾危险性的生成性组织，也是经济增长方式的生成性组织（因此在实现经济增长方式转变之后也可以演变为防范重大火灾危险性的自主性组织）。政府组织是一种防范重大火灾危险性的制度性调控组织，但是如果调控缺位或调控不力，就演变为重大火灾危险性的推动性力量。如果产政关系混杂、职能错位，就会演变成重大火灾危险性的生成性力量。非营利非政府（以及非政治性）的社会组织则是防范重大火灾危险性的参与性组织和非制度性调控组织，但在人口众多的中国，如果所谓的非营利组织演变为"混饭吃"的谋生性组织，就会异化为寄生于产业组织或依附于政府组织的缺乏社会公正、缺乏社会独立的灰色组织。在一定的时空条件下，如果政府组织需要倚重社会组织防范重大火灾危险性，但社会组织缺位或乏力，社会组织也就极易演变为重大火灾危险性的推动性组织。同时，产社关系混杂、职能错位，就会演变成重大火灾危险性的生成性力量。

因此，**在城市公共（消防）安全等公共产品的非制度化生产和服务的领域，除了社会组织具有不可替代的作用，产业组织在转变经济增长方式的过程中，可以逐步演变为城市安全组织体系的有机构成，并具有结构性价值和主体性作用，并在城市产业安全领域可以或具有不可替代的作用。**

为此，防范重大火灾危险性不能仅仅着眼于微观性质的重大危险源的危险性，同样也不能仅仅依赖产业结构的单向升级和产业梯度转移，而是需要从城市产业安全的组织化水平着手，需要从城市现代产业组织体系着手，既要转变经济增长方式，还要关注政产关系和产社关系乃至政社关系的灾害风险影响。要围绕建设安全型产业结构来转变经济增长方式，并在传统落后、缺乏现代产业关系的社会主义中国强化政产关系和产社关系乃至政社关系的创新和改革。

（2）立足于城市安全发展，逐步调整"大政府、小产业"的政产关系　目前的组织瓶颈是"大政府、小产业"的政产关系，尤其是政府在产业簇群的观念变革和政策创新方面远远落后于（并且制约了）城市公共（消防）安全的产业组织体系建设的需要。所以，按照"小政府、大产业"的原则重塑政产关系，积极调整政府对产业簇群的观念束缚和政策缺位，努力探索转型期的城市产政关系转换的路径依赖，主动开展城市消防安全的产业化建设并将行业消防落实到产业宏观结构和组织层面上，是未来城市产业变革和安全建设的基本方向和内容之一。

(3) 强化与城市安全相关的薄弱产业的宏观型产业治理 目前的薄弱产业是①重化工业、②与重化工业联系的物流业等新兴服务业以及劳动人口密集的产业、③与传统农业相联系的现代农业和农业服务业，以及④与后现代的服务社会相联系的创意产业、创业投资服务业等现代服务业。

其中，①和②是当前城市重大火灾易发、高发的产业领域，这在有关H城的定量实证研究中也有所反映，这两种产业说明了不转变经济增长方式的社会危害性。

而③和④是现代产业链上欠发育的环节，弱化了产业簇群或产业组织体系。其中，③则有助于将大量农村剩余劳动力转化为现代农民而稳定在现代新农村，或有助于将小城镇的大量无业非农居民转化为现代农业从业人员而稳定在现代新城镇，有助于极大地减轻和规避城市化(特别是大中城市和城市群)压力和人口转移的无序性及其重大火灾风险；④则有助于引领经济增长方式的转变方向和产业取向，在全球化背景下把握产业化生存、发展、创新及国际竞争的主动权，减少和规避全球化竞争的冲击及其重大火灾风险。

上述薄弱产业①和②主要是城市产业的无序重构或盲目增长的典型产业，也就是前述火灾风险型产业；薄弱产业③和④主要是产业化管理水平严重滞后的典型产业。

为此，无论是积极培育现代产业组织体系，还是强化产业结构治理，都需要开展有针对性的产业化创新，探索相应的产业化组织或组织群及其体制、机制、法制和政策。

6.1.2.4 努力探索宏观产业安全治理，创设产业化体制、机制、法制和政策

从**体制、机制、法制和政策**层面而言，有效防范转型期的重大火灾宏观危险性，需要以政府组织为主导，以产业组织为主体，以社会组织为支持，努力探索宏观产业安全治理，创设相应的产业化体制、机制、法制和方针政策，以便培育现代产业组织体系和强化产业结构的治理工作，从而切实提高城市产业的时序结构的消防安全水平。

(1) 转变思维，认识产业组织等一切组织的资源属性和宏观意义 组织是**人类进行经济、政治和文化等社会活动的基本载体和方式，具有资源属性。产业组织是产业活动的基本载体和方式，是组织资源的具体表现之一**。然而，在社会科学尤其是西方经济学中，劳动力、资本、土地、企业家精神、技术与知本、信息和时间逐步成为生产要素或社会经济资源，但尚未看到组织的资源性质并加以研究。兴起于日本的产业经济学研究产业组织，仍然看不到组织的资源属性，因此传入中国后被视为中观经济学。西方的管理学理论从经济人、社会人、管理人和文化人的角度出发研究组织，并借鉴著名经济学家舒尔茨的人力资本理论提出了人力资源管理理论，最后认为组织也是一种资本。因此，**经济学和管理学都没有认识到组织的资源属性，研究资源利用的宏观经济学不研究组织资源的利用，研究资源管理的宏观管理学不研究组织资源的战略管理**。

显然，既定组织条件下的非组织性资源的配置是微观问题，而一定配置条件下的组织

资源的利用和创新则是一个宏观问题。因此，**既定市场结构条件下的生产和价格的决策是微观经济与管理问题，而市场结构的选择、利用和创新则是宏观经济和管理的问题**。而之所以列宁研究自由资本主义向垄断资本主义的发展，因为竞争与垄断这两种市场结构的转换是新旧组织资源的转换，是资源利用问题，所以它不仅是宏观经济学的范畴，更是马克思主义政治经济学的范畴。前苏联和新中国的党和政府关注工业化道路，日本和德国关注产业结构，同样也是对经济和政治实践的迫切需要的真切回应。这是因为劳动者的失业和通货膨胀是资源利用问题，而组织乏力和制度缺失以及相应的资本泛滥而知本短缺等现象同样也是资源利用的问题。

组织资源以及相应的结构资源和制度资源并非是遍地黄金、俯手可拾，而是一种源自社会创造的稀缺性资源。这种资源在既已创造和充分利用的情况下，社会和市场只需加以有效配置和优化配置既可，政府或其他的社会组织力量的干预和扭曲并不需要。而如果这种资源尚未创造出来、无以利用，或处在灰色系统的演化阶段，或已经创造出来但没有加以充分利用，甚至资源效益低下、日益落后等，在诸如此类的情况下，政府或其他的社会组织力量就有必要加以干预、培育、创造、利用、变革、替代或淘汰。

（2）立足于城市安全发展，按照"小政府、大产业"的原则重塑政产关系 以安全型产业结构为目标，政府要通过制度创新和职能转变积极按照"小政府、大产业"的原则重塑政产关系，正确地引导产业结构升级，积极推动经济增长方式的转变，走安全型城市（国家）发展之路。

政府组织在宏观的经济学意义上可以引导产业组织的变迁，创建新型的产业组织，实现产业结构的升级和经济增长方式的转变。但是，政府因此首先要明确组织定位，按照"小政府、大产业"的原则明确政府组织与产业组织之间的关系，明确政府组织引导产业组织的变迁的建设目标，进而明确政府组织进行战略性安全建设的总体绩效的考核方略和指标选择以及实现方式。其中，政府组织进行战略性安全建设的总体绩效的考核方略是重中之重。

政府组织与产业组织之间的关系是一种组织间的内外关系和主从关系，在转型期（尤其是在某一新产业结构的创生阶段）政府以外在的组织力量主导产业组织的形成和发展。因此，政府组织要从安全发展的高度出发，正确处理与产业组织之间的关系。社会主义中国的人民政府这方面具有显著的制度优势，已经做了大量工作，同时也需要借鉴国外政府在处理政产关系上的经验得失。

1）立足于城市安全发展，正确处理夕阳产业，尤其是传统农业和城市劳动密集型产业 安全型的产业结构不仅是一个高级化的产业结构，而且也是一个具有完整产业链的产业结构。因此，在国家人口众多、城乡差别严重、城市化压力巨大、居民贫富差别和收入差别增加并接近警戒线的情况下，政府在推动产业结构升级的同时，也**要防止"产业空洞化"，不能随意淘汰夕阳产业**，不能"高不就、低不成"。在追求产业升级时不放松对传统农业和劳动密集型产业的扶持和现代化转型。

2）立足于城市安全发展，正确处理国内新兴产业和国外淘汰产业的关系 尤其是在资本密集产业或重化工业领域，要防止在吸引外资过程中因为无序引入和扩大重化工业而直接增加城市重大火灾危险性和危害性，防止因为无序引入和扩大重化工业造成就业水平下降、收入差距扩大、贫富差距扩大和城乡、地区差别扩大而间接增加城市重大火灾危险性和危害性；要拒重大火灾风险的国际转移于国门之外；而在引入民间资本的时候，国有资本在重化工业产业和企业中要继续保持主导地位。

3) 运用产业政策和产业杠杆，统筹城乡安全 产业化建设不能局限在产业领域，而是需要将产业化与城市化结合在一起。运用产业政策和产业杠杆，统筹城乡关系，促进产业化和城市化的和谐发展，从而可以维护城市安全。

a. 实施现代农业政策，将大量农村剩余劳动力转化为现代农民而稳定在现代新农村；

b. 实施现代农业服务业政策，将小城镇的大量无业非农居民(以及失地农民)转化为现代农业从业人员而稳定在现代新城镇；

c. 实施现代劳动密集型产业政策，将大量农村剩余劳动力转移到中小城市；

d. 实施现代装备制造业和重化工业政策，将大量制造技术工人转移到大城市的卫星城市和中等城市而不是紧贴大中城市新辟重化工业园区或化工城；

e. 实施现代服务业政策，吸纳工业或后工业服务型从业人员在大城市集中；

f. 另外，实施福利产业政策，不能因为企业改制而停办少办具有企业法人性质的福利性或非营利性的企业以及社会福利院。

(3) 政府组织的总体绩效的考核方略要突出结构性安全型发展指标 为了正确处理政产关系，除了制订相应的宏观型的产业政策，还需要强化政府改革，尤其是以适应一定现状和可能趋势的安全型产业结构为目标，政府组织的总体绩效的考核方略要突出结构性指标作为关键指标用来实施政绩考核。

1) 具有稳定和安全意义的结构性安全指标构成政绩考核的关键指标 政府组织要以总量控制为手段，以结构建设为目标，而不能以总量控制的建设手段充当结构建设的建设目标，不能局限在以总量意义的 GDP 等指标考核政府的安全建设目标，而是要进一步以结构意义的产业结构比重、产业组织体系的安全水平作为安全建设总体绩效的考核指标。邓小平同志指出，"中国的问题，压倒一切的是需要稳定"，"国家的主权、国家的安全要始终放在第一位"，"中国要摆脱贫困，实现四个现代化，最关键的问题是需要稳定"[271]。因此，**具有稳定和安全意义的结构性指标可以引领总量性指标，成为政府组织(尤其是地方政府和城市政府)实施政绩考核的关键指标**。

2) 国有资本的增值保值难以取代结构性安全型发展 我国政府作为全国人民的法定代理人掌握着一定的计划资源和国有经济，因此，政府不仅担当结构建设、总量控制的职责，还担当着一定的资源配置的传统职责。这是在结构建设的机会初步展开，总量控制的挑战构成重重困难的国际国内特殊背景下的现实状况。但**对计划资源和国有经济掌控和配置要逐步从有益于总量控制进一步转变为有益于结构建设**，只有这样，才能既满足当前社会安全(含消防安全)、经济安全和政治安全以及综合安全的需要，又满足建设安全型产业结构的长远需要。否则，不适当地强化计划资源和国有经济掌控和配置，以国有资本的增值保值简单地代替结构性安全型发展，势必难以适应国际国内的结构性竞争趋势和安全性挑战的艰难局面，不符合"安全型发展"的战略需要。

所以，转型期政府安全建设的经济考核指标是以结构指标为主、总量指标和计划资源与国有经济配置效率为辅，各级政府组织和相应部门之间拉开档次、权重各宜的绩效考核指标体系。并在及时创造结构性和总量性条件的基础上，逐步调整计划资源与国有经济配置效率以及总量指标的权重。

(4) 明确建设安全型产业结构的战略性实现机制和方式 以适应一定现状和可能趋势的安全型产业结构为目标，根据政府组织进行战略性安全建设的总体绩效考核方略，根据以结构型指标为主的动态型安全建设绩效考核指标体系，政府组织还需要进一步明确建设安全型产业结构的战略性实现机制和方式（含法制），并培育和争取社会组织的参与和支持作用。

1) 美日各国的产业结构成长模式具有综合性 根据世界各国产业结构成长模式的比较，理论上形成了竞争型、干预型和计划型这三种模式[272]；实践中则有存在这三种模式的多种有机结合的综合模式。比如美国信息产业的成长源自政治军事计划和社会经济充分竞争的有效结合。而在市场发育不足的情况下，日本汽车产业的成长源自政府干预和社会参与的有效结合，但将这种模式复制到房地产和日美数字信息产业领域争战时形成战略性错误，终于从20世纪80年代末以来陷入"泡沫经济"和十多年不同于"石油危机"的结构性经济衰退，最后又反映为城市公共安全危机和重大火灾危险性和危害性的持续上升。

2) 形成和保持安全型产业结构的战略性实现方式的多样性 在我国转型期，不能以理论分类模式为模式，不能以国外的实践模式为模板，而应当根据我国幅员辽阔，地区和城市差别明显，城市产业组织及其重大火灾危险性和危害性各有千秋的特点，应当根据国际上以产业组织竞争为代表的经济、社会、政治等方面的结构性战略竞争和战略挑战为背景，培育和保持建设安全型产业结构的战略性实现方式的多样性、特殊性、综合性和优越性。

比如，H城可以依托较为坚实的市场发育、丰富的自然和人文资源、一定的高新技术产业条件，以发展国际性旅游产业和数字服务产业等现代服务产业为重点，淡出重化工业化建设道路，采用市场竞争和政府干预有机结合为主的实现方式，建立安全型产业结构，对城市重大火灾危险性实施战略性防范。

(5) 立足于城市安全发展，通过非制度创新和文化进步积极处理改进产社关系和政社关系 以安全型产业结构为目标，社会要通过非制度创新和文化进步积极处理改进产社关系和政社关系，努力支持产业结构升级，积极推动经济增长方式的转变，走安全型社会发展之路。

产业安全建设和产业结构升级唇齿相依。产业安全建设离不开社会组织水平和国民综合（安全）素质的提高，产业结构升级也离不开社会组织水平和国民综合（安全）素质的提高。

1) 服务业相比于制造业缺乏制度弹性 耶鲁大学陈志武教授指出：**与有形物打交道的制造业对体制、机制的依赖性相对较弱（富有弹性），而与人打交道的服务业对制度环境的依赖性却很高（缺乏弹性）**。服务业所交易的是一些看不见摸不着的无形的"服务"或

"许诺",道德风险和逆向选择的可能性因而大大增加。

在制度不完善的社会里,服务类行业更容易发展缓慢和停滞不前。如果一个国家的制度机制不利于高附加值、高盈利率产业的发展,能够发展的就只能是那些低附加值和低盈利率的产业,它的人民也只能在国际分工中从事低收入的行业,"卖'硬苦力'"[273][274]。由于劳动或资本密集型的产业富有制度弹性,而技术和知本密集型的产业缺乏制度弹性,因此,在传统性强现代性弱、人口数量庞大而人口素质有待提高的国家和社会,轻工业和重化工业就会形成和壮大,传统服务业处于从属地位,而现代服务业举步唯艰。基于城市产业结构水平的重大火灾危险性、脆弱性和危害性,也就会相对集中于重化工业和轻工业以及依附于第二产业的第三产业(参见表 5-12、表 5-13 和表 5-14),并表现为从劳动密集型的轻工业重大火灾向资本密集型的重化工业重大火灾及其引发的畸形成长的城市仓储物流产业的重大火灾的集散效应(参见 4.4.2 产业转型影响城市区域重大火灾易损性的受体结构分析)。

2) 安全工作缺乏制度弹性,引致不同产业的安全差异　在劳动或资本密集型的产业富有制度弹性,技术和知本密集型的产业缺乏制度弹性的同时,生产活动富有制度弹性,而安全工作则缺乏制度弹性。因此,劳动或资本密集型的产业在日益壮大的同时,整个产业的安全工作难以深入开展,重大火灾危险性和危害性日益深重。而依附于劳动或资本密集型产业的传统的粗放发展的第三产业会存在类似的情形,并且极易成为第二产业火灾的扩散对象,这种"扩散效应"取决于第三产业及其具体的子行业依附于轻工业,依附于初级传统重化工业(钢铁、化工和电力),还是依附于高级重化工业(汽车、航空和电气产品)等等。

相反,只要技术和知本密集型的产业在一定的制度创新环境和社会文化进步的条件下能够发展起来,整个产业的安全工作容易得到深入开展,重大火灾危险性和危害性日益降低。这也就是消防实践中出现"美国现象"和"上海现象"的基本原因。而且,由于技术和知本密集型的产业得到发展,现代服务业从工业中分离出来,第三产业从第二产业中分离,独立并进而主导了第二产业的发展,社会生产中出现并确立了重大的产业分工。在这种情况下,第二产业火灾的重大火灾危险性和危害性将在第三产业的主导下日益降低,形成了降低和防范重大火灾危险性和危害性的产业安全"溢出效应"。这时,建设安全型产业结构的战略目标也就基本实现。

根据经济基础决定上层建筑,上层建筑对经济基础起反作用的马克思主义原理,上述这种"扩散效应"本质上是一定的经济增长方式所决定的现实社会规则和心理中的危险因素在产业组织体系的薄弱环节的灾害性反映。而"溢出效应"本质上是一定的经济增长方式所决定的现实社会规则和心理中的安全因素在产业组织体系的薄弱环节的非灾害性或安全化反映。

3) 制度创新环境和社会文化进步水平制约影响产业安全建设　产业安全建设和产业结构升级不仅唇齿相依,而且共同受到制度创新环境和社会文化进步水平的制约和影响。

孙绍骋在研究中国救灾制度时指出:中国社会在从传统向现代的转型过程中,有各种各样的阻碍,但最顽固最难克服的阻碍,始终是传统的文化心理、思维定势、价值取向和行为方式[275]。在此之前,知名安全专家金磊很早就提出了建设安全文化的思想[276][277]。

因此,一方面,政府要以安全型产业结构为目标,通过制度创新和职能转变积极处理产政关系,正确地引导产业结构升级,积极推动经济增长方式的转变,走安全型发展之路;另一方面,社会也要以安全型产业结构为目标,通过非制度创新和文化进步积极处理改进产社关系,努力支持产业结构升级,积极推动经济增长方式的转变,走安全型发展之路。通过政府和社会的组织力量以及这两种力量的有效结合,制度和非制度的门槛可以迅速有效降低,这比单纯通过市场组织曲折的"试错"方式而言,这是一种相对直接的"试对"方式,可以在加速产业结构升级的同时有效推进产业安全建设。

4) 鼓励发展行业消防协会,推进产业安全文化建设 李培林指出,在社会结构转型和体制转轨并行的中国,市场组织体系尚未完全建立起来,政府组织的制度创新的效率低风险大,以社会法人及其互动为代表的社会网络的变动所形成的结构性力量更为显著地发挥了"影响社会发展实际进程的'另一只看不见的手'"[278]。

在这里,与产业安全的文化建设相对应的社会法人具体表现为行业安全协会、行业消防文化组织、行业性(火灾)风险评估和管理中心等。它们是社会进行产业安全文化建设的主体。但是,由于政府在社会团体的观念变革和制度建设方面相对滞后,具有社会法人地位的行业消防文化组织甚至一般的行业消防协会还非常少见,因此社会的产业安全文化建设工作缺乏强有力的组织力量。这就需要政府按照建设和谐社会的精神,主动突破传统政社关系的思想束缚,改进政府对社会团体的管理模式,通过政府和社会的良性互动推动行业消防协会的建设。

中国消防协会的成立之后,1989年8月全国商业消防协会成立,它由原商业部安全办公室提出申请,经商业部批准成立了全国商业消防协会。该协会是由流通领域企事业单位自愿组成,主要采取团体会员制,具有社团独立的法人资格。当时,还有中国水上消防协会(具有独立的社团法人资格)、中国消防协会石油化工行业分会、中国消防协会天津大学分会。总体而言,20世纪80、90年代的消防协会为数极少。

案例:成都市武侯区成立跨行业消防安全协会

2008年7月3日下午,成都市第一家街道区域跨行业消防安全协会——武侯区玉林辖区消防安全协会正式成立。

武侯区玉林辖区消防安全协会是由玉林街道范围内消防科技工作者和消防科研、教学、企业及消防安全重点单位自愿组成,共有会员单位39家,涵盖了辖区内科研、医院、学校幼儿园、餐饮娱乐、宾馆、社区和物业管理等行业。

协会宗旨是团结全辖区消防科技和专业工作者以及广大热心消防事业的社会人士,致力于促进辖区消防科学技术进步和消防产业发展,促进消防科学技术的普及和推广。

武侯区玉林辖区消防安全协会的成立,对全市进一步搞好消防安全工作有很大的帮助和借鉴作用。协会将组织成员单位开展多种形式、多种内容的消防安全宣传、演练活动,交流消防安全管理经验和措施,把消防安全知识普及到辖区的每一个角落,最大限度地消除安全隐患,防患于未然,推进全区消防安全工作再上新台阶。

案例：云南省大理市社会消防由行业协会挑大梁（节选）

近年来，随着旅游业的兴起，在风景名胜区云南大理古城，酒吧、茶楼、网吧等如雨后春笋，与古建筑犬牙交错。到了北风呼啸的冬季，南北纵列的古城，星星之火即可能成燎原之势。

如何在保护古城风貌、维持旅游业繁荣的前提下，搞好消防工作？一个不足百人的专业消防队伍如何应付星罗棋布的火灾隐患？

经过两年多的摸索实践，负责古城区消防工作的大理市消防大队找到了一个"捷径"：让行业协会在社会消防中担当积极主动角色，让它们在古城消防中挑大梁。

会长领衔编外消防专干　业主员工成义务消防员

大理州消防支队政委彭志刚做了一个形象的比喻，"我们消防官兵好比是导演、策划、舞台监督，而行业协会好比是演员、角色，两相配合，相辅相成，上演了一台台精彩的消防大戏！"

近年来，随着旅游业的兴盛，商会作为政府部门与民间经济组织之间的桥梁，发挥着沟通协调、维权监督等多种职能。大理消防大队看中了行业协会这种作用。

行业协会的会长在行业内很有影响力。如果说，行业协会是条线，会长就是其中的线头。抓住会长这样的线头，就能由一根线，串起一盘散乱的珠子。

行会会长们愿意承担更多的社会责任，而公安消防人员积极动员他们参与社会公共安全事业，与他们自身的利益又息息相关，所以，他们一呼百应，率先成为编外的"消防专干"，其他业主、员工也纷纷响应。

挑出消防法规条文　纳入行业公约规范

国家出台的消防方面的法律、法规有许多，各行业协会根据行业特点和自身需要，把有关的条文挑出来，纳入本行业的公约、制度和规范。

网吧协会制订了消防规则，传达给各个网吧的管理人员，由他们培训网吧的服务员；每年对照规定，各网吧进行自查自纠。旅游业协会制订了消防工作制度、协会会员消防工作职责。天成商会制订了消防自律公约、用火、用电安全制度、火灾隐患整改制度、义务消防队管理制度等。

这些制度条文不超过 6 条，简单明了，易懂好记，会员们都能耳熟能详。而酒吧协会会员挂在嘴边的则只有一句大白话：开门防火，关门断电。

从 2006 年初行业协会参与消防工作以来，大理市未发生一起导致伤亡的严重火灾。毛波感慨地说，行业协会为消防工作提供了一个抓手。

云南省消防总队总队长王子岗对大理市消防大队的做法给予了积极评价："**大理市消防大队通过行业协会搞消防的尝试**，总结出一套由点到线、由线到面的社会大消防管理模式，值得认真总结和推广。"

新近几年来，随着社会主义和谐社会建设不断推进，消防协会或相关协会的建设出现了长足的进步。比如，2008 年 7 月，**成都市武侯区**成立了第一家街道区域范围的**跨行业消防安全协会**[279]；2006 年 5 月**湖南省醴陵市**成立了**烟花爆竹行业安全管理协会**[280]；2006 年 11 月**浙江省嵊州市**成立了**危化品行业安全生产协会**[281]。有的城市还积极发动和依靠行业协会推进消防安全建设工作，比如，**云南省大理市**消防部队发动网吧协会、旅游业协会、酒吧协会、天成商会等行业协会在社会消防工作中主动担当相应的工作任务[282]。这实际上将行业协会"消防化"了，行业协会变成了准行业消防协会。

社会需要加以关注和推进行业消防协会的发展，政府需要加以扶持，而行业消防协会自身需要在总结既有经验的基础上进行一定的规划和推介工作。

a. 从行业消防协会建设规划的角度看，行业消防协会的建设在组织形式上逐步向社会法人转变，在活动内容上坚持以产业安全文化建设为核心，而总体目标则是创建安全型产业结构。

b. 各有关行业要设立专（兼）职消防管理干部，切实履行行业对本系统内的消防工作的领导职责。

c. 要加强消防宣传教育，充分利用广播、电视、报刊、网站等媒体和各种舆论工具，广泛地传播消防法律法规和消防安全知识，强化严格遵守消防安全操作规程的意识。

d. 要综合行业协会、安全评价机构和保险公司的交流、评价、培训职能，着力培养适应行业特点的消防安全管理人员队伍[283]。

e. 要建立本行业特大火灾事故应急救援机制，强化自救演练，确保重大火灾事故的及时有效处置。

当然，转型期中国的社会变革离不开党和政府的领导作用，也离不开政府组织和社会组织之间正确处理政社关系。因此，在建设和谐社会的过程中，除了政府要主导和加快社会改革、完善政社关系，社会组织也要与政府组织积极互动，根据国际国内形势的需要，有序地将政府包揽的一些社会和安全事务分流到社会组织，积极发挥社会的安全监督作用和国内民间组织的国际安全监督作用。

a. 要创造法律、文化和技术条件，逐步接手政府的一部分安全监管职能，发挥行业性的内外监管作用，提高社会监督的层次水平。

b. 要大力发展社会安全救援服务、社会慈善服务、社会捐助救济服务，发挥行业性的内外服务作用，提高社会服务的层次水平。

总之，上述分析表明，在转型期的城市产业社会组织体系中，产业组织目前还是一种重大火灾危险性的生成性组织；在正确处理产政关系的情况下，政府组织是一种防范重大火灾危险性的制度性调控组织；在正确处理产社关系和政社关系的情况下，非营利非政府（以及非政治性）的社会组织则是防范重大火灾危险性的非制度性组织。而转型期的工业化与消防安全之间的矛盾本质上是工业化水平和城市产业安全的产业组织化水平之间的矛盾，以及由此引发的城市产业或经济的增长方式和城市产业安全之间的矛盾。而这，也正是进行城市重大火灾危险性的战略防范的基本依据。

为此，以政府组织为主导，以产业组织为主体，以社会组织为支持，尊重产业发展规律和关键需求，针对组织瓶颈和薄弱产业，正确处理产政关系、产社关系和政社关系，积极培育现代城市产业组织体系，实现产业化和消防安全的和谐发展，是城市政府和社会积极调控，城市产业主动防范城市重大火灾危险性的一项重要工作。如此，安全型的城市产业结构也就可以由目标转变为现实，当然其具体战略模式和实现方式可以因时制宜、因地制宜。

6.1.3　努力创新市场化模式，提高市场化时序结构安全性

有效防范转型期的城市区域重大火灾的宏观危险性，需要创新市场化发展模式，培育现代市场组织，提高城市市场化的时序结构的消防安全水平。

6.1.3.1　以创新市场化模式为核心，辩证把握市场化与重大火灾危险性的关系

从**思想层面**而言，有效防范转型期的重大火灾宏观危险性，要**以私营经济和外向型经**

济为重点，以创新市场化发展方式为核心，辩证把握市场化与重大火灾危险性的关系。

固然，转型期的工业化与消防安全之间的矛盾本质上是城市产业或经济增长方式和城市产业安全之间的矛盾。但是，工业化(或产业化)的基础是**市场化**。

改革开放以来，尤其是城市经济体制改革和社会主义市场经济体制改革以来，中国城市进入了一个市场化的进程，并在党的"十四大"之后成为明确的前进方向。根据改革开放20年的经验，第八届全国人民代表大会通过了《国民经济和社会发展的"九五"计划和2010年远景目标纲要》，提出"实现两个具有全局意义的根本转变：一是从传统的计划经济体制向社会主义市场经济体制转变；二是经济增长方式从粗放型向集约型转变"[284]，从而确立了"两个转变"的思想。从此，社会主义中国的工业化建设开始从计划经济模式转向市场经济模式，并形成了两种体制并存、有机结合的工业化模式。

当前，我国的火灾发生率相对较低，火灾危害性也相对较低，重大火灾的危险性和危害性不仅受到经济增长方式和产业成长阶段的影响，也受到社会主义制度的有效制约[285][286]。但是，由于市场力量日益壮大，市场经济体制有待进一步完善，城市重大火灾的危险性和危害性还是有所提高。因此，**在社会经济转型期的中国城市，构成工业化(以及城市化)与消防安全之间这一矛盾的深层次矛盾不仅在于城市产业(及人口)增长方式和城市产业(及人口)安全之间的矛盾，而且还在于市场化与消防安全之间的矛盾**。

前文H城重大火灾危险性的公共因子分析显示，D3.1(私营经济从业人员相对值)、D3.2(规模以上工业企业比重)和D3.3(出口商品供货值与GDP的比值)的最高负载值分别达到0.690、0.826和0.958。而且，D3.1、D3.2、D3.3分别从市场主体性、市场集中度和市场开放性这三个方面衡量了经济转制的状况和市场化的结构性水平。这反映出：在市场化进程中，城市市场体系已经成为重大火灾危险性的成熟的基本力量。这种市场力量性质的我国城市市场体系已经成为全球市场体系的一部分，因此全球化也已经明显构成了重大火灾危险性的主导力量。在这个基础上，市场集中度的增加反映了市场组织或主体的逐利性和逐利能力增强，构成了影响重大火灾危险性的中坚力量。市场主体的成长是影响重大火灾危险性的生长性力量。这些都是结构性的力量。

按照唯物辩证法，这一切就形成了市场化与消防安全之间的矛盾，而矛盾的主要方面在于市场化。相对而言，主要矛盾是市场开放性、市场集中度与消防安全之间的矛盾。因此市场化结构中的"出口商品供货值与GDP的比值"和"规模以上工业企业比重"是问题的重点。市场化结构中的市场主体与城市消防安全之间的矛盾则是次要矛盾，但不可忽视。所以，**构成市场化与重大火灾危险性之间这一矛盾的深层次矛盾是市场化和城市市场安全的市场组织化水平之间的矛盾，换言之，是市场化水平和市场发展方式之间的矛盾，以及由此引发的城市市场发展方式与城市市场安全之间的矛盾。而这，也正是进行城市重大火灾危险性的战略防范的基本依据**。

问题是如何理解市场发展方式与城市市场安全之间的矛盾？为什么微观的风险最小、安全最大的基本取向愿望演变成了宏观的风险和灾害最大化、安全水平最低化的相反结果？为此，本书第四章应用谢林建立的"多人囚徒困境"模型(MPD)初步进行了重点研究，说明了由于市场主体之间全面的安全竞争而形成稳定的非合作性的战略均衡，比如重大火灾等灾难性的后果。研究表明：问题的关键不仅在于市场的基本主体是否存在基本的安全诉求，更在于它们是否按照一种有序的方式去实现安全愿望。因此，**市场发展方式与城市市场安全之间的矛盾本质是市场的无序发展方式(或市场组织的有序度过低)与城市市场安全之间的矛盾**。

上述分析说明，**在历史和实践相统一的逻辑视角下，市场发展方式是决定城市火灾危险性(和危害性)的根本原因**。构成市场化与消防安全之间的矛盾主要表现为市场主体追求风险最小而利益最大与引发重大火灾之间的矛盾，并在市场集中度和开放性日益提高的情况下强化。而这一矛盾的深层次矛盾是市场化水平和城市市场安全的市场组织化水平之间矛盾，换言之，是市场化水平和市场发展方式之间矛盾，并由此造成了城市市场发展方式与消防安全之间的矛盾。以私营经济和外向型经济为重点，以转变市场发展方式为核心，才能辩证把握市场化与重大火灾危险性的关系，才能提出切实可行的防范重大火灾危险性的战略方向，才能有所为、有所不为，自觉、自信、积极探索出防范重大火灾危险性的行动方略。在此基础上，我们最后也就可以弥补市场失灵与安全性产业结构之间的悖论，从市场化、工业化和城市化的宏观视角，从组织资源创新和结构有序化的宏观理念出发，形成防范城市重大火灾危险性的相对完整的基本战略体系。

6.1.3.2 实施宏观的市场安全治理，切实转变市场发展方式

从**行动层面**而言，有效防范转型期的重大火灾宏观危险性，要**积极培育现代市场组织体系，切实转变市场发展方式，提高城市市场体系的结构性消防安全水平**。

解决市场化与消防安全之间的矛盾，尤其是城市市场发展方式与城市火灾安全之间的矛盾，不能仅仅采用普通的城市市场管理办法。市场是任何一种方便买卖的社会性安排，而不仅仅是一种场所。市场本质上具有社会经济的组织属性。因此，**解决这一矛盾需要以建立安全型的市场体系结构为目标，以转变市场发展方式为核心，以全面提高城市市场的组织化安全素质为关键，积极培育现代市场组织体系，并逐步实现市场体系结构对上述矛盾的自主调节**。这里，所谓安全型的城市市场体系是一个宏观范畴，是市场组织以及与之相关的资源、经济、社会、政治乃至文化的结构性稳定或本质性安全的协调系统。

通常，人们容易注意到市场化升级及其市场主体的风险能力方面的需求，但容易忽视城市市场结构的宏观管理。这容易滋生城市市场低水平重复建设，排斥了具有风险能力及优势的市场的形成和建设，并演变为现实的市场政策和机制，强化了市场转型过程中的市场振荡和市场风险。而提高市场主体素质(包括企业和家庭安全素质)的设想也在传统的"但扫自家门前雪，勿管人家瓦上霜"的松散行为方式或它们对政府"等、靠、要"的社会依赖习惯中显得力不从心。

为此，有必要着眼于市场或市场组织等安全资源的充分利用这一宏观目标，积极调动各方面(尤其是不具有风险能力优势的市场)的力量形成合力，实施宏观管理，强化宏观市场结构的安全治理，主动转变市场化模式，促使城市市场结构的现代化重构纳入有序发展的轨道，主动规避城市市场结构的现代化重构的无序灾变引致的重大火灾风险等城市重大灾害风险，积极防止风险积聚成灾，逐步建立安全型的城市市场体系结构。

6.1.3.3 积极培育现代市场组织体系，强化宏观市场结构的安全治理

从**组织层面**而言，有效防范转型期的重大火灾宏观危险性，需要**积极培育现代市场组**

织体系，强化宏观市场结构的安全治理工作，提高城市市场的时序结构的消防安全水平。

(1) 遵循市场安全与发展的规律，发挥市场组织不可替代的作用 所谓"宏观市场结构"至少可以有两种理解。其一，是指不同市场结构之间的结构变迁关系，这本质上是竞争或垄断程度的变化关系，比如，竞争型市场与垄断型市场之间的转换关系；其二，是指市场主体及其总和在市场风险以及相关引致性社会风险方面的转移关系，比如，社会个体风险低而社会总体风险高的市场风险结构与社会个体风险高而社会总体风险低的市场风险结构是不同的市场结构，并呈现出结构变迁的过程。本书所谓的"宏观市场结构"是指第二种理解，因此也可以称之为"市场风险结构"。

在宏观市场结构安全治理过程中，关系城市公共安全与发展的城市市场组织体系同样可以包括市场组织、政府组织和社会组织等组织类型，因此决不是一个狭隘的微观经济学或市场学的概念，而是广义的政治经济学概念。其中，市场组织反映了市场发展方式中的结构性生产力水平。

市场组织可以通过各种内在机制形成市场的安全生产力水平。这具体表现在以下几个方面。

1) 市场组织通过行业性状形成风险与安全水平 在市场组织的产业或产品层面上，是传统的资本雇佣了劳动(或传统知本)，还是现代资本中分化出现代知本并雇佣了资本；是服务业从属于工业，还是工业中分化出现代服务业或者服务业化并主导工业发展。不同的产业或产品性状影响了该产业的社会个体与社会总体的安全与风险水平。比如，现代服务业中的社会个体风险较高而社会总体风险较低，对整个市场经济社会而言，它属于安全型的产业。

2) 市场组织通过市场秩序形成风险与安全水平 在市场组织的非产业层面或更一般的层面上，市场秩序或社会经济秩序是如何形成的？是西方式的个体性利己追求产生群体性公利结果(斯密式市场经济)，还是东方式的个体性利他(即"自律利他主义")追求产生群体性私利(比如封建帝王时代的小农型市场经济)结果；是群体性利己追求产生个体性公利结果(因社会关心个人而有个人回报社会)，还是群体性利他追求产生个体性私利结果(因社会关心整体进步而有个别的绝对自私)？不同的市场秩序及其演化影响了相关市场的安全水平。

3) 市场组织通过市场稳定形成风险与安全水平 从市场组织的稳定性来看，个体性安全追求产生群体性风险结果，还是个体性风险追求产生群体性安全结果；是群体性安全追求产生个体性风险结果(比如，群体性安全追求产生"泡沫经济"引发火灾等安全事故或人为灾害并殃及无辜)，还是群体性风险追求产生个体性安全结果(比如，美国的创业投资氛围促成信息、生物等高新技术产业的发展以及经济安全和消防等社会安全的进步与发展)。

市场组织与政府组织的关系反映市场发展方式中的功能性的生产关系水平，因此，城市市场发展方式与城市火灾安全之间的矛盾涉及到市场组织和政府组织的关系问题，而且在转型期的中国城市尤其需要关注。另外，这里的社会组织同样是一种第三部门，比如环境与可持续发展组织等等。而市场组织与社会组织的关系同样反映了市场发展方式中的功能性生产关系水平，转型期城市市场发展方式与火灾安全之间的矛盾进一步涉及到市场组织与社会组织的关系问题。

在转型期的城市市场组织体系中，反映市场发展方式的市场组织和市场结构水平是重大火灾危险性的生成性组织（也是市场发展方式的生成性组织，因此在实现市场发展方式转变之后也可以演变为防范重大火灾危险性的自主性组织；而在转型过程中则成为一种防范重大火灾危险性的推动性力量）。政府组织是一种防范重大火灾危险性的制度性调控组织；但是如果调控缺位或调控不力，就演变为重大火灾危险性的推动性力量；如果市场和政府关系混杂、职能错位，就会演变成重大火灾危险性的生成性力量。非营利非政府（以及非政治性）的社会组织则是防范重大火灾危险性的参与性组织和非制度性调控组织。在一定的时空条件下，如果政府组织需要倚重社会组织防范重大火灾危险性，但社会组织缺位或乏力，社会组织也极易演变为重大火灾危险性的推动性组织。同时，市场和社会关系混杂、职能错位，就会演变成重大火灾危险性的生成性力量。

为此，**防范重大火灾危险性不能仅仅着眼于微观性质的企业消防安全和家庭消防安全，还需要从城市市场安全的组织化水平（即"市场风险结构关系"）着手，需要从城市现代市场组织体系着手，不仅要关注市场发展方式，还要关注市场与政府、社会的关系乃至政社关系的影响。要围绕建设安全型市场结构来转变市场发展方式，并在传统落后、缺乏现代市场关系的社会主义中国强化市场与政府、社会的关系的创新和改革。**

（2）立足于城市安全发展，逐步调整"大政府、小市场"的政市关系 目前的组织瓶颈是"大政府、小市场"的政市关系，尤其是政府在市场体系的观念变革和政策创新方面远远落后于（并且制约了）城市公共（消防）安全的市场组织体系建设的需要。所以，按照"小政府、大市场"的原则重塑政市关系，积极调整政府对市场体系的观念束缚和政策缺位，努力探索转型期的城市政市关系转换的路径依赖，主动开展城市消防安全的市场化建设并将行业消防落实到市场宏观结构和组织层面上，是城市市场变革和安全建设的基本方向和内容之一。

（3）强化与城市安全相关的薄弱市场的宏观型市场治理 目前市场体系的薄弱环节是①要素市场和②非人格化市场和服务市场，而不是其他普通的城市市场（这里未考虑人口意义的人流集中问题）。

其中，①要素市场是当前城市重大火灾易发、高发的市场领域，它与前述重化工业和与重化工业联系的物流业等新兴服务业之间形成经济联系，显示了不创新市场化发展方式甚至反其道而行之的社会危害性。而②非人格化市场和服务市场是现代市场链上的欠发育的环节，弱化了市场簇群和市场组织体系，它与前述农业服务业和创意产业、创业投资服务业等现代服务业之间形成经济联系。其中，非人格化市场有助于极大地减轻和规避城市化（特别是大中城市和城市群）压力和人口转移的无序性及其重大火灾风险，也有助于极大地减轻和规避产业化阻力和产业转型的无序性及其重大火灾风险。而服务市场有助于引领经济增长方式的转变方向和产业取向，也有助于引领市场发展方式的创新方向和市场取向，在全球化背景下把握产业化和市场化生存、发展、创新及国际竞争的主动权，减少和规避全球化竞争的冲击及其重大火灾风险。

上述薄弱市场①主要是城市市场的无序重构或盲目增长的典型市场，薄弱市场②主要是市场化管理水平严重滞后的典型市场，因此必将引发或造成极大的火灾危险性。为此，无论是积极培育现代市场组织体系，还是强化市场结构治理，都需要开展有针对性的市场化创新，探索相应的市场化组织或组织群及其体制、机制、法制和政策。

6.1.3.4 努力探索宏观市场治理，创设市场化体制、机制、法制和政策

从体制、机制、法制和政策层面而言，有效防范转型期的重大火灾宏观危险性，需要以政府组织为主导，以市场组织为主体，以社会组织为支持，努力探索宏观市场治理，创设相应的市场化体制、机制、法制和方针政策，以便培育现代市场组织体系和强化市场结构的治理工作，从而切实提高城市市场的时序结构的消防安全水平。

(1) 转变思想，充分认识市场组织及其发展方式创新的宏观安全意义 在这一方面，本书在第四章运用马克思主义原理，借鉴谢林的"多人囚徒困境"模型，结合社会主义市场经济阶段下我国城市市场化改革的现实，说明了市场组织的发展方式及其重大火灾危险性的发展方式之间的内在联系。为此，**社会主义城市安全不能仅仅是生产关系的安全，必须日益增强生产力意义的安全，必须追求社会主义城市的根本安全，必须追求社会主义城市的市场组织(乃至产业组织和社会、政府组织)的结构性安全**。这是一种根本战略，也是跌宕起伏的国际国内安全现状和趋势条件下的现实战略。前苏联的历史教训和中国的现实背离意味着这种根本战略不是多余的。

我国党和政府、领导和学者同样意识到了传统的社会主义城市安全模式的不可持续性，并已经触动到了体制上和增长模式上的根源，基本上也没有仅仅依靠研究开发投入的单方面增加追求世界性的安全成就。但是，由于落后的结构性生产力条件、不科学的政绩考核制度、市场和政府在要素市场和资本市场的不和谐结合以及社会中一些局部的不健康因素，市场化的现代转型出现了一些反现代的因素与方式，社会主义城市安全的总体追求在一定范围中出现了"南辕北辙"的现象。

遗憾的是，现实中往往存在一种"与己无关、高高挂起"的封闭心态或者"以不变应万变"的"鸵鸟心理"，这种社会心态不符合马克思主义关于变化和发展是永恒的哲学原理，也不符合"多人囚徒困境"模型(MPD)关于变异、创新和与众不同是最优均衡的原理。这样，势必严重忽视这种根本战略的现实迫切性，势必会助长跌宕起伏的安全局面。当然，一些城市消防安全工作的成绩也是有目共睹的，但是如果就事论事，因此认为城市消防工作已经万事大吉，必然忽视艰难的市场化改革进程和反现代的市场化方式对城市火灾安全构成的巨大的不确定因素。

(2) 立足于城市安全发展，按照"小政府、大市场"的原则重塑政市关系 以安全型城市市场组织体系为目标，政府要按照"小政府、大市场"的原则重塑政市关系，通过制度创新和职能转变积极处理市场和政府的关系，积极推动市场发展方式的转变，走安全型城市发展之路。

建设安全型的城市市场体系，不仅要转变市场发展方式，而且要正确处理市场(要素市场和资本市场)和政府的关系、市场和社会的关系以及相应的政社关系。

政府组织与市场组织之间的关系是一种组织间的内外关系和主从关系，在转型期(尤其是在某一新市场结构的创生阶段)政府以外在的组织力量主导市场组织的形成和发展。政府组织在宏观的经济学意义上可以引导市场组织的变迁，创建新型的市场组织，实现市场结构的升级和市场化发展方式的转变。但是，政府因此首要要明确组织定位，按照"小政府、大市场"的原则明确政府组织与市场组织(尤其是要素市场)之间的关系，明确政府组织引导市场组织的变迁的建设目标。

邓小平同志指出:"计划多一点还是市场多一点,不是社会主义与资本主义的本质区别。计划经济不等于社会主义,资本主义也有计划;市场经济不等于资本主义,社会主义也有市场。计划和市场都是经济手段。"[287]**当前,要素市场和资本市场改革的逻辑不同于产品市场的改革,不是要启动市场化改革,而是要维护近三十年全部产品市场和大部分要素市场以及个别资本市场的市场化改革的成果,实现社会主义市场经济条件下的可持续的社会本质安全。**因此,这主要不是发挥市场价格机制的问题,也不是政府淡出甚至放弃现有的这些计划性领域的问题,而是运用计划手段完善城市市场组织体系的问题,是正确处理政府组织与市场组织(尤其是要素市场和资本市场)之间的关系的问题,是实现市场发展方式的现代转变和社会主义社会长治久安的问题。这也是社会主义国家和城市政府建设"有限政府"和"有效政府"的经济基础和价值取向[288],而决不是按照资本的逻辑"为所欲为"和"不为所不欲为"而造成城市重大火灾或公共危机频发。

为此,政府要采取果断措施,运用必要的经济政策、计划和制度等手段正确处理政府与市场(要素市场和资本市场)关系。

1) 逐步取消土地批租政策,正确处理政府与土地的关系　如果说,二十年的土地批租政策是推进改革开放的重要措施,那么,时至今日,这一政策日益成为破坏社会和谐稳定、制造政绩工程、错误推进重工业化和引发公共危机以及重大火灾的重要原因。当前,政府也要将土地价格(以及利率、税率和汇率)充分地调控到有利于完善市场风险结构和市场组织体系的方向上,实施强有力的调控政策。在土地税赋收入收缴中央、重新界定中央与地方财税关系的基础上创造条件限制和逐步取消土地批租,逐步调控土地资源的要素市场价格,甚至**借鉴西方国家的经验将土地价格逐步归零并退出房价构成**。其目的是阻止和防范重化工业和房地产业的短期过热以及在空间上的流动性扩散,阻止和消除现实经济中土地价格双轨制甚至多轨制对社会经济的稳定和发展造成的巨大隐患和严重破坏,阻止和防范社会经济的大起大落和波及社会公共(消防)安全的剧烈振荡。

2) 调控知本要素市场,努力壮大现代服务业和知识创意产业　政府要积极调控要素市场,努力壮大现代服务业、知识创意产业和高新技术产业。政府要充分利用未来20年的难得的战略机遇期,依托香港和美国成熟的支持创业投资的金融体系,借鉴和壮大知识产权保护制度和体系,积极扶持和引导国有资本和民间资本发展现代服务业、知识创意产业和高新技术产业,建立国家和城市的科技创新体系和知识创新体系以及相应的服务业体系,充分发挥政府计划手段的导向作用构建安全型的市场组织体系和市场风险结构。

为此,政府还要积极调控知本要素市场,要通过知本要素优先入股和参与分配的手段充分体现知识劳动者的收入水平,要充分尊重和保护高校教师在产学研一体化领域发挥的不可替代的作用并体现为相应的经济政策。

3) 促进市场化和产业化及城市化的和谐发展　运用市场政策和市场杠杆,统筹产业以及城乡关系,促进市场化和产业化及城市化的和谐发展。

　　a. 实施优先发展现代农产品市场政策;
　　b. 实施优先发展现代农业服务市场政策;

c. 实施现代劳动密集型产品的专业市场政策；
d. 实施现代装备制造业和重化工业等特种产品的特殊市场政策；
e. 实施扶持并优先发展现代服务市场政策；
f. 实施现代要素市场政策；
g. 调整房地产市场政策等。

专栏：公共消防安全供给的多元化

除了原有的政府提供或政府兴办国有企业、事业单位的提供形式外，随着供给主体的多元化，公共消防安全可采取以下几种方式来供给：

1. 市场或社会的独立供给。公共消防安全产品与服务的投资、创建、生产以及维护保养等由私人部门或第三部门来单独完成的供给方式，可以通过收费的方式向消费者收取费用。如：社会专业培训机构举办的面向公众的消防安全培训教育或面向专业人员的相关消防资质培训；民办的消防博物馆；民办的消防安全研究机构，如创建于 100 多年前，由美国一些火灾危险性大的企业业主联合创建的 Factory Mutual International Corporation，它向公众提供付费的防灾科研咨询，以及比国家标准更严格的防火防灾标准的制定与认证；一些非营利组织提供的消防事务咨询等等。

2. 市场、社会与政府的联合供给。市场、社会与政府在公共消防安全的生产与提供进程中形成某种联合供应。

官民合作 政府以特许或其他方式吸收合格的非政府机构参与提供某项公共消防安全产品。

政府支持 政府对私人或第三部门提供公共消防安全产品与服务给予一定的补贴和优惠政策。比较典型的例子是：政府鼓励位于无国家或地方政府建制消防队（站）地区的企业专职、义务消防队在确保本企业消防安全任务的前提下，参与所在地区的火灾扑救及抢险救援，除按有关规定对其损耗物资进行补偿外，政府应再对该企业予以一定的财政补贴，以缓解因公共财力、兵源不足而导致的灭火救援力量匮乏的现状。

合同出租制 即政府确定某种公共安全产品与服务的数量与质量标准，向非政府机构实行竞争招标，与中标者签订承包合同，非政府组织实施生产，政府用财政资金进行采购后提供给公众。城市消防规划的设计、更新以及城市消防供水的投资建设及维护、保养等均可采用政府向专业设计院或相关企业签约采购的方式进行。

直接购买 地方政府直接向企业、第三部门甚至其他地方政府或部门购买某些急需的公共消防安全产品与服务。如购买实验室服务或向私人急救公司或运输公司付费购买突发性紧急事件的抢救、转运服务等。

3. 市场与社会的联合供给。这是指私人与第三部门通过有条件的联合来生产与提供一定区域内的公共消防安全产品与设施，社区可以从企业购买一定量的产品提供给社区成员，也可以给予企业一定的优惠政策或措施，如出让冠名权等，企业以较低的价格来生产相应的产品与服务；社区联合所在地各物业管理公司进行的消防安全综合治理等，也属于市场与社会联合向当地群众提供的有利于改善社区成员生活居住环境安全状况的公共消防安全产品或服务。

——节选自钟雯彬《建立公共消防安全供给的新秩序》，《中国西部科技》2005 年第 11 期。

---

4) 适应市场经济体制，遵循 WTO 规制，推进消防法治化建设 我国现行消防法制订于 1994 年，大量保留了计划经济时代的消防法制思想和管理模式，难以适应市场经济体

制和 WTO 规则，需要加以改进，**从法治上确保政府消防工作从全能管理转移到宏观调控、社会治理和公共服务的轨道上来**。

比如，消防法保护国有企业和集体企业的消防安全，却没有将外商投资企业和民营企业纳入保护范围，违反了 WTO 的非歧视性和国民待遇原则，也违背了市场经济的公平竞争原则。为此，**有必要按照"适应市场、服务社会、加强管理、保障安全、国际接轨"的原则，按照企业投资方式和责任主体而不只是所有制形式，修订和完善我国消防法的立法宗旨及其保护范围**。

> **案例：河南省消防工作转型**
>
> 　　作为政府职能部门之一的消防监督机构，应与时俱进，积极主动应对新形势的挑战，按照"适应市场、服务社会、保障安全、国际接轨"的原则进行改革。目前，河南省已经在消防监督工作变革中做了大量工作。
>
> 　　第一步，在全省范围内已经取消了消防机构颁发的消防工程（设计）施工资质证，娱乐场所消防安全登记证，消防产品入豫登记证，消防产品生产、经销、维修许可证以及易燃易爆化学物品生产、销售、运输等事项的消防许可等，打破了行业限制和地域垄断。
>
> 　　第二步，建筑工程消防设计审批等消防行政审批向备案制转变的运行机制正在酝酿之中。新的运行机制将充分体现设计单位对建筑消防设计全面负责的精神。
>
> 　　第三步，在公安部 61 号令奠定的法律基础前提下，机关、团体、企事业单位内部的消防工程检测、火险隐患认定、消防安全检查等工作将会逐步推向社会，由中介机构按照单位的自愿申请，依据国际有关法律规范，组织专家进行有偿服务。
>
> 　　——节选自李海宁，杜勇涛的《市场经济条件下开展消防监督工作的探讨》，《武警学院学报》2003 年 12 月。

又如，消防法规定消防部门对消防工作实施监督管理，但并未明确消防监督工作的职责范围。这导致消防部门的监督权限不明，执法随意性大，容易滋生腐败；同时，却又将一些可以由单位和社会承担的安全责任总揽一身，疲于应付，又容易流于形式。然而，按照**公共产品理论**，消防安全领域中属于纯粹的公共产品的，只是那些真正属于全民受益、难以排他和难以竞争的消防安全服务，诸如消防法律法规、有效的公共消防安全管理制度、消防安全基础科学、健全的监督执法机制、高效有力的灭火救援队伍。而企业内部治安保卫和火灾防范、个人和家庭的消防安全通常属于可以排他并各自享用的私人产品。而诸如社区治安综合治理、消防安全教育培训、城市火灾抗御设施等一般介于纯粹公共产品和私人产品之间，属于准公共产品。因此，如果由政府消防部门一家独揽必将难以达到公共安全效应最大化的目标[289]。为此，**有必要明确市场经济条件下社会单位、个人以及政府部门的消防安全职责，也要明确消防部门的监督职责，还要明确消防监督主体多元化的职责范畴和合作方式，实现消防行政管理向依法消防监督的现代消防转型和公共消防服务的多元化供给和法治化建设**。（参见《专栏：公共消防安全供给的多元化》）

5）**针对消防安全领域的市场失灵问题，建立健全面向消防安全的财政税收、金融保险和拍卖退出机制**　消防安全工作中的经济手段在计划经济时期几乎很少采用，因为当时不存在"**市场失灵**"问题。20世纪90年代确立市场经济体制的建设目标后,经济手段仍然在消防安全工作中缺乏应用,这是由于我们对市场经济条件下消防安全领域的市场失灵问题缺乏思想准备和行动安排。适应社会经济现代化转型的现实要求,政府有必要建立健全面向消防安全的财政税收、金融保险和拍卖退出机制,利用经济杠杆的作用,有效调节社会成员的消防安全行为。

a. 赏罚并举,建立健全面向消防安全的财政税收机制 市场经济条件下消防安全领域的市场失灵现象不仅表现为公共消防服务具有一定的纯粹公共产品性质,也可以表现为消防安全管理的外部性现象。根据**外部性理论**,消防安全管理具有外部效应。企业或居民积极做好消防安全工作,其自身得益,整个社会也因此受益,这是正的外部效应;反之,企业或居民如果不注意加强消防安全工作,有意无意地将火灾风险转移到社会范围,就会构成社会灾难和社会危害,这是负的外部效应。消防安全领域的外部效应是市场失灵的显著表现,政府因此需要采用经济手段,予以必要的鼓励或惩处。

对于消防安全领域的具有负外部性的行为和事件,需要进行惩处。现行消防法赋予了消防部门的处罚权,但同时又设置了不尽合理的前置条件,比如,责令限期改正而逾期者方可责令停产停业并处以罚款;同时,现行消防法并未明确规定罚款额度,消防部门只能依据《治安管理处罚法》对冒险作业、逾期不改正重大火灾隐患等消防违法行为处以500元以下的罚款,显然与这些违法行为的火灾后果很不相称。正如有关专家指出,对造成火灾隐患及其他消防违法行为的责任追究乏力,是导致隐患久拖不改,引发重特大火灾事故的重要原因[290]。因此,有必要明确并加大火灾隐患(尤其是重大火灾隐患)的处罚力度,明确严重违法行为的处罚范围和幅度,提高消防违法行为的违法成本,消除消防执法的时滞性和被动性,变被动的事故追究为主动的事前防治。

相反,对于消防安全领域的具有正外部性的行为和事件,需要进行鼓励。一些企业或居民及居民小区,消防意识强,投入大量人力、物力和财力落实消防安全措施,及时整改火灾隐患,自觉履行消防安全职责,协助消防部队开展灭火救援而遭受损失或损伤,这一切不仅有利于这些市场个体的消防安全,也为整个市场经济社会的消防安全做出了贡献,在有效降低社会的火灾风险的同时也节约了消防部门的行政执法成本。为此,政府有必要通过税收减免或财政补贴等方式予以奖励或补偿,相应建立消防基金及预算制度,并在消防法规中相应加以修订,明确财政税收等各种奖励或补偿的标准和实施办法。

b. 建立健全面向消防安全的金融保险机制 除了公共消防服务具有一定的纯粹公共产品性质、消防安全管理具有外部性,市场经济条件下消防安全领域的市场失灵现象还表现为面向消防安全的**市场不完全和信息不充分问题**。比如,有些企业或产业存在巨大的火灾隐患或火灾风险,但是由于信息不充分,商业银行照常放贷;又如,一些保险公司不愿意承担风险很大的保险业务,形成市场的不完全;另外,一些投保单位有可能在火灾保险有效期内防火不力、故意制造火灾并隐瞒事实,出现"**逆向选择**"。

为此,政府有必要**建立面向消防安全的金融信贷政策和机制**。对于存在重大火灾隐患的单位,经消防部门责令限期整改而逾期不改的(或者一经发现存在重大火灾隐患),而单位仍然贷款上其他项目,金融部门就应当限制;相反,如果为了整改重大火灾隐患,单位缺少资金需要贷款的,金融部门就应当支持甚至可以降低利率[291]。这要求消防部门与金融部门之间建立相应的信息互通机制,建立企业安全信誉档案,并定期予以发布。同时,这种面向消防安全的金融信贷政策和机制可以推广到居民个人,居民或个人一旦居家失火或在其他场所失火致灾,其商业性房贷利率和住房公积金贷款利率予以提高,金融部门甚至因此可以限制居民房贷规模和其他商业性信贷额度。另外,对于火灾风险相对较高的行业和企业,建立金融信贷限制政策和审慎机制,有效防范该类行业和企业在地方保护主义思想的庇护下无序扩张,也有效防范该类行业来自国际投资渠道的风险转移。

充分利用保险手段(含火灾责任保险),促进消防安全和城市安全发展,也具有重要意义。在保险机制的作用下,保险公司对投保人进行消防安全评估以便确定是否承保并确定保险费率,这就形成了一种市场性的制约力量。为此,政府应当采取措施,建章立制,积极加以引导和利用,有效弥补消防安全领域的市场不完全等市场失灵问题。对于火灾风险极大的保险业务,政府应当鼓励国有保险公司实施承保,为此,除了允许保险公司提高保险费率,还可以允许保险公司派驻监督人员,允许保险公司向投保人发出重大火灾隐患整改通知书并在投保人不按要求整改的情况下依据《保险法》相关规定不予赔付。据此,可以进一步由消防部门按保额实施处罚,在一定范围内针对火灾保险的逆向选择问题建立有效的约束和惩戒机制。

c. 建立健全面向消防安全的国有企业拍卖退出机制 在我国,一些国有企业(尤其是贫困落后地区的国有企业)由于历史等方面的诸多原因形成了重大火灾隐患,却不能落实整改经费。一方面其自身无力投资整改,另一方面当地政府财政困难、难以支付火灾隐患整改经费,这就导致重大火灾隐患整改工作难以落实。但是,在市场化转轨过程中,国有企业改制势在必行。在这种情况下,**国有企业改制、转让和拍卖等关键时刻也是消防监督管理和火灾风险防范工作的契机,并且,火灾风险防范工作可以采用市场化的方式。比如,可以将火灾隐患纳入国企拍卖或转让,通过国企资产与火灾隐患的捆绑式拍卖来推进火灾隐患整治工作,建立健全面向消防安全的国有企业拍卖退出机制。**

例如,**四川省广安市**在盘活国有资产,拍卖**天府饭店**的时候,把火灾隐患和天府饭店进行捆绑式拍卖,不仅拍出了高价,而且还落实了该饭店中久治未改的重大火灾隐患的整改工作[292]。

案例:四川省广安市将火灾隐患和国有资产进行捆绑式拍卖

广安天府饭店位于广安市劳动街1号,集餐饮、娱乐、住宿为一体。主楼12层,总建筑面积7462平方米,属二类高层建筑。该建筑修建于1995年,原为办公用房,后经市政府同意改造为三星级饭店,由广安市劳动局管理。由于使用性质的改变和一些历史原因,该饭店存在重大火灾隐患。据消防部门介绍,其主要隐患有:未设火灾自动报警系统和喷淋系统,消火栓系统不完善,疏散楼梯设置和装修材料不符合规范要求。因此,被列入广安市重大火灾隐患单位黑名单,消防部门曾多次下达整改通知书。

该饭店为国有资产,市财政难以投入上百万元资金全面整改饭店的火灾隐患,在严重缺资的情况下,天府饭店只能小整小改,对重大隐患却一拖再拖。

> 　　对于这家"问题饭店",广安市政府一方面责成主管部门加强消防安全管理,另一方面积极探讨消除火灾隐患的新对策。广安市消防部门在加强饭店消防监督管理的同时,多次通过新闻媒体向社会通报饭店火灾隐患,以促进整改进程,同时提高当地群众对天府饭店火灾隐患的防范意识。
> 　　2005年5月,市国有资产监督管理委员会正式获得该饭店的管理权。6月,在对全市的火患整改中,消防部门发现天府饭店的重大火灾隐患仍然没有消除,于是及时与国有资产监督管理委员会联系,寻求隐患整治的具体方案。国有资产监督管理委员会有关负责人表示,政府正在研究该饭店的拍卖问题,对这项投入整改资金较大的火灾隐患,只能等到拍卖方案定了再说。
> 　　2005年6月,政府正式决定将该饭店拍卖,拍卖标底为1100万元。一些商家本想参与饭店竞买,但是一打听存在重大火灾隐患,就打消了这个念头。他们表示,如果花钱买回一个存在重大火灾隐患的饭店,不能正常营业,或者隐患整改投入资金过大就会导致亏本,即使饭店的价格再便宜也不过是"烫手山芋",不敢买。由于拍卖方在此次拍卖活动中准备不够充分,火灾隐患问题也没有提上拍卖的议事日程,对于竞买方提出的问题一时难以回答,竞买商家心中没底,都不敢贸然举牌,首次拍卖流产。
> 　　广安市消防支队深入分析研究认为,拍卖方有必要、有义务让竞买方知道该饭店火灾隐患的真实情况,知道购买之后必须履行整改隐患的法定义务。只有买方享有了知情权,使其自主决定是否购买,才能进一步树立政府的诚信形象,并达到促进拍卖和推进隐患整改双赢的目的。同时,资产转向对于火灾隐患的整改是一次很好的机遇,如果不抓住这一关键时刻,资产转向以后,火灾隐患的整治将更加困难,以后的消防监督工作也将陷入被动局面。
> 　　原来国资部门担心的是,如果把隐患摆到桌面上,买方会借此砍价甚至造成再次流拍。听了消防部门的意见后,他们意识到,如果隐藏火灾隐患,不将隐患整改的责任一并在资产拍卖中落实,纸最终包不住火,今后处理类似国有资产问题,工作将陷入困境,还将遗留诸多隐患。国资部门迅速将消防支队的意见上报市委,并请示市委、市政府召开协调会议。市委、市政府领导及时召集消防、国资等有关部门召开专题会议,认真分析第一次流拍的原因,讨论第二次拍卖的具体方案。会议的焦点是天府饭店的火灾隐患是否透明化。消防部门表明,如果天府饭店的隐患不及时消除,一旦发生火灾,将导致严重的社会危害。他们提出,把火灾隐患整改和饭店一同捆绑式拍卖,要求买方在购买天府饭店的同时,必须主动承担天府饭店火灾隐患的整改责任,这是一个既可以促进拍卖,又可以推进火灾隐患整改的双赢办法。市委市政府采纳了消防部门的意见,当即在会上作出指示:由消防部门组织专家检查论证,对该饭店的火灾隐患进行梳理和评估,并提出具体的整改要求,报国资部门;由国资部门将其列入拍卖须知,向竞买者进行公告;消防部门派出专业人员参加天府饭店的第二次拍卖会,负责解答竞买方提出的关于火灾隐患的问题。
> 　　2005年7月15日,天府饭店三楼会议室,第二场拍卖会举行。和第一次拍卖会不同的是:天府饭店的火灾隐患列进了"拍卖须知",消防支队防火处处长吴胜才坐上了拍卖会前台。闻听隐患问题得到了落实,席上的竞买商家也比第一次增加了许多。拍卖会上,买方关注的仍然是饭店的火灾隐患。拍卖会的第一个议程成为消防部门对天府饭店火灾隐患的释疑。一时间,拍卖会成了火灾隐患的现场咨询会。天府饭店最终以1457万元的价格易主。

6) 转变政府职能,明确政府组织定位,改进绩效考核方略　　在积极采用经济手段的同时,政府还可以综合运用思想和理论创新、战略规划与管理、政治和行政、法律和道德文化等手段转变政府职能,明确政府组织定位,进而明确政府组织进行战略性安全建设的总体绩效的考核方略和指标选择以及实现方式。

　　a. 政府要以维护社会稳定、实现社会公正为基本职能;政府的经济建设职能主要在于宏观调控，作为发展中国家的政府，其首要任务应当是转变市场发展方式及经济增长方式、实现长治久安，并以此为坐标正确处理政府与市场的关系。

b. 要让一部分城市首先安全起来，率先实现安全发展，带动全国城市和农村的安全，并统筹城乡公共安全。

c. 推行结构主义的政绩考核制度，适当淡化总量指标和速度指标，积极推动政府与市场关系的现代化演进。

d. 改善公务员知识结构和年龄结构问题，逐步提高复合型干部人才的比例结构，适当提高政治型经济型干部人才的比重。

e. 充分运用政治、经济、社会和教育文化等综合手段有效创建新型的市场组织体系，努力推动市场升级和市场发展增长方式的转变。

新闻报道：恶性火灾事故多　海口推行重特大火灾问责制

海南新闻网3月9日消息：今年1月1日至3月7日，海口共发生火灾257起，死3人，伤7人，直接财产损失362.1万元，与上年同期相比，起数上升33.8倍，平均每天发生火灾4起，平均每天损失5.5万元。

昨天上午，市政府、市消防局等部门500多人在海秀路新琼华兴海绵店特大火灾现场和崖州古城王朝歌舞厅火灾现场召开大会，分析目前严峻的消防工作形势，研究消除火灾隐患措施，预防和遏制恶性火灾事故的发生。

据称，海口龙华新琼华兴海绵店火灾事故是海口市6年来的第一起特大火灾，也是春节特别防护期间全国惟一发生的一起特大火灾事故。

在火灾现场会上，海口市副市长刘庆声强调指出，今年，市政府将推行重、特大火灾行政首长问责制，对发生重、特大火灾的，市政府要派出工作组进行责任调查，对火灾发生地的区政府、乡镇和街道办事处主要责任人要进行严肃问责。

记者在会上获悉，从今天开始，海口市政府将组织各区政府和各职能部门在全市范围里统一开展火灾隐患大排查、大整顿活动，加大监督检查力度，对拒不整改火灾隐患的单位，坚决依法予以关停，特别是对市政府已挂黄牌、督办整改的重大隐患单位，将加大监督整改力度，对未能有效整改火灾隐患、擅自摘牌的单位将从严从重处理。（孙令卫　陈碧瑶）

——引自南海网 http://www.hinews.cn/news/system/2005/03/09/000033326.shtml

---

f. 依法建立健全城市公共安全（及消防安全）工作的问责制度，在彰显"以人为本，权为民用"的执政理念的同时，依法行政、依法问责，建立法治政府，有效保障城市公共安全。

(3) 立足于城市安全发展，通过非制度创新和文化进步积极处理改进市场和社会的关系　以安全型城市市场组织体系为目标，社会要通过非制度创新和文化进步积极处理改进市场和社会的关系和相应的政社关系，努力支持市场升级，积极推动市场发展方式的转变，走安全型社会发展之路。

从社会组织建设规划的角度看，社会组织建设的组织原则是为"科教兴国"或"科教兴城"战略服务，组织形式上逐步向社会法人转变，在建设内容上坚持以市场的系统性安全为核心，而总体目标则是创建安全型市场体系。

从具体建设内容来看，主要是**吴敬琏**同志提出的**在科学研究、高等教育和技术创新这几个方面建立充满活力的新体制，实现增长模式的根本转变**。也就是，"对于竞争前的研究开发而言，最重要的是形成独立和自律的科学共同体，以便树立严格的学术规范和建立以科学发现优先权为核心的激励制度；对于高等教育而言，最重要的是以学术权威取代行政主导，形成真正'尊重知识、尊重人才'的社会环境和建立'面向现代化、面向世界、面向未来'的教育体系；对于技术而言，最重要的是营建良好的市场竞争环境和产权保护体系（包括知识产权保护体系），使创新者能够得到实实在在的利益"；另外，从发展服务业来看，"要把能够保证服务业生存和发展的市场环境建立起来"；而"今后推进信息化，同样离不开市场化改革的支持"[293]。上述思想可概括如下：

a. 推进竞争前的研究开发：形成独立和自律的科学共同体，树立严格的学术规范，建立以科学发现优先权为核心的激励制度；

b. 发展高等教育：以学术权威取代行政主导，形成真正"尊重知识、尊重人才"的社会环境和建立"面向现代化、面向世界、面向未来"的教育体系；

c. 推进技术创新与竞争激励：营建良好的市场竞争环境和产权保护体系（包括知识产权保护体系），使创新者能够得到实实在在的利益；

d. 发展现代服务业：把能够保证服务业生存和发展的市场环境建立起来。

因此，以安全型市场体系为目标，除了政府组织要积极扶持市场组织，社会也要积极支持市场组织，前者"扶一把"，后者"送一程"，双方正确处理好政社关系，努力促成市场组织逐步独立自主地开展高新技术和现代服务的研究、开发、创新、投资和产业化活动，形成产学研良性互动、市场与政府和社会良性互动的新型的城市市场组织体系。

(4) 立足于城市安全发展，探索市场创新和发展的机制与路径依赖，努力自主实现市场组织创新和市场升级　以安全型城市市场组织体系为目标，市场组织及其主体（企业、企业法人、家庭及个人）要在政府扶持和社会支持的情况下探索市场创新和发展的机制与路径依赖，努力自主实现市场组织创新和市场升级，积极实现市场发展方式的转变，走安全型市场发展之路。

市场组织中的企业和家庭在市场化的最初阶段只有追求风险最小、利益最大的一面，但是，通过"多人囚徒困境"模型，人们最终"存在某种规模的联盟，从而使其中的成员通过选择不受偏好的选择来改善他们自己的情况"[294]，因此市场组织中的企业和家庭进而会产生风险最大、利益最大的规模化追求。比如，市场交易组织的范围从人格化市场逐步走向非人格化市场，这在浙江省就有明显的趋势性表现[295]。按照"多人囚徒困境"模型，这种风险最大、利益最大的规模化追求不仅会反映到市场交易活动领域，而且也会反映到安全生产活动领域。因此，一方面早期市场经济开始转入现代市场经济，市场化日益深入；另一方面企业和家庭的重大火灾危险性和危害性都在规模化增长。这就可以充分地解释市场化（以及基于市场化的工业化和基于工业化的城市化）对城市重大火灾风险的影响。

同时，前文运用马克思主义思想，借鉴谢林的"多人囚徒困境"模型，结合社会主义市场经济阶段下我国城市市场化改革的现实，说明了市场组织的发展方式及其重大火灾危险性的发展方式，并得出了"防不胜防"的悖论。这说明仅仅依赖社会主义的制度优越性，仅仅依靠以公安消防部队为代表的社会主义城市消防力量的建设，不能够根本解决防范城市重大火灾风险的问题。而且，这个悖论又隐含着初始条件决定最终结果的逻辑，也就是优越的生产关系和落后的生产力所构成的生产方式决定了"防不胜防"的逻辑结果，也就是生产关系层面上的宏观、集体、利他的安全现状最终难以防范和抵御生产力层面的微观、个体、利己的危险和危害趋势。所以，在评估和防范城市重大火灾风险这一重大命题上，如果就事论事，如果就"消防"论"消防"，如果就"消"论"消"，如果就"生产关系"论"生产关系"，都是远远不够的。所以，这里的关键问题是：在政府扶持和社会支持的情况下，市场组织中的企业和家庭的日益增长的微观的个体的利己性的风险最大、利益最大的追求能否并如何进一步转化为市场体系的结构性的宏观、集体、利他的安全趋势并与生产关系层面上的宏观、集体、利他的安全追求形成契合？

这时候，如果没有或缺乏政府的制度性扶持和社会的非制度性的文化支持，企业和家庭就难以运用市场化的办法实现风险最大、利益最大的追求。这就意味着市场化的时序结构、空间结构和分工结构难以创新，企业和家庭只有采用内部化的方式或自给自足的方式实现微观的个体的利己性的风险最大、利益最大的追求，以至于不仅牺牲交易安全，而且不惜以牺牲企业和家庭的组织安全为代价追求风险最大和利益最大。在这种情况下，市场提供给企业和家庭的灾害保险机制恰恰可以强化这种趋向。所以，不调整城市市场组织体系中的市场与政府、社会以及相应的政社关系是有百害无一利的。相反，仅仅采用和推广西方式的灾害保险体系反而会形成逆向选择，助长这种不惜以牺牲企业和家庭的组织安全为代价追求风险最大和利益最大的趋势。这就证明，**火灾等人为灾害富有制度和文化弹性，而安全则缺乏制度和文化弹性，只有改进制度和文化，只有改进城市市场组织体系中的市场与政府、社会以及相应的政社关系，才有可能促进市场组织体系的结构性的安全生产力的形成和壮大**。于是，这又进一步证明，**面向具有安全的生产力意义的市场体系的创新和建设，仍然需要生产关系层面的进一步调整和改革**，也就是前文侧重性探讨的诸种关系的变革。邓小平同志指出，"贫穷不是社会主义"，社会主义的本质，是解放生产力，发展生产力，消灭剥削，消除两极分化，最终达到共同富裕"[296]。根据现在的形势，**灾害不是社会主义，社会主义不仅要为共同富裕而解放生产力，而且也要为共同平安而解放生产力**。于是，生产力不仅有财富价值，也有安全价值，不仅反映为 GDP 指标，而且反映为安全、幸福和环保等社会福利指标。换言之，**社会主义生产力可以分为财富性生产力和安全性生产力等，统称福利性生产力，它的根本源泉在于社会主义城市（和农村）的市场（产业、经济、社会、文化和政治等）组织体系的结构性力量，这种市场组织体系的结构性力量是一种基础性力量**。

这样，我们看到，在政府扶持和社会支持的情况下，市场组织中的企业和家庭的日益增长的微观的个体的利己性的风险最大、利益最大的追求,可以不再内化为一种不惜以牺牲企业和家庭的组织安全为代价换取最大利益乃至虚拟化的最大保险收益的追求,而是外化为不惜以牺牲市场组织的局部稳定为代价换取最大利益。这时,继续借鉴谢林的"多人囚徒困境"模型,形成的将是市场组织有微小的不稳定并保持最大的稳定性,而企业和家庭在这样的市场组织环境中真正可以实现利益最大化。于是,原有的相对不稳定的市场组织体系不断被循环"淘汰"了,取而代之将是一系列循环出现的新兴的市场组织的体系、结构和功能,市场化因此在"螺旋型上升"中得到推进,最终形成不稳定中获得稳定的效果,类似于创建了市场组织的"蒸汽机"(或一幢以微小的晃动换取稳定的摩天大厦)。这个过程的历史和现实是企业和家庭转向高新技术产品乃至高新技术服务领域的风险最大、利益最大的追求,并创立出一种货币化虚拟的风险投资方式转移创新风险、创业风险和交易风险(这实际上是市场组织处理风险的"蒸汽机"机制)。这里,如果再次借鉴"多人囚徒困境"模型,企业和家庭的微观、个体、利己的风险最大化和利润最大化追求可以逐步产生宏观、群体、利他的安全最大化和包含利润最大化在内的福利最大化的结果(即"蒸汽机"机制)。最后,市场组织的结构性和功能性的宏观、集体、利他的安全趋势日益壮大,安全型的市场(乃至产业、经济、社会、文化和政治等)组织体系日益成熟和完善。而功能性的生产关系的安全回归到结构性的生产力的安全。社会主义共同安全就可以实现。

所以,如果将市场化进程中个体性的风险增长仅仅限制在生产关系的框架内加以解决,如果将个体性的风险增长仅仅运用消防官兵的血肉之躯或反映社会主义制度优越性的公安消防部队加以防范和化解,如果将个体性的风险增长仅仅依靠企业和家庭的内部安全规章和习惯以及社会安全责任[297]加以化解,"毋宁说是一场实验"[298],一场以善良的意愿出发聊以安慰却不能适合城市安全建设和发展的客观规律的实验,这一切都是不彻底、不稳妥的。相反,如果认为仅仅从社会主义生产关系或代表社会主义生产关系的城市消防的角度评估和防范城市重大火灾风险不是"就事论事",却又认为从社会主义生产力的角度加以评估和防范倒是"兜圈子",这些都将是孤立的片面的观点,不符合马克思主义。

总之,上述分析表明,在转型期的城市市场组织体系中,市场组织目前还是一种重大火灾危险性的生成性组织,但在正确处理市场和政府、社会的关系以及相应的政社关系的情况下,它可以演变为重大火灾危险性的终结性组织或"最终掘墓人"。在正确处理政府和市场关系的情况下,政府组织是一种防范重大火灾危险性的制度性调控组织;在正确处理社会和市场关系和政社关系的情况下,非营利非政府(以及非政治性)的社会组织则是防范重大火灾危险性的非制度性组织。而转型期的市场化与重大火灾危险性之间的矛盾本质上是市场化和城市市场安全的市场组织化水平之间的矛盾,以及由此引发的城市市场发展方式和城市市场安全之间的矛盾。这也正是进行城市重大火灾危险性的战略防范的基本依据。为此,以政府组织为主导、以市场组织(及市场主体)为主体,以社会组织为支持,尊重市场发展规律和关键需求,针对组织瓶颈和市场薄弱环节,正确处理市场和政府关系、市场和社会关系和相应的政社关系,积极培育现代城市市场组织体系和现代市场风险结构,实现市场化和消防安全的和谐发展,是城市政府和社会积极调控、城市市场逐步自主防范城市重大火灾危险性的一项重要工作。如此,安全型的城市市场(乃至产业、经济、社会、文化等)结构也就可以由目标转变为现实,当然其具体战略模式和实现方式可以因时制宜、因地制宜。而社会主义安全的根本出路在于充分发挥和完善社会主义制度优越性的同时,充分运用计划经济和市场经济有机结合的战略举措,主动解放和积极发展社会主义的安全生产力。

6.1.4 优化现代能源结构,提高能源时序结构的安全性

有效防范转型期的城市区域重大火灾的宏观危险性,需要正确处理天人关系,优化现代能源结构,提高城市能源的时序结构的消防安全水平。本书在6.1.1、6.1.2和6.1.3分析了城市重大火灾危险性的社会属性和社会性战略防范对策,而6.1.4则将涉及城市重大火灾危险性的自然属性、自然和人的关系以及防范城市重大火灾危险性的能源结构战略。

前文的H城重大火灾危险性评估显示,D4.1(工业用煤与用电相对值)的最大因子负载值仅为0.233,而D4.2(工业用煤与用油相对值)和D4.3(工业用油与用电相对值)的最大因子负载值分别达到0.626和0.792(另外,D4.3的第二大因子负载值也达到了0.589)。这反映出:在城市发展进程中,通常的煤、石油、汽油、柴油、天然气和液化石油气等可燃性能源的内部比重关系是影响重大火灾危险性的基本结构,而可燃性能源与非可燃性能源的比重关系以及可燃性能源的内部比重关系的最新调整是影响重大火灾危险性的新生结构。其原因是:人类文明起源于火的使用。从钻木取火、阳燧取火、火柴取火、火机取火甚至电子打火等,人类的取火方式不断进步;同时,取火的燃料也不断进步,有木柴、炭、煤、传统油气(植物油、动物油和沼气)、现代油气、现代人工合成化学能源(如:氢气)等可燃性能源,也有电、电子、核电等非可燃性能源。火灾危险和危害不仅取决于当时的人们主要采用哪一种可燃性能源,而且也取决于当时的人们以可燃性能源为主还是以非可燃性能源为主。从可燃性能源内部来看,当前中国主要使用煤炭,油气则次之,因此构成了影响重大火灾危险性的基本结构;由于油气与煤炭的相对值的增加,又构成了影响重大火灾危险性的新生结构之一;而从可燃性能源和非可燃性能源的比重关系来看,以油气为代表的可燃性能源的相对比重的提高构成了影响重大火灾危险性的新生结构。这实际上充分反映了中国城市重返重化工业道路对能源结构的影响并进而又影响了城市重大火灾的危险性和危害性。

按照唯物辩证法,这样就形成了城市能源结构变动与重大火灾危险性之间的矛盾,而矛盾的主要方面在于城市能源结构变动。相对而言,主要矛盾是以油气为代表的可燃性能源比重过高与重大火灾安全之间的矛盾,因此能源结构中的油气为代表的可燃性能源比重过高是问题的重点,以油气与煤炭的相对值为代表的可燃性能源内部结构同样也是问题的重点。

所以,**构成城市能源结构变动与消防安全之间这一矛盾的深层次矛盾是能源结构水平和城市能源安全的组织化水平之间矛盾,换言之,是能源结构水平和能源利用方式之间矛**

盾，以及由此引发的城市能源利用方式与城市火灾安全之间的矛盾。而这，也正是进行城市重大火灾危险性的战略防范的基本依据。

(1) 建立面向能源转变的消防安全战略规划，创新消防管理体制　能源转变必然会带来城市消防安全问题。当代世界的能源问题不仅困扰着全球的社会经济秩序和政治军事关系，也困扰着各国和各城市的消防安全。在国际上，人们日益关注如何保证能源基础设施的消防安全；而在国内，人们开始关心国家能源战略调整带来的消防安全问题。

当前，我国调整能源结构的方针是：保证供应、节能优先、结构优化、环境友好、市场推动。其基本思路是：以电力为中心，以煤炭为基础，大力发展石油和天然气，积极发展核电以及其他新能源和可再生能源。这不仅改变了过去以煤炭为主的能源消费思路，也关注能源结构的安全。

但是，在能源结构调整过程中，我国在消防安全战略方面缺乏相应的调整，没有将消防安全战略调整纳入能源战略规划，未能实现与能源转变相协调的前瞻性研究规划和同步建设，引发了大面积的重大火灾隐患和城市消防安全问题；同时，能源的开发、生产、运输、储存、销售、使用等环节的消防管理工作存在职责不清、各自为政、政出多门、职能分散、难以应急救援等诸多体制性积弊，未能建立起长效性的消防监管与安全标准体系和应急性的消防监管和救援能力。

为此，有必要**重视能源转变下的消防安全科学研究和规划建设工作，及时制订前瞻性的面向能源转变的消防安全战略规划，创建面向能源转变的消防安全管理新体制、安全标准体系和应急救援能力**。

(2) 强化非可燃性能源而不是现代化学能源的研究开发，逐步提高非可燃性能源的比重　随着中国城市进入汽车时代，随着自然界不可再生的非人工的现代油气资源日益枯竭，人们首先从利润或收入最大化的财富逻辑出发，首先从财富保障出发，进一步注重于研究和开发可再生的人工合成的现代化学能源（如：汽车中的氢气燃料）；而从安全或幸福最大化的福利逻辑出发，从安全保障出发，对非可燃性的电能和其他能源的研究和开发还非常欠缺。这是需要改进的。

城市消防安全工作一方面要适应这种现状，另一方面要积极加以调整。社会的力量不能无限地抗衡自然力量，人们可以防范可燃性能源的火灾危险和危害，但不能根本限制其重大火灾危险性和危害性。只有正确处理天人关系，调适能源结构，**逐步提高非可燃性能源的比重**，才能切实起到积极降低城市能源重大火灾危险性和危害性的作用。

(3) 有限有效地使用聚变型核能，彻底替代和淘汰裂变型核能　在非可燃性能源中，核电的危险性高但危害性低的命题仅仅在技术保障的范围内有效，缺乏社会性保障，更缺乏自然保障。因此，尽管提倡非可燃性能源比重的提高，但对核电这样的特殊能源还只能有限使用，必须有效使用。当然，核电产生方式从裂变到聚变的改进，最终又可以解决自然保障问题。所以，最后的结论还是人类应当充分利用由自然聚变所形成的太阳能，有限有效地使用人工聚变所形成的核能，彻底替代和淘汰裂变型核能。

(4) 充分利用由自然聚变所形成的太阳能　当前人们研究和开发太阳能，生产太阳能住房、汽车、电池、乃至空调等电器，都是值得大力倡导的。比如，**H 城**就在开发生产太阳能空调，这在主要依靠煤炭发电的能源背景下，是一种积极有效的安全取向。

(5) 及时淘汰可燃性材料　当前电气化加速发展，这在发展中国家非常明显，但一些老式建筑、旧家电、旧汽车和旧轮船以及其他用电过程中火灾或重大火灾日益增加。可是，这主要不是电的原因，而是可燃性的材料没有及时加以淘汰，人们的种种行为没有及时调适过来。这在公共因子分析的数据结果中也充分显示了这一信息，为我们指明了防范重大火灾危险性的方向。

6.1.5　积极预防，提高火灾惯性的时序结构的安全性

有效防范转型期的城市区域重大火灾的宏观危险性，需要尊重重大火灾危险性的时间规律，积极预防，提高城市火灾惯性的时序结构的消防安全水平。

如果说 6.1.1、6.1.2、6.1.3 和 6.1.4 所围绕城市重大火灾危险性的时间属性尚未充分显示出来，那么，6.1.5 将更为直接地涉及城市重大火灾危险性的时间属性、相应的火灾和时间的关系以及防范城市重大火灾危险性的时间结构取向。

前文的 H 城重大火灾危险性评估显示，D5.1（近 5 年平均的重大火灾发生率）和 D5.2（近 5 年平均的火灾发生率）的最大因子负载值分别达到 0.948 和 0.767。这反映出重大火灾危险性具有时间规律：是以重大火灾危险性的时间惯性为基础，并突出表现为一般火灾危险性的时间惯性转化为重大火灾危险性的突发性。

按照唯物辩证法，这样就形成了时间变化与城市消防安全之间的矛盾，而矛盾的主要方面在于时间运动。相对而言，主要矛盾是重大火灾危险性的突发性（即一般火灾危险性突变为重大火灾危险性）与重大火灾安全之间的矛盾。而这，也正是进行城市重大火灾危险性的战略防范的基本依据。

(1) 防范和评估重大火灾危险性不能忽视一般火灾危险性　防范和评估重大火灾危险性不能忽视一般火灾危险性，这两者是相辅相成的。这也就构成了前文借鉴"信息扩散"原理或"系统相似性"原理，结合一般火灾数据评估重大火灾风险的科学合理性。

(2) 当前防范重大火灾危险性的工作重点在于防范其突发性　同时，当前防范重大火灾危险性的工作重点在于防范其突发性。在防范重大火灾危险性的过程中，重大火灾危险性由递增转变为递减，突发性转化为非突发性，但是这时并未真正实现安全。理论上，只有当重大火灾危险性进入富有弹性的时序结构（相当于概率分布中难以通过检验的情形），防范城市重大火灾危险性的工作才是最终成功了。

(3) 从科学和哲学高度（而不局限于工程技术范畴），始终坚持并有效贯彻"预防为先"的基本战略原则　上述研究反过来又证明，**防范城市重大火灾危险性的工作不仅要正确处理天人关系，也要正确处理社会内部的人与人的关系或组织与组织的关系；不仅要建立安全的社会生产关系，也要建立安全的社会生产力，并使安全的社会生产关系建立在安全的社会生产力的基础上，实现良性互动**。所以，**防范和评估城市重大火灾危险性（及至脆弱性、易损性，或全部风险）首先是关于一个与城市重大火灾相关的复杂适应的安全系统的科学和哲学**。也正因为此，灭火是工程技术问题，而防火是科学和哲学问题；灭火是战术问题，而防火是战略问题。城市消防工作必须始终坚持并有效贯彻"预防为先"的基

本战略原则。

6.2 面向消防概念规划，有效防范宏观脆弱性的主要对策

如果说转型期的城市重大火灾危险性的战略防范问题本质是一个城市重大火灾风险的时序（或时间序）结构的战略规划、创新与管理问题，那么，转型期城市重大火灾脆弱性的战略防范问题本质是一个城市重大火灾风险的空间（或空间序）结构的战略规划、创新与管理问题。这时，时序结构的战略规划、创新与管理是目标，而空间结构的战略规划、创新与管理则是实现方式，是在空间上的落实。

本书将依据第三章初步建立的城市消防安全战略规划的理论假设"安全优化"模型，从社会人口结构、产业结构、市场化结构、能源结构和城市火灾的空间序结构等方面，探讨转型期防范城市区域重大火灾的宏观脆弱性的主要战略对策。

6.2.1 重视暂住人口因素，优化人口空间结构的安全水平

有效防范转型期的城市区域重大火灾的宏观脆弱性，需要以非农业人口为重点，以暂住人口为重要补充，优化城市人口空间结构，提高城市人口空间结构的消防安全水平。

前文的 H 城重大火灾脆弱性评估显示，F1.1（非农业人口密度）和 F1.2（暂住人口密度）的最大因子负载值分别达到 0.899 和 0.624；而公共因子中的因子 1 对 F1.1 的影响达到了 0.899，对 F1.2 的影响达到了 0.601。这反映出：在市场经济条件下的城市化进程中，通常的非农业人口密度是影响重大火灾脆弱性的基本空间结构；而暂住人口密度尽管是在开放经济背景下的工业化驱动所形成的，但本质上也已经成长为具有城市化意义的影响重大火灾脆弱性的基本空间结构，并可以独立于非农业人口密度之外对重大火灾脆弱性起到独特的影响作用。

按照唯物辩证法，这样就形成了人口空间结构与消防安全之间的矛盾，而矛盾的主要方面在于人口空间结构。相对而言，非农业人口的空间结构与消防安全之间的矛盾是主要矛盾，而暂住人口的空间结构与消防安全之间的矛盾是次要矛盾，但不可忽视。

换言之，根据第三章提出的"安全优化"模型假说，从 α_A 和 β_A 之间的比例关系来分析：对于非农业人口的空间结构而言，农业人口的空间结构可以不构成主要的规划改进对象；而相对于暂住人口空间结构而言，非农业人口的空间结构构成了主要的规划改进对象。因此，非农业人口的空间结构构成主要的规划改进对象。但是，暂住人口的空间结构与非农业人口的空间结构一样，都是独立的规划对象。

因此，**以非农业人口空间结构为重点，以暂住人口空间结构为重要补充，优化人口空间结构的安全水平**，是防范城市重大火灾脆弱性的空间规划的基本战略。

(1) 借鉴国外经验，制定社区防灾规划 社区是城市区域的基本单元，是城市灾害的基本承载体。为此，国际社会非常关注社区安全与社区减灾工作。1989 年**世界卫生组织（WHO）**召开了第一届事故与伤害预防大会，正式提出了"安全社区"的概念，通过了《安全社区宣言》。1999 年，在**日内瓦**召开的**第二次世界减灾大会强调**：要关注大城市及

都市的防灾减灾，尤其**要将社区视为减灾的基本单元**。**在美国，美国联邦紧急事务管理局(FEMA)**建立了一整套的**社区减灾工作体系**，它包括减灾规划、应急反应计划、组织队伍和居民防灾教育等几大块内容。社区的减灾规划包括社区的土地规划、建筑管理、灾害预警、急救医疗和危机指挥体系等方面内容；社区的应急反应计划包括部门职责、组织保障、负责机构、实施原则等方面；而在组织队伍和居民个人层次上，FEMA 的社区减灾工作体系特别注重如何加强公民的安全素质教育和防灾准备[299]。

借鉴国外的社区防灾减灾经验，制定社区消防规划等社区防灾规划，可以从源头做起，建设社区消防基础设施，建设社区消防体制和社区消防队伍，促进社区从建立阶段就开始具备良好的消防安全环境。为此，可以在国家、省市和区县这三个层面上分别制定社区消防等防灾规划，因地制宜，推进社区消防建设工作，减少城市社区在火灾等城市灾害面前的灾害脆弱性。

(2) 制定人口结构安全的空间规划，实施人口结构安全的空间治理　人口结构安全的空间规划本质上是将城市化与消防安全结合起来，实施人口结构安全的空间治理，改变城市化发展与城市消防安全相互脱节、不相协调的现状。

在我国快速城市化的进程中，消防工作与城市化相脱节，面临着一系列问题和挑战。比如，"城中村"建设无序，城市功能混杂；"公路城市"的畸形发展使得消防救援困难重重；"多合一"用房、民宅办厂、以厂代仓和围合建设使得消防安全雪上加霜[300]；闲置厂房、动拆迁工地的火灾隐患突出。

专栏：深圳龙岗区在农村城市化进程中提出消防工作新思路

第一，预先制定新城区消防规划，通过规划引导来协调消防安全监督管理。城市建设之前，要以大市区、大消防的全局观念，对若干年及未来城市消防发展规模和模式制定展望式规划；城市建设过程中，依据远景规划制定近期区域发展规划，实施组团式开发；城市建成后要建立多功能小区内部的消防建设发展规划，使社区消防安全建设有章可循，有序进行。

第二，抓住旧城区改造的建设契机，联合城市改造管理部门对老城区、城中村和公路城市实施火灾隐患整治。

第三，完善消防设施建设，推进农村城市化背景下的消防安全保障工作。

——根据深圳市公安局龙岗分局周江涛和深圳市消防局王文山的《农村城市化转变消防面临的问题及其对策》一文进行整理。

因此，在城市化背景下，人口结构安全的空间规划不能沿袭传统农业社会的人口分割管理模式；不能再把暂住人口排除在人口空间规划之外，也不能仅仅把暂住人口作为从属性规划因素；要通过空间规划手段调节城市常住人口和流动人口（暂住人口）的动态结构和合理布局，增强城市化的有序发展，减少城市化的无序、失序状况，实现对"城中村"、城乡结合部和新兴城区等人口混杂地区或人口密度增长区域的消防安全规划和治理。

在这方面，**深圳龙岗区**的经验值得借鉴，参见"专栏：深圳龙岗区在农村城市化进程中提出消防工作新思路"[301]。

(3) 人口结构安全的空间规划要与产业结构安全等方面的空间规划结合起来 消防安全战略规划不仅要与城市化和城市化方式相结合,还要与产业化、市场化等现代化因素相结合。因此,在将消防安全与城市化相结合,制定人口结构安全的空间规划的同时,有必要将人口结构安全的空间规划与产业结构安全、市场化结构安全、能源结构安全和火灾惯性结构安全等诸种空间规划结合起来,建立城市消防安全的空间性战略规划的规划体系。

6.2.2 重视重化工业因素,优化产业空间结构的安全水平

有效防范转型期的城市区域重大火灾的宏观脆弱性,需要以重化工业为重中之重,以工业和非农业产业为重点,以第三产业为重要补充,优化城市产业的空间结构,提高城市产业空间结构的消防安全水平。

前文的 H 城重大火灾脆弱性评估显示,F2.1(非农产业增加值密度)、F2.2(第三产业增加值密度)、F2.3(工业增加值密度)、F2.4(重工业总产值密度)的最大因子负载值分别达到 0.960、0.906、0.974 和 0.802,并同属于因子 1 的负载值;而公共因子中的因子 3 对 F2.4 的影响达到了 0.579。这反映出:在开放经济背景下的工业化进程中,非农产业增加值密度、第三产业增加值密度、工业增加值密度和重工业总产值密度是影响重大火灾脆弱性的基本空间结构。其中,第三产业或传统服务业尽管受到市场经济条件下的城市化活动的驱动,但本质上从属于开放经济下的工业化活动,或尚未从中分离出来而形成完全独立的现代产业部门,因此它对重大火灾脆弱性的影响具有从属性。但是,重工业以及重工业总产值密度日益成为一种独立的空间因素,形成了对重大火灾脆弱性的独特而又重要的影响作用。

按照唯物辩证法,这样就形成了产业空间结构与消防安全之间的矛盾,而矛盾的主要方面在于产业空间结构。相对而言,工业的空间结构(以及非农产业的空间结构)与消防安全之间的矛盾是主要矛盾,第三产业的空间结构与消防安全之间的矛盾是从属性的次要矛盾,但不可忽视;而重工业的空间结构一方面属于工业空间结构的范畴,另一方面构成了影响重大火灾脆弱性的独立因素,因此可以视为产业空间结构与消防安全之间的矛盾的焦点所在。

换言之,根据第三章提出的"安全优化"模型假说,从 α_A 和 β_A 之间的比例关系来分析:对于非农业增加值的空间结构而言,农业增加值的空间结构可以不构成主要的规划改进对象;对于第三产业增加值的空间结构而言,第二产业增加值的空间结构构成了主要的规划改进对象;对于第二产业中的建筑业增加值的空间结构而言,工业增加值的空间结构构成了主要的规划改进对象;而对于工业增加值中的轻工业增加值的空间结构而言,重工业增加值的空间结构构成了主要的规划改进对象。而从总体而言,重工业的空间结构构成主要的规划改进对象。

因此,**以重工业的空间结构、工业的空间结构(以及非农产业的空间结构)为重点,以第三产业的空间结构为重要补充,优化产业空间结构的安全水平,是防范城市重大火灾脆弱性的空间规划的基本战略。**

(1) 制定产业结构安全的空间规划,实施产业结构安全的空间治理 产业结构安全的

空间规划本质上是将产业化与消防安全结合起来,实施产业结构安全的空间治理,改变工业化增长,尤其重化工业化与城市消防安全相互脱节、不相协调的现状。

在重化工业化成为工业化现实的基本背景下,一方面要坚持走新型工业化道路,另一方面,尤其要把重化工业的空间结构放在防范城市重大火灾脆弱性的突出地位,强化空间规划和管理;同时,也要努力降低传统服务业和传统工业的空间规模,积极提高现代服务业、文化创意产业、知识服务产业的空间规模。

1) 切实推进"三个集中"战略,并将"产业向园区集中"的战略逐步纳入法治化轨道 受到转型时期的"行政型经济"的影响,我国的工业化和城市化的空间格局并不是西方正统的城市化理论所谓的"朝向大城市树枝状模式发展",而是在广大的城乡范围中广泛散布。这一方面促使农村迅速城市化和工业化,发生产业结构的急剧变迁,另一方面也促使灾害源在城乡之间星罗棋布。由于城乡产业结构的大范围变迁,生产规模和建筑规模蔓延式扩大,促使火灾蔓延空间范围扩大;原材料和产品大量分布,人员密集,增强了城镇火灾负荷;建筑用途混杂而多变,给消防审核和防火监管以及火灾扑救带来极大困难。

比如,根据笔者参与有关课题获取的调查数据显示,2004年南通市共有消防安全重点单位2860家,分布在南通市区的有796家,仅占27.83%;扬州市共有消防安全重点单位2588家,只有131家在扬州市区,仅占5.06%,其余2457家则都分布在其辖区各地的广阔的城乡地带,如表6-3所示。

2004年扬州市各辖区消防救援重点单位分布情况 表6-3

辖 区	高层建筑	地下工程	大型商场	公共娱乐场所	化工企业	易燃易爆重点单位	加油气站点	液化气储罐单位	易燃易爆运输单位
广 陵	22	6	8	238	6	43	8	2	2
淮 扬	17	2	5	278	2	26	10	1	2
开发区	6	1	1	128	2	13	10	2	1
邗 江	5	2	2	193	7	85	35	6	1
仪 征	6	1	2	104	4	95	42	2	2
江 都	20	3	3	168	10	124	36	5	1
高 邮	9	3	5	150	22	109	38	6	3
宝 应	7	2	2	205	5	48	29	7	1
合 计	92	20	28	1464	58	543	208	31	13

党的"十六大"指出,加快城镇化进程、统筹城乡发展是全面建设小康社会的一项重要任务。为此,要切实推进"三个集中"战略,促进"人口向城镇集中,产业向园区集中,土地向规模经营集中",努力创建安全型的城镇产业的空间结构布局。"三个集中"战略的核心和基础是"产业向园区集中"。要进一步将"产业向园区集中"的战略逐步纳入法治化的轨道,加快新型工业化建设。

2) 制订工业园区防灾规划 建设工业园区需要制订工业园区防灾规划,要从选址开始,按照国家有关法律、法规和消防技术标准的要求,遵循安全实用、经济合理的原则,综合考虑工业区安全布局、消防车道、消防水源、消防通信等内容。比如，将同一生产类型和火灾风险的工业厂房布置在一个工业园区，整体考虑厂房防火分区、防火间距等问题，从工业区规划开始就考虑到消防相关安全问题，从而避免留下火灾隐患。

(2) 产业结构安全的空间规划要与人口结构安全等方面的空间规划结合起来 消防安全战略规划不仅要与工业化和产业化方式相结合，还要与城市化、市场化等现代化因素相结合。因此，在将消防安全与工业化相结合，制定产业结构安全的空间规划的同时，有必要将产业结构安全的空间规划与人口结构安全、市场化结构安全、能源结构安全和火灾惯性结构安全等诸种空间规划结合起来，建立城市消防安全的空间性战略规划的规划体系。

6.2.3 重视市场化规模和开放性，优化市场化空间结构的安全水平

有效防范转型期的城市区域重大火灾的宏观脆弱性，需要以规模集中度和市场化主体为重点，以市场开放性为基础因素，优化城市市场化的空间体系，提高城市市场化空间结构的消防安全水平。

前文的 H 城重大火灾脆弱性评估显示，F3.1（私营经济从业人员密度）、F3.2（规模以上工业企业密度）、F3.3（出口商品供货值密度）的最大因子负载值分别达到 0.825、0.664 和 0.837，并同属于因子 1 的负载值；而公共因子中因子 2 在 F3.1、F3.2、F3.3 负载值分别达到了 0.529、0.572 和 0.407。这反映出：作为推动城市化的市场化进程，市场化主体、规模集中度和开放性是影响重大火灾脆弱性的基本空间结构；而规模集中度以及市场化主体日益成为成为一种独立的空间因素，形成了对重大火灾脆弱性的独特而又重要的影响作用。

按照唯物辩证法，这就形成了市场化空间结构与消防安全之间的矛盾，而矛盾的主要方面在于市场化空间结构。相对而言，市场开放性以及市场化主体与消防安全之间的矛盾是主要矛盾，规模集中度与消防安全之间的矛盾是次要矛盾，但不可忽视。而规模集中度以及市场化主体一方面属于市场化空间结构的范畴，另一方面正在构成影响重大火灾脆弱性的独立因素，因此可以视为市场化空间结构与消防安全之间的矛盾的焦点所在。

换言之，根据第三章提出的"安全优化"模型假说，从 α_A 和 β_A 之间的比例关系来分析：对于私有经济的空间结构而言，公有经济的空间结构可以不构成主要的规划改进对象；对于规模经济的空间结构而言，非规模经济的空间结构可以不构成主要的规划改进对象；对于开放经济的空间结构而言，非开放经济的空间结构可以不构成主要的规划改进对象。而从总体而言，以开放经济为基础的市场化主体或规模的空间结构构成主要的规划改进对象。

因此，**以规模集中度和市场化主体的空间结构为重点，以市场开放性为基础因素，优化市场化空间结构的安全水平**，是防范城市重大火灾脆弱性的空间规划的基本战略。

(1) 制定宏观市场结构安全的空间规划，实施宏观市场结构安全的空间治理 宏观市场结构安全的空间规划本质上是将市场化与消防安全结合起来，实施宏观市场结构安全的空间治理，改变市场化尤其市场化方式与城市消防安全相互脱节、不相协调的现状。

在市场化背景下，城市消防安全的空间规划工作不能再将开放经济因素排除在外；同

时，要重点关注开放经济条件下市场化规模和主体的迅速成长对城市消防安全的冲击和影响。要努力结合现代服务产业、文化创意产业、知识产业的发展，规划和建设个体风险大而社会风险小的新型高级的市场化发展的城市空间，优化市场化空间结构的安全水平。

(2) 宏观市场结构安全的空间规划要与人口结构安全等方面的空间规划结合起来　消防安全战略规划不仅要与市场化和市场化方式相结合，还要与城市化、工业化产业化等现代化因素相结合。因此，在将消防安全与市场化相结合，制定宏观市场结构安全的空间规划的同时，有必要将宏观市场结构安全的空间规划与人口结构安全、产业结构安全、能源结构安全和火灾惯性结构安全等诸种空间规划结合起来，建立城市消防安全的空间性战略规划的规划体系。

6.2.4　以工业用油和用电为重点，优化能源空间结构的安全水平

有效防范转型期的城市区域重大火灾的宏观脆弱性，需要以工业用电和用油为重点，以工业用煤为基础因素，优化城市能源空间结构，提高城市能源空间结构的消防安全水平。

前文的 H 城重大火灾脆弱性评估显示，F4.1（工业用电密度）、F4.2（工业用油密度）、F4.3（工业用煤密度）的最大因子负载值分别达到 0.979、0.945 和 0.882，并同属于因子 1 的负载值。这反映出：在当前的城市化进程中，通常的工业用电密度、工业用油密度和工业用煤密度共同构成了影响重大火灾脆弱性的基本空间结构；尽管我国是煤炭大国，但是，受到开放经济下工业化活动的驱动，工业用电密度和工业用油密度比工业用煤密度具有更大的影响作用。

按照唯物辩证法，这样就形成了能源空间结构与消防安全之间的矛盾，而矛盾的主要方面在于能源空间结构。相对而言，工业用电、工业用油的空间结构与消防安全之间的矛盾是主要矛盾，而工业用煤的空间结构与消防安全之间的矛盾是次要矛盾，但不可忽视。

换言之，根据第三章提出的"安全优化"模型假说，从 α_A 和 β_A 之间的比例关系来分析：对于可燃性能源的空间结构而言，非可燃性能源（电）的空间结构已经构成主要的规划改进对象；对于传统的可燃性能源（煤炭）的空间结构而言，新兴可燃性能源的空间结构（油气）也已经构成主要的规划改进对象。

因此，**以工业用电、工业用油的空间结构为重点，以工业用煤的空间结构为基础因素，优化能源空间结构的安全水平**，是防范城市重大火灾脆弱性的空间规划的基本战略。

(1) 制定能源结构安全的空间规划，实施能源结构安全的空间治理　能源结构安全的空间规划本质上是将现代化过程中的能源变迁与消防安全结合起来，实施能源结构安全的空间治理，改变用以支撑现代化建设的能源结构和能源消费方式与城市消防安全相互脱节、不相协调的现状。

在现代化背景下，能源结构和能源消费方式发生巨大变化，既给城市消防安全带来巨大压力和风险，也给城市消防安全带来新的契机。重要的是将城市消防安全战略的空间规划与能源结构和能源消费方式紧密结合起来，努力面向用煤为基础，用电和用油气迅速增

长的新型能源结构和能源消费方式,积极做好消防安全防范工作;同时,努力推广核电、太阳能和非可燃性能源,运用规划等手段大力拓展这些安全型能源的空间规模,优化能源空间结构的安全水平。

(2) 能源结构安全的空间规划要与人口结构安全等方面的空间规划结合起来 消防安全战略规划不仅要与现代化建设的能源结构和能源消费方式相结合,还要与城市化、工业化产业化、市场化等现代化要素相结合。因此,在将消防安全与现代化建设的能源结构和能源消费方式相结合,制定能源结构安全的空间规划的同时,有必要将能源结构安全的空间规划与人口结构安全、产业结构安全、宏观市场结构安全和火灾惯性结构安全等诸种空间规划结合起来,建立城市消防安全的空间性战略规划的规划体系。

6.2.5 优化火灾惯性的空间结构的安全水平

有效防范转型期的城市区域重大火灾的宏观脆弱性,需要以重大火灾惯性为重点,以一般火灾惯性为重要补充,完善城市火灾惯性的空间分布,提高城市火灾惯性的空间结构的消防安全水平。

前文的 H 城重大火灾脆弱性评估显示,F5.1(近 5 年平均的区域火灾发生率)、F5.2(近 5 年平均的重大火灾区域发生率)的最大因子负载值分别达到 0.925 和 0.993,并分别属于因子 1 和因子 2 的负载值。这反映出:在市场经济条件下的城市化进程中,不仅重大火灾历史惯性的空间密度是影响重大火灾脆弱性的基本因素,一般火灾历史惯性的空间密度同样对重大火灾脆弱性具有重要影响作用,并已经成为一种独立的影响因素。

按照唯物辩证法,这样就形成了火灾历史惯性的空间结构与消防安全之间的矛盾,而矛盾的主要方面在于火灾历史惯性的空间结构。相对而言,重大火灾历史惯性的空间结构与消防安全之间的矛盾是主要矛盾,而一般火灾历史惯性的空间结构与消防安全的矛盾是次要矛盾,但要予以高度重视。

换言之,根据第三章提出的"安全优化"模型假说,从 α_A 和 β_A 之间的比例关系来分析:对于重大火灾历史惯性的空间结构而言,特大火灾历史惯性的空间结构可以不构成主要的规划改进对象;对于一般火灾历史惯性的空间结构而言,重大火灾历史惯性的空间结构构成主要的规划改进对象;而从总体而言,重大火灾历史惯性的空间结构构成主要的规划改进对象,同时需要密切关注一般火灾历史惯性的空间结构。

因此,以重大火灾历史惯性的空间结构为重点,以一般火灾历史惯性的空间结构为重要补充,优化火灾惯性的空间结构的安全水平,是防范城市重大火灾脆弱性的空间规划的基本战略,不能把一般火灾历史惯性的空间结构排除在火灾历史惯性的空间规划之外。

(1) 制定火灾惯性结构安全的空间规划,实施火灾历史惯性结构安全的空间治理 火灾惯性结构安全的空间规划本质上是城市现代化转型和无序灾变过程中的火灾历史状况与消防安全的空间属性结合起来,实施火灾历史惯性结构安全的空间治理,改变城市消防安全工作中火灾风险的历史属性和空间属性之间相互脱节、不相协调的现状。

城市现代化转型和无序灾变过程中,要充分考虑城市化、工业化、市场化和能源消费等因素所引致的火灾历史惯性的空间属性和空间特征,要以重大火灾历史惯性的空间结构为重点，以一般火灾历史惯性的空间结构为重要补充，优化火灾惯性的空间结构的安全水平。

（2）火灾惯性结构安全的空间规划要与人口结构安全等方面的空间规划结合起来 消防安全战略规划不仅将消防安全的空间属性与历史属性相结合，还要与城市化、工业化产业化、市场化等现代化要素相结合。因此，在将消防安全的空间属性与历史属性相结合，制定火灾惯性结构安全的空间规划的同时，有必要将火灾惯性结构安全的空间规划与人口结构安全、产业结构安全、宏观市场结构安全和能源结构安全等诸种空间规划结合起来，建立城市消防安全的空间性战略规划的规划体系。

6.3 面向消防概念规划，有效防范宏观易损性的主要对策

有效研究转型期的城市区域重大火灾的宏观易损性的防范战略，可以从生产力和生产关系这两个不同的层面加以分析。其中，从生产力层面分析，也就是从重大火灾的宏观易损性的受体结构加以研究；从生产关系层面分析，也就是从城市消防组织和力量的角度加以研究。

在第四章和第五章中，受到研究条件的限制，本书未能从城市消防组织和力量的角度研究宏观易损性，因此，本书将主要从生产力层面探讨防范城市重大火灾易损性的主要战略对策，适当辅以生产关系层面（也就是从城市消防组织的角度）的防范城市重大火灾易损性的主要战略建议。

6.3.1 重视一般火灾的人口易损性，优化人口受体结构的安全水平

有效防范转型期的城市区域重大火灾的宏观易损性，需要以重大火灾的人口易损性为重点，以一般火灾的人口易损性为补充，提高城市人口受体结构的安全水平。

前文的 H 城重大火灾易损性评估显示，V1.1（一般火灾起均死伤率）的最大因子负载值分别达到 0.564；由于当年未发生重大火灾，V1.2（重大火灾起均死伤率）的最大因子负载值暂时空缺。这反映出：在社会经济转型期，一般火灾起均死伤率也是影响重大火灾易损性的人口受体结构之一，并且至少在未发生重大火灾的情况下成为一种独立的影响因素。

按照唯物辩证法，这样就形成了人口受体结构与消防安全之间的矛盾，而矛盾的主要方面在于人口受体结构。因此，**以重大火灾的人口易损性为重点，以一般火灾的人口易损性为补充，优化人口受体结构的安全水平，是防范城市重大火灾易损性的基本战略；不能就事论事，不能把一般火灾的人口易损性排除在消防战略规划之外**。

当然，这仅仅是根据 2003 年的案例区域的试评估数据得出的初步结论，需要进一步根据时空条件和受体属性、分类和范围的变化加以调整，以下亦类似。比如，重视和防治老龄化社会条件下老年人的火灾易损性，以及城市化大背景下的流动暂住人口等"新型消防弱势群体"的火灾易损性。

**（1）将老年人问题纳入城乡消防安全战略规划和日常工作，重视和防治老龄化社会条

件下老年人的火灾易损性** 我国从1999年进入了老龄社会，目前正处于快速老龄化阶段。根据全国老龄办2006年发布的《中国人口老龄化发展趋势预测研究报告》，我国的老年人口规模巨大，预计2020年将占总人口17%，2050年则达到31%，约占全球老年人口总量的1/5；老龄化发展迅速，居于老龄化速度最快的国家之列；老龄化呈现由东向西的区域梯次特征，并且城乡倒置；女性老人多于男性老人，老年"空巢"家庭迅速增加，在城市中占到40.3%；另外，我国社会老龄化超前于现代化，是在尚未实现现代化、经济欠发达的条件下提前进入老龄社会[302]。

在快速老龄化的社会转型进程中，快速老龄化与快速城市化之间出现同步共振，城乡"空巢"家庭迅速增加，但老龄服务体系建设严重之后，老年人受到的火灾危害日益突出。

根据公安部消防局统计，2005年全国共有893名60岁以上老年人因火灾死亡，占全国火灾死亡人数的36%，是老年人占总人口比例的3倍。其中，80岁以上的高龄老人375名，占到了老年人火灾死亡总人数的42%。在安徽、重庆和江苏，老年人因火灾死亡的比例超过50%，安徽接近70%；在上海、北京、天津和湖北、四川、辽宁、福建、吉林、宁夏、内蒙古等地老年人因火灾死亡的比例超过40%。从火灾死亡原因分析，用火不慎（47%）、电气（16%）、吸烟（16%）是引发火灾并造成老年人在火灾中死亡的主要原因，大大超出一般水平，如图6-8所示。另外，我国目前实行的是居家为主养老模式，这决定了住宅是老年人因火灾死亡的主要场所，占到90%，其中837人（94%）是常住人口，56人（6%）是流动人口[303]。

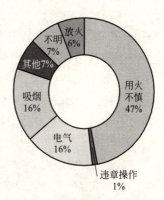

图6-8 2005年火灾中造成老年人死亡的主要原因

因此，有必要**将老年人问题纳入城乡消防安全战略规划，重视和防治老龄化社会条件下老年人的火灾易损性**。要充分认识做好老年人群的消防安全工作在和谐社会建设和安全城市、安全社区建设中重要意义和突出地位。要坚持"党政主导、社会参与、全民关怀"的工作方针，积极采用规划、财政、民政、宣传、政策、社会互助、社区志愿服务和法律援助等手段，构建良好的老龄服务体系，切实保障老年人的消防安全权益。

(2) 重视和防治流动暂住人口等各种消防弱势群体的火灾易损性，并将之纳入城乡消防安全战略规划和日常工作 弱势群体，也叫社会脆弱群体、社会弱者群体，在英文中称**Social Vulnerable Group**。消防弱势群体是在消防安全的意识或行为能力方面具有弱化特征和弱化趋势的社会弱者群体。它不仅包括普通的弱势群体，比如，老年人、儿童和残障人员等，还包括城市化大背景下出现的以外来务工人员为主的流动人口或暂住人口（又称为外来人员），可以称之为"新型消防弱势群体"。

这两类消防弱势群体在消防安全的意识或行为能力方面既有共同的弱化特征和趋势，也有其相对独立的特点。普通弱势群体的人员规模庞大，约占总人口的45%，并且不断增加，自身却不具备抵抗火灾的能力，缺乏火灾逃生的主动意识和自救能力。在福利院、幼儿园、敬老院和中小学等弱势群体聚居或聚集的场所，易燃物品多，火灾易损性强。弱势群体及其聚居场所在冬季用电量大，在使用取暖设备或取暖用品的时候容易产生隐形火点或积热燃烧，却不易及时发现而酿成火灾。

而暂住人口这一类消防弱势群体的人员数量规模也日益增加。国家统计局公报显示，经全国1‰人口抽样调查，2005年全国人口中流动人口为14735万人（约占13亿总人口的11％），其中，跨省流动人口4779万人。这与第五次全国人口普查相比，流动人口增加296万人，跨省流动人口增加537万人。从群体特征来看，这类人员流动性极大，隐蔽性强，登记率不高，管理难度、强度大；从个体状况来看，这类人员文化水平低、收入水平低，赚钱生存意识高但消防意识非常淡薄；从居住情况来看，这类人员居无定所，经常在租赁房屋、工地现场、老式居民楼的居民家中、单位内部、旅店等场所暂时居住，其居住地环境复杂，火灾隐患问题比较突出，易发生群死群伤事故；从社会管理来看，对外来人员的消防知识和技能培训少，对其消防安全的关注度不够，社会消防保障体系还不健全[304]。这类人员由于个人收入、工作条件、文化知识、防范意识以及逃生技能等方面的欠缺，在火灾伤亡人数中始终占据着一定的比例，成为消防弱势群体的主要组成部分之一。

尤其是，流动人口的年幼子女既是"新型消防弱势群体"又是普通弱势群体，其火灾伤亡可能性极大，火灾易损性极强。比如，2005年，**江苏省**共发生火灾19249起，死亡166人，受伤115人。其中，流动人口在火灾中死亡32人，占火灾亡人总数的19.3％，而10岁以下儿童死亡18人，占流动人口死亡总数的56.3％[305]。在**上海**，2005年度，共发生亡人火灾46起，造成54人死亡，外来人员死亡18人（仅"4·29"火灾就1次夺去了10名外来人员的生命），占全年总数的33.3％。其中，18岁以下的未成年人4人，占来沪人员死亡数的22.2％[306]。

案例：10名外来人员在"4·29"火灾中丧生，上百名外来人员受灾

2005年4月29日凌晨3时49分，位于上海市黄浦区高雄路3号的一幢三层砖木结构房屋发生火灾，经过消防人员的全力奋战，大火于凌晨4时42分被扑灭，共有10人在这场火灾中死亡，这10位死亡者均是外来人员。这是上海近几年来发生的最大的一起外来人员死亡人数最多的一次火灾事故。

后经消防部门调查得知，这幢发生火灾的三层房屋原是一幢闲置厂房，几经转手后成了某废品回收站，废品回收站老板经过改建后，将二三楼分隔成了二三十间单间出租给了外来人员居住。火灾发生时，整个楼上估计有上百人居住在一起，消防人员迅速用高压水枪控制住火势，同时深入现场抢救人员，并冒着生命危险抢出17个已燃烧变形的液化气钢瓶，这场火灾才避免了更大事故的发生。

外来人员已成为消防弱势群体的主要组成部分之一。这次火灾发生后，闲置厂房的消防安全专项治理，成了上海市消防部门近两年常抓不懈的一项主要工作。
——根据上海市公安局消防总队防火部宣传处《上海外地来沪人员消防安全调查报告》整理并题名 http://www.119.cn/txt/2007-05/25/content_1593788.htm

---

解决了消防弱势群体的安全问题，就解决了总人口中60％左右人口的消防安全工作，也解决了总人口中火灾易损性最强的人群的消防安全工作。为此，有必要重视和防治流动

暂住人口、儿童、残障人员等各种消防弱势群体的火灾易损性，强化福利院、幼儿园、敬老院、中小学、医院以及流动人口聚居场所的消防安全治理，并将之纳入城乡消防安全战略规划和日常工作。要采取行政、经济和法律等措施，明确基层政府和公安、民政、劳动、工商、城管、教育、卫生等相关部门对流动暂住人口、儿童、残障人员、病员（以及老年人）等消防弱势群体的消防安全管理职责，建立消防安全网格化管理机制和格局，实施管理目标、绩效和责任考核；要积极发挥各级政府流动人口管理办公室、公安户政、治安部门和劳动力输出培训基地以及用工单位等外来工人员管理与服务平台作用，把流动人口消防安全管理教育纳入日常工作；要将消防安全技能的培训纳入外来人员上岗就业的标准，并大力推行外来务工人员集中住宿管理模式和社区化、信息化管理体系，逐步实现经常性集中性的消防安全教育，引导外来务工人员主动学习和掌握消防安全基础知识和基本技能。

6.3.2 重视第二产业因素，优化产业受体结构的安全水平

有效防范转型期的城市区域重大火灾的宏观易损性，需要以第二产业为重点，以第三产业为补充，提高城市产业受体结构的消防安全水平。

前文的 H 城重大火灾易损性评估显示，V2.1（第二产业一般火灾的起均直接经济损失与人均 GDP 的比值）、V2.2（第三产业一般火灾的起均直接经济损失与人均 GDP 的比值）的最大因子负载值分别达到 0.983 和 0.721，并分别属于因子 1 和因子 4 的负载值。这反映出：在社会经济转型期，在未发生重大火灾的情况下，第二产业的一般火灾易损性是影响重大火灾易损性的基本受体结构因素，而第三产业的一般火灾易损性也是影响重大火灾易损性的产业受体结构因素之一，并且已经成为一种独立的影响因素。参考第二年（2004 年）的情况，的确在第三产业（物流仓储业）突然发生了一起重大火灾，而以往几年在 H 城整个市区乃至市域范围，重大火灾仅仅出现在轻工业和重工业，而不是第三产业。

案例：无锡市锡山区制定三项措施　加强物流行业消防安全管理

物流行业是市场经济下货物流通频繁、量大，孕育而出的新兴行业，近年来，我市锡山区抓住地域交通便利的优势，物流行业发展十分迅速，全区共有 10 家大型物流公司。此类物流公司集停车、住宿、浴场、配载为一体，人员、车辆、货物非常集中，一旦发生火灾，损失将十分严重。对此，锡山区消防部门经研究部署，制定三项措施，加强物流行业的消防安全管理：

一是严把新建物流公司消防审核、验收关。对新建、在建的物流公司按《规范》进行防火审核和验收，所有物流公司必须取得消防安全检查合格后方可开业。

二是强化专项防火检查，落实隐患整改措施。锡山区消防大队会同交通运管部门定期不定期对全区物流公司开展消防安全检查，特别对物流公司内的住宿宾馆、休闲浴场、货物仓库等部位进行重点检查，督促完善消防设施和器材，整改不安全隐患。

三是加强消防培训与演练。督促各物流公司制定灭火疏散预案并组织演练，锡山消防大队多次派员深入物流公司进行消防知识讲座、培训，提高从业人员的消防安全意识和技能。

——引自无锡消防网 http://www.wxfire.gov.cn/news_view.asp?newsid=734

按照唯物辩证法，这样就形成了产业受体结构与消防安全之间的矛盾，而矛盾的主要方面在于产业受体结构。相对而言，第二产业与消防安全之间的矛盾是主要矛盾；第三产业与消防安全之间的矛盾是次要矛盾，需要给予应有的重视。

因此，**以第二产业为重点，以第三产业为补充，优化产业受体结构的安全水平，是防范城市重大火灾易损性的基本战略**；要把第三产业作为一个独立的产业受体结构因素纳入消防规划，不能把它排除在消防战略规划之外。

6.3.3　重视非公有企业因素，提高市场化受体结构的安全水平

有效防范转型期的城市区域重大火灾的宏观易损性，需要以非公有企业为重点，以公有企业为补充，提高城市市场化受体结构的安全水平。

前文的 H 城重大火灾易损性评估显示，V3.1（公有企业一般火灾的起均直接经济损失与人均 GDP 的比值）、V3.2（非公有企业一般火灾的起均直接经济损失与人均 GDP 的比值）的最大因子负载值分别达到 0.792 和 0.958，并分别属于因子 3 和因子 1 的负载值。这反映出：在社会经济转型期，在未发生重大火灾的情况下，非公有企业的一般火灾易损性不仅是一种独立的影响因素，而且已经成为影响重大火灾易损性的基本受体结构因素，而公有企业的一般火灾易损性也是影响重大火灾易损性的市场化受体结构因素之一。参考第二年（2004 年）的情况，的确在非公有企业（私营企业）突然发生了一起重大火灾，而且以往几年在 H 城整个市区乃至市域范围，重大火灾经常出现在私营企业，而市区 2000 年曾经出现的 1 起重大火灾就发生在私营企业。

按照唯物辩证法，这样就形成了市场化的受体结构与消防安全之间的矛盾，而矛盾的主要方面在于市场化的受体结构。相对而言，非公有企业与消防安全之间的矛盾是主要矛盾，公有企业与消防安全之间的矛盾是次要矛盾。

因此，**以非公有企业为重点，以公有企业为补充，提高市场化受体结构的安全水平，是防范城市重大火灾易损性的基本战略**。

6.3.4　重视一般火灾的能源易损性，优化能源受体结构的安全水平

有效防范转型期的城市区域重大火灾的宏观易损性，需要以重大火灾的能源易损性为重点，以一般火灾的能源易损性为补充，提高城市能源受体结构的消防安全水平。

前文的 H 城重大火灾易损性评估显示，V4.1（能源相关类一般火灾原因中的起均直接经济损失与人均 GDP 的比值）的最大因子负载值达到 0.913。由于当年未发生重大火灾，V4.2（能源相关类重大火灾原因中的起均直接经济损失与人均 GDP 的比值）的最大因子负载值暂时空缺。这反映出：在社会经济转型期，一般火灾的能源受体结构也是影响重大火灾易损性的能源受体结构之一，并且至少在未发生重大火灾的情况下成为一种独立的影响因素。参考第二年（2004 年）的情况，的确在能源性受体（电气）突然发生了一起重大火灾。而且以往几年，H 城整个市域范围的重大火灾经常出现在能源性受体（电气、违章操作、放火、吸烟），近 3 年重大火灾没有出现在非能源受体的情况。而市区 2000 年曾经出现的 1 起重大火灾就发生在能源性受体（违章操作）。

按照唯物辩证法，这样就形成了能源受体结构与消防安全之间的矛盾，而矛盾的主要方面在于能源受体结构。

因此，**以重大火灾的能源易损性为重点，以一般火灾的能源易损性为补充，优化能源受体结构的安全水平，是防范城市重大火灾易损性的基本战略；不能就事论事，不能把一般火灾的能源易损性排除在消防战略规划之外。**

6.3.5 优化火灾惯性的受体结构，提高安全水平

有效防范转型期的城市区域重大火灾的宏观易损性，需要以重大火灾易损性层面以及财产易损性层面的火灾惯性受体结构为重点，提高火灾惯性受体结构的安全水平。

前文的 H 城重大火灾易损性评估显示，V5.1（近 5 年平均的一般火灾起均死伤率）、V5.2（近 5 年平均的一般火灾起均直接经济损失与人均 GDP 的比值）、V5.3（近 5 年平均的重大火灾起均死伤率）、V5.4（近 5 年平均的重大火灾起均直接经济损失与人均 GDP 的比值）的最大因子负载值分别达到 0.729、0.958、0.974 和 0.974，并分别属于因子 4、因子 3、因子 2 和因子 2 的负载值。

这反映出：在社会经济转型期，一般火灾易损性的历史惯性和重大火灾易损性的历史惯性是影响重大火灾易损性的基本主体结构。尤其是一般火灾的财产易损性的历史惯性极其容易演变为重大火灾的财产易损性，而一般火灾的生命易损性的历史惯性也比较容易演变为重大火灾的生命易损性。参考第二年（2004 年）的情况，的确在第三产业（仓储物流业）、非公有企业（私营企业）由于电气原因突然发生了一起重大火灾，直接经济损失高达 716600 元。而且，与 2000 年 H 城市区所发生的重大火灾的所在行政区域是相同的，2000 年的这起重大火灾仅损失 77944 元。

按照唯物辩证法，这样就形成了火灾惯性受体结构与消防安全之间的矛盾，而矛盾的主要方面在于火灾惯性受体结构。相对而言，重大火灾易损性层面以及财产易损性层面的火灾惯性受体结构与消防安全之间的矛盾是主要矛盾。

所以，**尊重重大火灾突发性特点，以重大火灾易损性层面以及财产易损性层面的火灾惯性受体结构为重点，以一般火灾易损性的火灾惯性受体结构为基础，优化火灾惯性的受体结构，是防范城市重大火灾易损性的基本战略。**

实施这一战略，需要开展多方面的工作，当前尤其需要采取"防""消"结合的策略，加强消防组织信息化及其区域合作建设。

(1) "防""消"结合，加强消防组织信息化及其区域合作建设 有效防范转型期的城市区域重大火灾的宏观易损性，需要预防为先，"防""消"结合，加强城市消防组织的信息化建设和区域一体化合作建设。

城市火灾的承受体可以涉及城市生产力层面的因素，也涉及城市的生产关系层面因素；不仅涉及城市人口、城市产业、城市的市场化组织、城市能源和城市火灾惯性本身，也会涉及城市消防组织。

当前，城市化处在以信息化带动城市化的崭新发展进程中，并由单一城市的城市化模式逐步发展为组合城市或城市群的城市化模式，不仅迅速提高了城市化水平，也极大地推

动了城市的现代化进程，因而也影响了城市重大火灾的发生和变化趋势。在积极推进消防法制化、社会化和规范化建设的同时，转型期的我国城市消防有必要实施数字消防战略和区域一体化合作战略。

(2) 实施数字消防，建设消防信息化的开放模式[307][308] 城市消防信息化工作始于20世纪80年代中期，到80年代末在我国使用了统一的火灾统计软件，因此一度领先于其他行业。然而，随着工业化、城市化和现代化建设的飞速发展，城市消防信息化工作在取得一系列成绩的同时，也日益暴露出不少有待解决的问题。尤其是，消防信息化的开放性不足是一个相当突出的问题。

消防信息化的开放性不足主要表现为以下几个具体方面。

——标准尚未统一，规划有待完善；
——基础设施薄弱，信息开发滞后；
——信息服务不力，社会共享不周；
——认识还有欠缺，人才相当匮乏。

解决消防信息化的开放性不足的问题，显然需要做许多工作，但尤为重要的是，城市消防工作需要加快其信息化步伐，走数字化之路。也就是说，如何运用数字技术等现代技术手段，创建一个开放、统一、综合、高效的消防管理信息化体系，既适合公安消防部队用以整顿消防安全环境，解决火灾隐患实施灭火救援活动，保证重大政治活动安全，又能够面向消防重点单位和普通市民提供公共安全指导和应急救援服务，实现安全信息和资源的共享、互动和数字化处理，这已经成为消防信息化建设的当务之急。

1) 确立数字消防的一般功能 在电子数据交换等现代信息技术的支撑下，借助于数字技术、计算机技术、卫星技术和通信技术的综合利用，数字消防一般所具备的基本功能主要是如下几个方面：信息集散，资源配置，指挥总控，智能办公，社会服务，教育培训，开发创新。

2) 确立我国数字消防的功能需求 从我国消防信息化工作的实际情况分析，当前我国的数字消防建设必须立足于解决"人少、事多、警力不足"这一突出的难题，必须有利于促使在灾害现场实现消防队伍战斗力的最大化，必须有利于城市安全资源的动态性优化组合和低成本配置，必须有利于提高城市灾害的综合治理能力。这是我国数字消防的功能建设在当前具体国情下需要遵循的总体原则。这样，我国数字消防工作需要进一步按照"开放、先进、实用、安全"的技术原则来建设数字消防综合信息系统，并主要满足如下几点功能性需求。

——在信息内容方面，任何时间、任何地点、任何人（简称"AAA"）都能够根据需要获取并提供消防信息，使消防综合信息系统成为公安消防机构重要的信息集散地。

——在网络覆盖方面，要达到"纵向到底、横向到边"。纵，即向上能够连接公安部和其他省区的消防总队，向下能够与下属的基层大队、中队及专职消防队连接。横，即外连国际互联网，内连辖区内所有高层建筑、化学化工企业等消防重点单位，并通过高空了望等技术手段达到全方位网络覆盖。

——在应用水平方面，要求在全国公安消防部队的范围内基本实现无纸化办公和业务数据的电脑化管理，通过网络灵活互动地召开各种会议，提供信息服务和远程教育等等。

3) 共建开放统一的消防综合信息系统 基于上述现实目标，我国数字消防的根本出路在于相关各方共同建设开放统一的综合信息系统。考虑到电子政务、社会服务领域信息化和企业信息化，这三大方面构成了当前我国城市信息化的重点，而城市消防信息化又将涉及到政府、居民和企业等各方面的行为主体。因此，这一数字消防综合信息系统必须满足如下四个方面内容的具体需要。

——城市消防的电子政务；

——城市消防的数字化管理；

——重点消防单位数字化安全管理；

——现场灭火救援活动的数字化运作。

4) 探索数字消防建设模式，实施数字消防战略 近年来，结合城市消防工作实际，我国城市数字消防建设在探索中开始出现一些成功的案例，初步形成了若干种数字消防建设的政府主导模式，比如，由总队主导的数字消防模式[301]。今后，需要将数字消防建设明确为城市消防发展战略之一，加快数字消防建设步伐，提高城市消防的现代化水平。

(3) 实施一体化消防，建设区域性消防应急救援体系[309][310] 在城市现代化转型进程中，无论是区域经济一体化还是以都市圈为目标的城市一体化，都需要相应构建区域性应急救援体系，以便有效应对跨区域的紧急事件或重特大灾害事故。

目前，从我国现有的应急救援体系看，一些行业和领域已经建立了应急救援的组织或机构，包括消防、地震灾害、核事故、化学事故、矿山、海事和医疗抢救等各种应急救援体系。其中，消防应急救援体系具备除了灭火之外的抢险和救援的法定职能，拥有常设的垂直领导机构、比较完善的应急反应装备和24小时待命的应急队伍。不仅如此，20世纪90年代以来，我国公安消防部队还进行了区域性应急救援体系建设的初步探索，组建了跨区域应急力量，组建了协作区，并正在实施跨区域的消防应急救援的规范化建设，取得了一定成绩。

1) 区域性应急救援体系建设仍然面临不少棘手问题 我国公安消防部队在区域性应急救援体系建设方面进行了积极有益的探索，区域性应急救援体系建设仍然面临着不少棘手的问题，除了认识不足和进度不一，主要有以下几点。

——法制上存在空白，法律保障尚未到位；

——源头上缺乏控制，防灾规划长期缺位；

——体制上比较落后，管理格局较为分散；

——建设中不够宽泛，运作平台较为单一。

2) 实施一体化消防，推进区域性应急救援体系建设 通过法制建设、规划调控、体制改革和机制创新等方面的努力，积极推进区域性应急救援体系建设工作，使城市消防建设能够主动适应城市一体化和区域经济一体化的现实需要。

——修订《消防法》，制订《公安消防协作区应急救援条例》，强化法制创新，提供法律保障；

——实施源头控制，制订协作区安全总体规划；

——完善体制改革，构建区域性应急救援组织，构建起域性应急联动的组织框架；

——探索机制创新，充实区域性应急救援的运作平台。

此外，随着市场全球化日益加快，加强城市消防建设离不开国际层面的互动合作，妥善应对和积极防范重大火灾风险的国际转移。而随着沿海发达地区的部分城市加快现代服务业建设，逐步进入后工业社会阶段，城市消防工作需要相应做好保驾护航工作，努力探索和适应现代城市的消防建设工作。

6.4 本章要点

这一章继续以安全资源利用为目标，以风险结构变迁为主线，主要围绕人口转移、产业转型、经济转制(以及能源转变和火灾惯性)等宏观风险源系统地探讨了转型期防范城市区域重大火灾的危险性、脆弱性和易损性的主要战略对策(或建议)，从思想、行动、组织、体制、机制、法制、政策等方面提出了一系列宏观风险管理的系统性措施和宏观风险治理的整体性方略，因而在策略层面深化了"城市火灾风险系统论"研究和"有效安全及管理"的探讨，有助于创建结构性、体制性的城市消防本质安全。根据当前火灾风险宏观管理的实际需要，这一章主要探讨了思想、行动、组织这三个层面的具体策略，有所兼顾其余；而且，重大火灾的宏观危险性的防范策略是研究的重点。

这一章提出，转型期防范城市区域重大火灾的宏观危险性的主要战略对策是：①主动转变城市化模式，培育现代社会组织，提高城市人口的时序结构的消防安全水平；②切实转变经济增长方式，培育现代产业组织，提高城市产业的时序结构的消防安全水平；③创新市场化发展模式，培育现代市场组织，提高城市化的时序结构的消防安全水平；④正确处理天人关系，调适现代能源结构，提高城市能源的时序结构的消防安全水平；⑤尊重重大火灾危险性的时间律，积极预防，提高城市火灾惯性的时序结构的消防安全水平。

这一章提出，转型期防范城市区域重大火灾的宏观脆弱性的主要战略对策是：①以非农业人口为重点，以暂住人口为重要补充，完善城市人口空间结构，提高城市人口空间结构的消防安全水平；②以重工业为重中之重，以工业和非农业产业为重点，以第三产业为重要补充，完善城市产业的空间结构，提高城市产业空间结构的消防安全水平；③以规模集中度和市场化主体为重点，以市场开放性为基础因素，完善城市市场化的空间体系，提高城市市场化空间结构的消防安全水平；④以工业用电和用油为重点，以工业用煤为基础因素，完善城市能源空间结构，提高城市能源空间结构的消防安全水平；⑤以重大火灾惯性为重点，以一般火灾惯性为重要补充，完善城市火灾惯性的空间分布，提高城市火灾惯性的空间结构的消防安全水平。

这一章提出，转型期防范城市区域重大火灾的宏观易损性的主要战略对策或建议是：

①以重大火灾的人口易损性为重点,以一般火灾的人口易损性为补充,提高城市人口受体结构的安全水平;②以第二产业为重点,以第三产业为补充,提高城市产业受体结构的消防安全水平;③以非公有企业为重点,以公有企业为补充,提高城市市场化受体结构的安全水平;④以重大火灾的能源易损性为重点,以一般火灾的能源易损性为补充,提高城市能源受体结构的消防安全水平;⑤以重大火灾易损性层面以及财产易损性层面的火灾惯性受体结构为重点,提高火灾惯性受体结构的安全水平。除了从生产力层面探讨防范城市重大火灾易损性的主要战略对策,这一章又从生产关系层面补充了防范城市重大火灾易损性的战略建议,主要是:①实施数字消防,建设消防信息化的开放模式;②实施一体化消防,建设区域性消防应急救援体系。

这一章的研究建立在前文对城市区域重大火灾风险进行宏观分析和试评估的基础上,又结合了国际国内重特大火灾案例;在深入运用马克思主义的结构主义研究方法的同时,又借鉴了谢林的"多人囚徒困境"模型。这一章在本章展开城市区域重大火灾风险防范工作的战略分析和对策研究的同时,也兼顾了城市区域重大火灾风险的宏观管理理论的探索,创新地提出了"安全具有组织属性"和"组织具有资源属性"以及"社会主义不仅要为共同富裕而解放生产力,而且也要为共同平安而解放生产力"等思想观点,创新地提出了城市消防安全的主要矛盾分析,初步探索了转型期的城市组织的消防安全的宏观经济、宏观管理和战略规划问题。

第七章

结 束 语

行文至此，本书有必要总结主要的研究内容和结论，提炼创新点，反思研究中所存在的不足之处，并简要分析需要进一步研究的问题。

(1) 本书的总结

认知、评估和防范转型期的城市重大火灾风险是实现现代化的迫切需要，是实现和谐社会和安全发展的迫切需要，是深化改革开放的迫切需要，关乎民心所向，关乎执政之本，具有重大社会现实意义。但在我国城市消防安全工作的理论和实践中，如何科学、宏观地认识转型期的城市区域重大火灾风险系统，如何系统、规范地评估转型期的城市区域重大火灾风险，如何从战略高度积极有效地防范转型期的城市区域重大火灾风险，诸如此类，长期以来在学术探索和业务探索中都缺乏关注和研究。因此，研究转型期的城市区域重大火灾风险势在必行。以城市现代化转型和重构及其灾变为背景，以宏观的安全资源利用为目标，以风险的结构性(体制性)变迁为主线，这构成了城市灾害(火灾)管理领域科学研究的关键需求，也构成了本书进行宏观研究的基本取向。

本书的综合研究表明，城市区域火灾风险认知在国外表现为一种自发的结构化演进的过程，而在国内则表现为一种自觉的结构化演进过程。当前，运用现代系统科学，对城市区域火灾风险系统及其变迁进行理论探索和创新，是城市区域火灾风险的理论研究的崭新出发点。但是，人们对城市区域火灾风险系统的宏观化认知尚未起步。同时，综述研究也表明，从城市区域火灾风险评估研究的理论演进来看，相比于"建筑形态路线"和"重大危险源集成路线"这两条微观型的研究路线，"社会经济性状路线"由于深刻关乎"城市公共(消防)安全与现代化转型"这一宏观的城市主题，在学术研究和业务实践活动中开始受到重视，日益凸现为一条新兴的研究路线。但是，城市区域火灾风险的综合评估仍然需要加强系统化探索。而且，综述研究还表明，在推进社会经济可持续发展的过程中，国内外城市火灾风险防范工作的基本方法，诸如风险转移、风险自留与应急，以及风险规避等，正在努力适应现代化和全球化条件下的风险社会环境的严峻挑战，因此城市消防规划必然需要走向战略化创新。总之，研究表明，国内外的城市区域火灾风险研究工作总体上仍然有待突破微观的资源配置型的框架，因此必须根据转型期的特点和可持续发展的原则而明确地转向宏观的资源利用型的目标框架，诉诸于社会型政策型的研究方向，创建结构性、体制性的社会本质安全。

本书在综述和梳理国内外城市区域火灾风险研究的基本线索和重大机遇的基础上，确立了城市区域火灾风险研究的宏观化、系统化和战略化的结构主义路线，并提出了"城市区域火灾风险系统论"。本书认为，研究城市区域火灾风险必须与社会经济现代化转型联系起来；然后，城市区域火灾风险系统可以理解为由城市区域火灾风险的致灾因子、承灾体和孕灾环境这三个子系统共同构成的城市区域异变系统，是城市区域火灾事件的发生及其引发的后果在时间维上的危险性，在空间维上的脆弱性和在组织维的易损性等这些各种不同的可能性以及上述诸种可能性的集合与统一；最后，有效防范城市区域火灾风险必须探索消防安全战略规划理论，为此，本书建立并初步验证了消防安全优化模型之假说。

因此，本书的研究对象是转型期的我国大中城市的城市区域重大火灾的宏观风险。本书从城市社会经济建设与消防安全的基本矛盾出发，围绕着城市区域重大火灾风险的宏观认知、城市区域重大火灾风险的综合评估和城市区域重大火灾风险的防范策略等三个有机联系的关键问题展开系统的结构主义的宏观研究和战略分析，重点探索了城市区域重大火灾风险的宏观认知和综合评估，并相应提出了转型期的城市区域重大火灾风险防范策略，从而初步实现了适用于转型期的我国大中城市的城市区域重大火灾风险宏观认知、综合评估和战略防范的理论和方法的系统研究。

在城市区域重大火灾风险的宏观认知方面，本书提出研究城市区域火灾风险需要从我国城市现代化建设的实际国情出发，分析我国城市区域重大火灾风险与城市化、工业化和市场化等社会经济现代化转型和变迁活动的紧密联系，为探索和研究转型期的城市区域重大火灾风险理论建立认识论依据。本书提出，城市重大火灾风险系统如果是由危险性、脆弱性和易损性这三大子系统构成的，那么，人口转移、产业转型、经济转制、能源转变和历史惯性等因素则可以理解为各子系统共同的宏观要素，从而构成了城市区域重大火灾的宏观危险性、宏观脆弱性和宏观易损性。本书定量地提出城市区域重大火灾风险的宏观要素的实证研究，建立了相应的回归模型群，初步实现了城市区域重大火灾风险的宏观风险源的分类分级研究。为此，本书直接采用了案例城市（H城）火灾的统计数据，突破了国内以往的城市火灾研究中的数据范围上局限性；同时，借鉴相似系统原理和信息扩散理论，初步解决了城市区域重大火灾风险研究的小样本问题。

在城市区域重大火灾风险的综合评估方面，本书提出，城市区域火灾风险系统可以理解为由城市区域火灾风险的致灾因子、承灾体和孕灾环境这三个子系统共同构成的城市区域异变系统，并分别表现为城市火灾风险的危险性、脆弱性和稳定性（易损性）这三方面的功能属性，具有时间性、空间性和组织（受体）性这三方面的系统性质和结构意义。这为探索和研究转型期的城市区域重大火灾风险理论建立了方法论依据。本书基于火灾风险系统的基本结构、要素和功能的系统分析以及火灾风险系统的宏观认知，对城市区域可能出现的重大火灾的宏观风险提出了评估指标体系，及其综合评估模型和计算方法，并采用DEA模型进行了试评估。通过试评估，本书进一步建立了案例区域重大火灾宏观危险性、宏观脆弱性、宏观易损性的因子模型、风险评估的数学模型，和总体风险评估的DEA模型，揭示了案例区域重大火灾宏观风险的基本因素、相对有效性和总体水平。为此，本书采用了G_1法替代了传统的基于判断矩阵的特征值法，也采用了数据包络分析（DEA）法，并尝试将G_1法和数据包络分析（DEA）法结合起来研究城市区域重大火灾宏观风险的总体评价问题。

在城市区域重大火灾风险的防范策略方面，本书首先提出，有效防范城市区域火灾风险必须探索消防安全战略规划理论。然后，本书基于火灾风险的宏观认知和综合评估，探讨了我国当前城市社会经济现代化转型与消防安全的若干基本矛盾；提出社会主义要解放安全生产力，并主要在安全生产力（并适当结合了安全生产关系）这一层面上，提出了防范城市区域重大火灾风险的战略对策（比如，优化人口结构的安全水平），初步探讨了城市区域重大火灾风险防范工作的战略化问题，为探索和研究转型期的城市区域重大火灾风险理论建立了实践论依据。为此，本书采用了马克思主义的唯物辩证法，借鉴了谢林的"多人囚徒困境"模型这一博弈分析方法，并初步提出、验证和采用了城市消防安全战略规划的"安全优化"模型之假说。

本书已经解决的关键技术是：在宏观认知转型期的城市重大火灾风险的基础上，构建了系统合理的城市区域重大火灾风险评估指标体系，实现了适用于转型期的城市区域重大火灾宏观风险的综合评估研究，并为城市区域重大火灾风险的战略防范工作提供了实证性的决策依据。而本书已经解决的广义的关键技术则是一套研究转型期的城市重大火灾风险的宏观认知、综合评估和战略防范的完整而契合的"技术链"。

作为国家级重点科研项目的验收成果之一，本书在研究中依托有关合作单位进行了相应的试点研究和案例应用分析，初步引起了我国消防界高层决策人士和城市安全主管领导的重视，也获得了消防科学研究领域的专家们的关注和肯定，并有待今后进一步的探索和研究。

(2) 本书的一些新设想

本书的新意不仅表现为研究中提出的思想、模型、结论及其应用，也表现为研究中所采用的科学方法。在此，简要归纳如下：

① 创新地提出：研究火灾风险需要结合城市化、工业化和市场化等现代化转型的进程，对此，火灾风险的宏观要素可以归纳为人口转移、产业转型、经济转制、能源转变和火灾惯性这五大方面的宏观风险源。以 H 城为实例，建立了可供定量分析的回归模型群，并可用于划分宏观风险源的级别。

② 基于火灾风险的宏观认知，构建了宏观型的火灾风险系统，认为它由具有时间序的宏观危险性、具有空间序的宏观脆弱性和具有组织序的宏观易损性构成；以 H 城为实例，提出了评估指标体系、综合评估模型和算法，采用 DEA 模型进行了试评估。效果良好，在课题验收中得到专家肯定。

③ 基于火灾风险认知和评估的实例研究及定量分析，首次探讨了现代化转型与消防安全的若干关系；并系统提出了防范火灾危险性、脆弱性和易损性的宏观策略，比如，优化人口结构（以及产业结构和市场化结构等城市结构）的安全水平等。对此，初步采用了可用于消防战略规划的安全优化模型。

另外，在研究方法方面，本书首次将马克思主义的结构主义研究方法应用于城市区域火灾风险研究的整个过程，初步形成了一套关于火灾风险的宏观认知、系统评估和战略防范的完整而契合的技术链。

以上这些新设想还得在实践中继续加以验证。我国消防界和城市公共安全领域拥有一大批具有丰富实践经验的领导干部、管理人员和研究人员，笔者恳切希望从他们那里得到更多的新启发,纠正或改进现有研究中的不足之处。

(3) 未来研究方向

目前已知的不足之处主要表现在以下三个方面:

① 在火灾风险认知方面,定性分析中的理论化探索还不够深入;定量分析中的数据条件还不够充分。比如,有关人口转移和产业转型、与经济转制和能源转变的研究中所能够采用的数据范围不同,造成了相关系数只能进行纵向对比,而横向可比性不足(当然,在风险试评估中由于能够采用相同范围的数据,经过因子分析后可以形成较为充分的横向可比性,能够用以判断不同类型的风险影响因素之间的主次关系);有的数据年限不足,难以通过回归相关分析得到有效的结果,并且,在现有的回归模型群中,个别模型的置信度水平有待提高。

② 在火灾风险评估方面,评估体系的构建由于受到案例城市的消防体制条件的限制,难以反映消防力量的总体情况。由于数据量较为有限,在计算中难以采用更为客观的权重处理方法。目前,将 G_1 法和 DEA 法结合起来,只能适当减少权重处理的主观性。受到非在地统计制度的影响,试评估的结果存在一定误差。

③ 在火灾风险防范方面,目前所提出的策略侧重于思想、行动或组织层面上的探讨,能为探索消防安全战略规划的研究提供一定依据;体制性、机制性、政策性以及法制方面的策略有所探讨,但有待强化。

④ 本书初步提出了"城市区域火灾风险系统论",包括"有效安全及管理"的理论框架和"安全优化"模型假说等,为此初步借鉴和运用了谢林的"多人囚徒困境"模型,但尚未全面展开,有待深入探讨和论证。

今后,需要加强理论化研究,改善数据条件和体制条件。

同时,作者认为,今后在城市区域火灾风险方面的研究可以进一步考虑以下几点建议。

第一,在现有的研究的基础上,积极贴近政府的宏观管理需求,将宏观风险评估与风险管理进一步结合起来,进行风险战略决策、规划和管理的系统研究,强化城市区域火灾风险的战略管理及其宏观政策研究。

第二,选取更多的样本城市和城市区域,跟踪分析城市区域重大火灾风险与社会经济现代化转型之间的基本联系,强化宏观风险源的结构性临界值及分类分级的研究。

第三,深入开展城市区域重大火灾风险认知的分析与研究。将宏观风险源与微观风险源结合起来,深化城市区域重大火灾的危险性分析;将规模脆弱性和功能脆弱性结合起来,深化城市区域重大火灾的脆弱性分析;将人口易损性分析深入到人口结构层面上,探讨它与年龄结构(老龄化水平)、性别结构、教育素质结构、失业率等人口结构的关系;将易损性分析与消防效能分析结合起来,深化城市区域重大火灾的稳定性分析。

第四,完善城市区域重大火灾风险评估、相对有效性评估和总体风险评估的指标体系和数学模型。

第五,进一步研究不固定区域的城市重大火灾风险评估问题,实现城市区域火灾风险的宏观化研究与 GIS 技术的有机结合。

第六，进一步开展基于社会经济"在地统计"制度的重大火灾风险和总体水平试评估，以及市区与市域范围内主要城市的比较研究。

第七，探索和研究城市群条件下的重大火灾风险认知、评估和防范问题；探索和研究信息化、数字化条件下的城市区域重大火灾风险认知、评估和防范问题。

第八，研究基于信息扩散理论的城市区域重大火灾风险评估的小样本问题，建立理论模型。

附录

研究的技术路线和若干术语

A.1 研究的技术路线

本书在研究中所采用的技术路线是从宏观和战略的角度系统研究我国当前的重大火灾风险(如表 A-1 的斜体字所示)。

本书研究的技术路线 表 A-1

技术领域		技术方向和路线			
风险属性	城市性质	特大城市	大城市	中等城市	小城市
	区域类型	固定(行政)区域	固定(功能)区域	不固定区域	
	灾害范围	城市市区	城市市郊	城市群	
	承灾体性质	城市区域	城市企业	单元	功能性单元
	灾害类型	事故灾难	自然灾害	突发公共卫生事件	突发社会安全事件
	事故性质	特大事故	重大事故	一般事故	一般故障
	事故类型	火灾	爆炸	毒物泄漏	其他
	风险类型	空间相对风险	时间相对风险	主体相对风险	
风险评估与防范	风险评估类型	事前评估	事中评估	事后评估	
	风险评估内容	子系统风险	系统风险水平	风险效率	总体(合成)风险
	风险评估目的	城市安全规划	灾害保险	应急救援	监控技术
	规划类型	战略(概念)规划	总体规划	具体规划	
	规划本质	充分利用资源	优化资源配置		
	规划作用	战略总控与管理	优化安全布局	优化消防力量部署	
	安全规划类型	消防安全规划	防洪规划	防震规划	其他安全规划
	风险防范类型	战略防范	管理性技术防范	工程性技术防范	
	风险管理类型	风险战略	风险管理		
	公共管理类型	公共战略	公共管理		
研究	研究类型	基础应用研究	基础研究	应用研究	
	研究导向	需求导向	供给导向	其他导向	

A.1.1 从宏观角度系统研究我国当前城市重大火灾风险

本书所谓的"宏观"有以下几层含义：

① 就研究对象而言，本书是从城市区域的角度研究重大火灾风险，而不是从城市建筑、城市企业、城市单元或功能性单元，以及单一建构物等微观角度进行分析。

② 就研究目的和性质而言，本书认为，研究重大火灾风险的认知和评估要为火灾风险防范和消防安全的战略规划服务，要有助于解决消防安全工作中日益突出的"安全资源利用"这一宏观而根本问题，而不只是微观的"资源配置"问题，是"治本"问题而不只是"治标"问题。

③ 就研究所要解决的问题而言，本书主要以重大火灾为典型，认知和评估我国当前的城市重大火灾风险，系统地揭示城市社会经济活动中存在的可以引起或造成重大火灾风险的结构性因素（或称"宏观危险源"）及其相互关系，提出相应的防范策略，并能够为其他类型的城市重大灾害（事故）风险研究提供一定的通用性的借鉴。

④ 就研究理念及方法而言，本书是从城市社会经济及其风险的结构性变迁的角度研究重大火灾风险，运用了结构主义的研究方法，并结合案例城市的实际情况进行试点研究。

A.1.2 风险评估的技术路线选取事前风险评估中的指数风险评估方法

在国际上，风险评估的技术路线表现为以下三种：①事前风险评估；②事中风险评估；③事后风险评估。因此，不同的技术路线下，风险评估的内涵各不相同。

事前风险评估又称"风险预评估"，是在事件发生前，预测某一项目、设施、场所或区域可能发生什么性质的灾害事故，并可能会造成的生命、财产或环境方面的风险程度。因此，美国核管会（NRC）建立并系统发展了这一风险评估的技术路线[312]，其代表作就是1975完成的 WASH-1400（核电厂概率风险评估指南）报告。

事中风险评估又称"实时后果评估"，是研究事件发生期间的危害程度和分布状况（比如，实时的有毒物质的迁移轨迹和实时的浓度分布，或火势、水势的实时变迁轨迹等），以便作出正确的防护措施，果断决策，减轻灾害或事故的危害程度。它包括对致灾因子及其相关要素的监测、其监测数据实时收集传输和交换、资料的加工处理分析和预报，以及必要时向公众发布灾害警报服务等内容。1988年，国际原子能机构（IAEA）与美国利物莫国立实验所在该所联合召开了第一届实时剂量评估国际研讨会，标志着实时后果评估这一技术路线开始确立[313]。

事后风险评估又称"事后后果评估"或"事故后后果评估"，是研究事故停止后对自然和社会的影响。它包括对受灾区因灾害而造成的受灾人口、死亡人口、受灾面积、成灾面积、直接经济损失以及灾害对生态环境和社会经济的影响等方面的调查评估，所以，又称灾害灾情评价。1988~1994年期间，由 IAEA 和欧盟共同发起主持的有 20 多个国家参加的大型长期国际协调研究项目"核素在陆地、水体、城市诸环境中迁移模式有效性研究"（简称"VAMP"），主要研究前苏联切尔诺贝利核电站事故停止后对中、西欧的后果影响[314][315]。

事前风险评估主要采用概率风险评估方法和指数风险评估方法。概率风险评估方法是根据元部件或子系统的事故发生概率，求取整个系统的事故发生概率。该方法系统结构清晰，相同元件的基础数据相互借鉴性强，已经在航空、航天和核能领域得到了广泛应用。由于它要求数据准确充分，分析过程完整，判断和假设合理，在系统复杂、不确定性因素多、人员失误概率的估计十分困难的化工和煤矿等行业中还未能得到有效应用。而指数风险评估方法可以避免这种困难，可以兼顾事故频率和事故后果两个方面的因素。

城市区域重大火灾风险的系统结构和要素显然比化工和煤矿等行业系统更为复杂，同样难以用概率加以表述[316]。换言之，它不仅涉及随机不确定性问题，还会涉及模糊不确定性问题[317]，甚至其他的不确定性问题。因此，事前风险评估中的指数风险评估方法颇为适宜。本书也采用这一技术方法。

A.1.3 风险防范的技术路线选取城市公共风险管理中的战略规划与管理方法

城市区域重大火灾的风险防范涉及风险管理、灾害管理、公共管理、城市规划与管理、政府管理、社会管理、经济管理、宏观管理等许多领域，是上述领域的综合集成，因此大致可以归属于城市公共风险管理这一交叉学科领域。战略研究是这一学科的新兴领域。

从公共管理看，公共部门战略规划与战略管理在20世纪80年代兴起[318]。它是作为西方后工业社会条件下新公共管理运动以及新公共管理范式的一个重要组成部分而出现的，是公共与非营利组织对急剧变迁的不确定环境的能动适应，因此它并不仅仅是对私人部门战略管理的一种响应[319][320]。公共部门采用战略方法的最初阶段的宗旨是形成战略，而不是对战略进行管理，"战略规划是在宪法规定的范围内，为确定政府行为性质和方向的基本决策所进行的专业性的努力"[321]。80年代末，公共部门进入到战略管理阶段，促成了公共部门管理模式和框架的全面变迁[322]。公共部门管理者需要战略思想，这正是公共部门战略管理兴盛的现实原因。在我国，尽管工业化尚未完成，但是"随着市场经济的发展和行政体制改革的深化以及政府职能的转变，我国的公共管理者与西方的公共管理者面临着某些类似的困境，迫切呼唤战略思维"[323]，何况一些东部沿海的发达城市已经逼近或初步进入服务业兴起的后工业社会阶段。与重大火灾密切相关的城市消防安全是一种服务性的公共产品。城市政府和消防部门如何适应中国社会经济转型期的巨大变革，及时有效地提供和管理消防安全服务，规避和控制重大火灾风险，同样需要宏观的战略思考、战略规划和战略管理。

从风险管理来看，前沿的风险管理思想认为：一个成功的风险管理者要能够了解风险并且阻止它的发生，使公众对风险的存在几乎一无所知。风险管理者必须时常了解新的世界人口构成及政治趋势、经济发展的方向，以及社会潮流的兴衰。风险管理的底线是没有一个永远正确的答案，他所能做的就是勇于面对变化，并且"掌控"这些变化。因此，风险管理的前沿所强调的是风险的过程而不是结果，风险管理的前沿所强调的是预防风险的战略而不是诸如电视监视器这样的机器[324]。这样，对城市区域重大火灾风险的过程和未来的把握和防范不再停留在现有资源的优化配置这一微观层面上，而是上升到急剧变化世界和环境中的资源的充分利用这一宏观的层面。

而在公共部门管理与风险管理交叉的领域,国外学者早已指出:风险管理的动力是使命感,是受到地方政府的整体目标所驱动的,地方政府的风险管理者必须能为全面风险管理工作提出明确的战略定位才行[325]。

从城市规划与管理来看,战略规划是我国城市规划工作的一个新兴的领域,也就是国外同行常用的概念性规划。它具有多学科综合平衡、侧重于发展方向研究以及具有动态性而非静止等特点,非常适宜用于指导城市总体规划以及城市公共安全规划的修编。城市消防规划一旦也引入战略规划,就可以引入竞争性的规划思路进行比较,把握城市火灾风险特点和消防安全规律,探索城市公共安全和发展的真谛,实现城市消防规划的创新,推动城市区域重大火灾风险的战略防范工作。这样,对城市区域重大火灾风险的未来的把握和防范不再是被动地、静止地和惟一地作出判断,而是强调以能动的姿态、创造性地、适应性地谱写城市重大火灾风险的未来可能上演的多种剧本。

因此作为城市公共风险管理内容之一,城市区域重大火灾的风险防范同样存在一个战略问题。这不仅是根据中国国情进行理论创新的需要,更是转型期中国城市建设和发展的迫切要求,以及转型期城市区域重大火灾风险的宏观评估的现实结果。尽管借鉴了西方战略管理思想和理论,它并不是被动响应和简单复制。

A.2 研究中的若干术语

转型期城市重大火灾风险评估和防范对策的研究所涉及到的基本术语是"转型"、"城市"、"区域"、"重大火灾"等,具体如下。

A.2.1 转型

著名经济学家林毅夫指出:"大概不会有人否认,我们处于一个转型时期。也许正因为这一点是如此确定,所以很少有人思考'转型'的真正含义,以及我们何以处于转型之中?"

著名社会学家李培林的《另一只看不见的手:社会结构转型》首次提出并系统阐述了社会转型理论。他认为,社会转型是一种整体性发展,也是一种特殊的结构性变动,有必要把数量分析引入对结构变动的考察。转型的主体是社会结构,转型的标志是:中国社会正在从自给、半自给的产品经济社会向社会主义市场经济社会转型,从农业社会向工业社会转型,从乡村社会向城镇社会转型,从封闭、半封闭社会向开放社会转型,从同质的单一性社会向异质的多样性社会转型,从伦理社会向法理社会转型。社会转型的主要内容是结构转换、机制转轨、利益调整和观念转变。中国社会结构转型的特点在于:结构转型与体制转轨同步进行,政府和市场的双重启动,城市化过程的双向运动,转型进程中的非平衡状态。

1995年,由李培林等专家学者共同执笔完成的《1996~2010转型时期中国社会发展战略构想研究》受到了中央重视,有关内容被国家"九五"计划起草小组采用并作为文件的背景材料。不久，根据我国改革开放 20 年的经验，八届全国人大通过了《国民经济和社会发展的"九五"计划和 2010 年远景目标纲要》，提出"实现两个具有全局意义的根本转变：一是从传统的计划经济体制向社会主义市场经济体制转变；二是经济增长方式从粗放型向集约型转变"，从而确立了"两个转变"的思想。至此，转型是指经济体制和经济结构的双重转变。

2002 年，中国共产党"十六大"明确提出要"走出一条科技含量高、经济效益好、资源消耗低、环境污染少、人力资源优势得到充分发挥的新型工业化道路"，并且号召全党和全国人民"全面建设小康社会，开创中国特色社会主义事业新局面"。2005 年，十六届四中全会又提出了建设和谐社会的新目标。这样，转型的含义不仅在经济层面上得到深化，而且扩展到了社会层面上。

因此，上海市社会科学界联合会主办的上海市社会科学界第三届(2005 年度)学术年会指出："'转型'，是改革开放以来中国面临的最重大的问题之一，而'发展'，则是当代中国转型过程中的主旋律。如何在转型中实现科学发展，如何在发展中实现平稳转型，这也就理所当然地成为当代中国社会科学关注的焦点所在——'和谐'社会概念的提出，使得对于当代中国转型与发展的思考得以大大深化和升华了。"

简而言之，转型是经济与社会的体制和结构的转变，是一种整体性发展。

实际上，这个转型的过程开始于 19 世纪中叶。本书则主要针对改革开放以来(尤其是"九五"以来)的这一时期进行研究。

A.2.2 城市

城市是人口学、社会学、经济学、地理学和建筑学等众多学科共同关注的对象。不同的学科都从各自不同的研究角度对城市作出相应的专业性定义，而综合性的一般定义则较少。2000 年，中国青年政治学院王放博士在综合国内外关于城市的综合性定义的基础上，从城市的一般演进过程和规律性出发，提出"城市是人类历史上形成的，以非农业人口为主体的，人口、经济、政治、文化高度聚集的社会物质系统"。这为认识城市提供了一种历史动态的以人口为主体的、以聚集为基本功能的系统的城市观。不久，国内又有学者认为"城市是一个复杂的适应性系统"，并表现出"城市空间结构的集聚和扩散"，这进一步揭示了城市的基本属性和功能。

在我国，城市按照城市市区非农业人口的规模区分城市规模，即超大城市、特大城市、大城市、中等城市和小城市。其中，城市市区非农业人口 200 万及以上为超大城市，100 万~200 万为特大城市，50 万~100 万为大城市，20 万~50 万为中等城市，20 万以下为小城市。一般将市区非农业人口 100 万及以上的城市统称为特大城市。

本书所称的大中城市，是指上述前 4 类城市，不含小城市，并且已经建立了城市市区社会经济的统计制度和统计部门。

A.2.3 区域

区域是一个非常宽泛的概念，不同的学科由于研究对象不同，对区域这一概念有不同的界定。

政治学认为区域是国家管理的行政单元；社会学则将区域看作是具有相同语言、相同信仰和民族特征的人类社会聚落；而经济学视区域为由人的经济活动所造成的、具有特定地域特征的经济社会综合体；地理学则把区域定义为地球表壳的地域单元。

目前看来，对区域这一概念进行较为全面、通用和本质化的界定的是美国地理学家惠特尔西(D. Whittlesey)。在20世纪50年代，由惠氏主持的国际区域地理学委员会研究小组在探讨了区域研究的历史及其哲学基础之后，提出："区域是选取并研究地球上存在的复杂现象的地区分类的一种方法"，认为"地球表面的任何部分，如果它在某种指标的地区分类中是均质的话，即为一个区域"，并认为"这种分类指标，是选取出来阐明一系列在地区上紧密结合的多种因素的特殊组合的"。

在本书中，区域或城市区域是指通常所谓的城市市区，因此属于"市、区、街道"这一"两级政府、三级管理"体制中的区级行政区域。

A.2.4 重大火灾

我国1990年版的火灾统计管理规定，"按照一次火灾事故所造成的人员伤亡、受灾户数和直接财产损失，火灾等级划分为三类：

（一）具有下列情形之一的火灾，为特大火灾：死亡10人以上（含本数，下同）；重伤20人以上；死亡、重伤20人以上；受灾50户以上；直接财产损失100万以上。

（二）具有下列情形之一的火灾，为重大火灾：死亡3人以上；重伤10人以上；死亡、重伤10人以上；受灾30户以上；直接财产损失30万元以上。

（三）不具有前列两项情形的火灾，为一般火灾。"

据此，中国火灾统计年鉴又对上述特大火灾中细分出死人≥30人或死伤≥60人的特大火灾。

在本书中，若无特别说明，重大火灾是指火灾统计管理规定中的重大火灾和特大火灾，也就是重特大火灾的简称。

A.3 研究中的加密处理

为遵守保密协议，本书就研究所涉及到的案例城市和案例区域使用了特殊符号表示。比如，H城、330102区等。相应地，本书就有关的统计数据或统计资料的来源地也进行了这样的加密处理。这种加密处理并不影响数据本身的真实性和权威性。

参 考 文 献

[1] 中共中央国务院. 中共中央国务院关于实施科技规划纲要增强自主创新能力的决定 [M]. 北京：人民出版社，2006.26. 该文件指出："今后 15 年，科技工作的指导方针是：自主创新，重点跨越，支撑发展，引领未来。……支撑发展，就是**从现实的紧迫需求出发，着力突破重大关键、共性技术，支撑经济社会的持续协调发展**。"

[2] ISO 8421—1：1987，消防　词汇　第 1 部分：火灾的一般术语和现象 [S].

[3] Kaplan S. The words of risk analysis [J]. Risk Analysis，1997，17(4)：407～417.

[4] USFA. U. S Fire Administration offers new risk, hazard and value evaluation program for local officials [EB/OL]. http://www.usfa.fema.gov，2001-11-19.

[5] ISO 13702：1999，石油和天然气工业　对海上开发安装中着火和爆炸的控制和减弱要求和指南 [S].

[6] H. J. Roux. A discussion of fire risk assessment [J]. Fire risk assessment，May 1995，16～27.

[7] 霍然，程晓舫，解焕民. 火灾危险评估模型的基本结构 [J]. 消防技术与产品信息，1994，7(6)：28～32.

[8] 易立新. 城市火灾风险评价的指标体系设计 [J]. 灾害学，2000，15(4)：90～94.

[9] 范维澄，孙金华，陆守香等. 火灾风险评估方法学 [M]. 北京：科学出版社，2004.

[10] Gunther Paul. Fire-cause patterns for different socioeconomic neighborhoods in Toledo, OH [J]. Fire Journal，1981，75(5)：52～58.

[11] 李杰，宋建学. 城市火灾危险性分析 [J]. 自然灾害学报，1995，4(1)：98～103.

[12] 宋建学，赵水苗，李江. 开封市城市火灾危险性分析 (J). 郑州工业大学学报，1998，19(4)：80～84.

[13] 吴波，周文松. 东北某城市建筑物火灾的发生概率研究 [J]. 自然灾害学报，2001，10(2)：43～49.

[14] 史培军. 再论灾害研究的理论和实践 [J]. 自然灾害学报，1996，5(4)：6～17.

[15] 史培军. 三论灾害研究的理论和实践 [J]. 自然灾害学报，2002，11(3)：1～9.

[16] 吴立志. 城市火灾风险评价的指标体系设计 [J]. 消防技术与产品信息，1999，11(8)：31～32.

[17] Entec. Review of high occupancy risk assessment toolkit [EB/OL]. http://www.odpm.gov.uk，2000-08-23.

[18] General Services Administration. Technical Papers Given at the April, 1971 International Conference on Firesafety in High-Rise Buildings [C]，GSA, Washington, DC, November 1971.

[19] General Services Administration. Building Fire Safety Criteria, Appendix D：Interim Guide for Goal-Oriented Systems Approach to Building Firesafety [S]，GSA, Washington, DC, 1972.

[20] NFPA 101, Life Safety Code [S]. National Fire Protection Association，Quincy, MA, USA, 1993.

[21] NFPA 101A, Guide on Alternative Approaches to Life Safety [S]. National Fire Protection Association，Quincy, MA, USA, 1995.

[22] NFPA 101A, Guide on Alternative Approaches to Life Safety, 2000 edition [S]. National Fire Protection Association, Quincy, MA, USA, 2000.
[23] Watts J R. Fire Risk Ranking, Section5, Chapter2, SFPE Handbook of Fire Protection Engineering [M], 2nd Edition, 1995.
[24] Watts J M. Criteria for Fire Risk Ranking [C], Fire Safety Science, 3rd Internal Symposium, 1993, 457~466.
[25] SFPE Handbook of Fire Protection Engineering [M], 2nd Edition. National Fire Protection Association. One Batterymarch Park Quincy. MA, USA, 1995.
[26] NFPA. NFPA550 Guide to the Fire Safety Concepts Tree 1995 Edition [S]. MA, USA, 1995.
[27] Watts. Jr, Watts. J. M. Fire Risk Ranking, SFPE Handbook of Fire Protection Engineering [M], 2nd Edition, Section 5, Chapter 2, National Fire Protection Association, Quincy, MA, USA, 1995.
[28] Fire Suppression Rating Schedule [S]. ISO Commercial Risk Services, 1980 edition.
[29] Fire Suppression Rating Schedule [S]. ISO Commercial Risk Services, 1988 edition.
[30] Fire Suppression Rating Schedule [S]. ISO Commercial Risk Services, 1998 edition.
[31] Center Point Fire Department. Fire Department ISO Grade Improved: 2003 [S].
[32] Rand-Scott Coggan. Insurance Grading of Fire Department, The Fire Chief's Handbook [M], fifth edition.
[33] High Occupancy Building Risk Assessment Toolkit [S], Version 1.0, Home Office, 12th, April 1999.
[34] NFPA. NFPA1500: Standard on Fire Department Occupational Safety and Health Program [S].
[35] NFPA, International Association of Fire Chiefs. NFPA1710: A decision guide [S]. Fairfax, Virginia. 2001.
[36] NFPA. NFPA1201: Standard on developing fire protection services for the public [S]. 1994.
[37] 滕五晓，加藤孝明，小出治. 日本灾害对策体制 [M]. 北京：中国建筑工业出版社，2003. 156~158.
[38] 杜霞，张欣，刘庭全等. 国外区域火灾风险评估技术及应用现状 [J]. 消防科学与技术，2004，23(2). 137~139.
[39] Magnusson SE, Rantatalo T. Risk assessment of timber-frame multistory apartment buildings [R]. Department of Fire Safety Engineering, Lund Institute of Technology, Lund University, Sweden, Internal Report 7004，1998.
[40] Larsson D. Developing the structure of a fire risk index method for timber-frame multistory apartment buildings [R]. Lund: Department of Fire Safety Engineering, Lund University, Report 5062, 2000.
[41] 范维澄，孙金华，陆守香等. 火灾风险评估方法学 [M]. 北京：科学出版社，2004. 166~167，179~183.
[42] 公安部上海消防研究所."十五"国家科技攻关计划项目《城市灭火救援力量优化布局方法与技术研究》研究报告 [R]. 2004(4). 6~8.
[43] 王瑚，赵德宝，包志宇等. 度优求变-中外消防体制大比照 [J]. 上海消防，2002(11).
[44] 李华军，梅宁，程晓舫. 城市火灾危险性模糊综合评价 [J]. 火灾科学，1995，4(1)：44~50.
[45] 李引擎，季广其，肖泽南等. 城市建筑火灾损失与防火安全水平的评价 [J]. 建筑科学，1998，14(6)：9~15，30.
[46] 公安部，建设部，国家计委，财政部. 城市消防规划建设管理规定 [J]. 公(消)字70号，1989.
[47] 上海市消防局. 社会消防发展综合评价指标体系及评价方法，上海. 1994.

[48] 杨瑞，侯遵泽. 城市区域消防安全评估方法研究 [J]. 武警学院学报，2003，19(5)：17~18.
[49] 刘瑞，武少俊，王玉清. 社会发展中的宏观管理 [M]. 北京：中国人民大学出版社，2005.
[50] 景绒，吴立志，董希琳等. 城市居住区火灾风险评价 [J]. 消防技术与产品信息，2005，18(2)：5~8.
[51] 国家安全生产监督管理局安全科学技术研究中心."十五"国家科技攻关计划项目《城市公共安全规划与应急预案编制及其关键技术研究》课题验收报告材料汇编 [R]. 2004-5-13.
[52] 国家安全生产监督管理局."十五"国家科技攻关计划项目《城市公共安全规划与应急预案编制及其关键技术研究》城市公共安全综合试点课题工作会议汇报资料 [R]. 2004-4-26.
[53] 这方面的研究主要有：美国 DOW 化学公司法(火灾爆炸指数法/DOW 法)、英国 ICI 化学公司法(蒙德火灾爆炸与毒性指数法/MOND 法、日本劳动省六段法、前苏联化工过程危险性评价法、世界银行国际信贷公司法(IFE法)，以及中国火炸药及其制品企业重大危险源评估法(BZA-1 法)和"石化企业消防安全评价方法及软件开发研究"等.
[54] AICHE R. Dow's Chemical Explosion Index Guide [M]. NewYork：American Institute of Chemical Engineers，1994.
[55] MOPG E. Dow's fire & Explosion Index Hazard Classification Guide [M]. NewYork：American Institute of Chemical Engineers，1987.
[56] ALKBH T. Dow's fire & Explosion Index Hazard Classification Guide [M]. NewYork：American Institute of Chemical Engineers，1994.
[57] 罗兰·H·E，莫里阿蒂. B. 系统安全工程与管理 [M]. 武汉：冶金工业部安全技术研究所，1995.
[58] SIU N. Risk Assessment for Dynamic System：an Overview [J]. Reliability Engineering and System Safety，1994(43)：43~73.
[59] 张国顺. 燃烧爆炸危险与安全技术 [M]. 北京：中国电力出版社，2003. 159~173.
[60] 赵敏学，吴立志，商靠定，刘义祥，韩冬. 石化企业的消防安全评价 [J]. 安全与环境学报，2003(3).
[61] 本书编写组.《中共中央关于制定国民经济和社会发展第十一个五年规划的建议》辅导读本 [M]. 北京：人民出版社，2005. 4~5.
[62] 中共中央国务院. 中共中央国务院关于实施科技规划纲要增强自主创新能力的决定 [M]. 北京：人民出版社，2006. 72.
[63] Schaeman P. et al. Procedures for improving the measurement of local fire protection effectiveness [M]. Boston：National Fire Protection Association，1977. 53~71.
[64] Williamson RA, Hertzfeld HR, Cordes J, et al. The socioeconomic benefits of Earth science and applications research：reducing the risks and costs of natural disasters in the USA [J]. Space Policy，2002，18(2)：57~65.
[65] Fairbrother A, Turnley JG. Predicting risks of uncharacteristic wildfires：Application of the risk assessment process [J]. Forest Ecology and Management，2005，211(6)：28~35.
[66] TriData. Socioeconomic factors and the incidence of fire [EB/OL]. http：//www.usfa.fema.gov，1997-06-00.
[67] ODPM. Assessing societal risks from fire [EB/OL]. http：//www.odpm.gov.uk，2001-07-12.
[68] Entec. Entec Risk Assessment Survey，Risk Assessment Toolkit Lothian and Borders Fire Brigade-Field Trial Report-(Final) [M].
[69] Entec. Review of High Occupancy Risk Assessment Toolkit [EB/OL]. http：//www.odpm.gov.uk. 2000-8-23.
[70] 公安部上海消防研究所. 国家"十五"科技攻关项目《城市灭火救援力量优化布局方法与技术研

究》研究报告(R). 2004.4.

[71] Michael SW, Entec UK Ltd. Dwelling risk assessment toolkit, version1.0 [M]. London: Home Office, 1999.

[72] Michael SW, Entec UK Ltd. High occupancy building risk assessment toolkit, version1.0 [M]. London: Home Office, 1999.

[73] Michael SW, Entec UK Ltd. Special services risk assessment toolkit, version1.0 [M]. London: Home Office, 1999.

[74] Michael SW, Entec UK Ltd. Major incident risk assessment toolkit, version1.0 [M]. London: Home Office, 1999.

[75] Michael SW. Development and trial of a risk assessment toolkit for the UK fire service [M]. London: Home Office Fire Research and Development Group, 1998.

[76] Annex. Social exclusion and the risk of fire [EB/OL]. http://www.odpm.gov.uk, 2004-08-31.

[77] Fire Suppression Rating Schedule [S]. ISO Commercial Risk Services, 1998 edition.

[78] Chief Fire Officer, Ken Knight, CACFOA. Policy Director Safety and Standards. Presentation Slides from the FIRE RISK MANAGEMENT SEMINAR [R]. Tuesday, 24 April, 2001.

[79] USFA. U.S Fire Administration offers new risk, hazard and value evaluation program for local officials [EB/OL]. http://www.usfa.fema.gov, 2001-11-19.

[80] 中国人民武装警察部队学院课题组. "十五"国家科技攻关计划项目"城市区域火灾风险评估技术的研究"研究报告 [R]. 2004.

[81] TriData. Socioeconomic factors and the incidence of fire [EB/OL]. http://www.usfa.fema.gov, 1997-06-30.

[82] USFA. Fire risk. [EB/OL]. http://www.usfa.fema.gov, 2004-12-31.

[83] Nicolopoulos N, Murphy M, Sandinata V. Socioeconomic characteristics of communities and fires [R]. Statistical Research Paper No4/97 Sydney: NSW Fire Brigades, 1997.

[84] Duncanson M, Woodward A, Reid P. Socioeconomic deprivation and fatal unintentional domestic fire incidents in New Zealand 1993-1998 [J]. Fire Safety Journal, 2002, 37(2): 165~179.

[85] 吴赤蓬, 王声勇. 1994年我国火灾及其影响因素的典型相关分析 [J]. 疾病控制杂志, 1999, 3(2).

[86] 杨立中, 江大白. 中国火灾与社会经济因素的关系 [J]. 中国工程科学, 2003, 5(2): 62~67.

[87] 中国人民武装警察部队学院课题组. "十五"国家科技攻关计划"城市区域火灾风险评估技术的研究"研究报告 [R]. 2004.

[88] 中国人民武装警察部队学院课题组. "十五"国家科技攻关计划"城市区域火灾风险评估技术的研究"研究报告 [R]. 2004.

[89] 马桐臣, 杜霞. 城市消防规划技术指南 [M]. 天津: 天津科学技术出版社, 2004.136.

[90] 吴立志. 城市火灾风险评价的指标体系设计 [J]. 消防技术与产品信息, 1999, 11(8): 31~32.

[91] 吴立志. 城市火灾风险评价各指标权重计算 [J]. 消防技术与产品信息, 2000, 12(6): 20~21.

[92] 吴立志. 城市火灾风险评价的数学模型 [J]. 消防技术与产品信息, 2000, (8): 27~28.

[93] 易立新, 吴立志. 城市火灾风险评价的数学模型 [J]. 中国安全科学学报, 2000, 10(4): 36~39.

[94] 易立新. 城市火灾风险评价的指标体系设计 [J]. 灾害学, 2000, 15(4): 90~94.

[95] 吴立志. 城市火灾风险评价应用软件设计 [J]. 消防技术与产品信息, 2001, (5): 28~30.

[96] 中国人民武装警察部队学院课题组. "十五"国家科技攻关计划项目"城市区域火灾风险评估技术

的研究"研究报告［R］. 2004.

［97］郑双忠，高永庭，陈宝智. 城市建筑火灾风险评价指标体系的研究［J］. 消防科学与技术，2001，20(5)：12～13.

［98］张一先，卞志浩. 苏州古城区火灾危险性分级初探［J］. 消防技术与产品信息，2003，16(2)：10～12.

［99］中国人民武装警察部队学院课题组. "十五"国家科技攻关计划项目"城市区域火灾风险评估技术的研究"研究报告［R］. 2004.

［100］陈守煜，王国利，张文国等. 碧流河水库水质状况的模糊模式识别及对策讨论［J］. 环境科学研究，1999，12(4)：42～45.

［101］陈守煜等. 洁净室空气清洁度评价的模糊模式识别方法［J］. 安全与环境学报，2001，1(5)：4～9.

［102］杨海，刘力，张一先. 综合评判在城市火灾风险管理中的应用［J］. 低温建筑技术，2003，93(3)：98～99.

［103］中国人民武装警察部队学院课题组. "十五"国家科技攻关计划项目"城市区域火灾风险评估技术的研究"研究报告［R］. 2004.

［104］杨海. 火灾风险不确定性分析研究［D］. 哈尔滨工业大学硕士学位论文，2002.

［105］沈伟民. 城市火灾：达摩克利特剑在何方？［J］. 上海消防，2002(11)：94.

［106］芭芭拉·亚当，乌尔里希·贝克，约斯特·房·龙. 风险社会及其超越：社会理论的关键议题［M］. 北京：北京出版社出版集团/北京出版社，2005.7.

［107］同济大学经济与管理学院. 国家"十五"科技攻关计划重点项目《"杭州市重大典型事故风险评估研究"研究报告》，2006.

［108］谢尔顿·克里姆斯基，多米尼克·戈尔丁. 风险的社会理论学说［M］. 北京：北京出版社出版集团/北京出版社，2005.1.

［109］中国21世纪议程管理中心，中国科学院地理科学与资源研究所. 可持续发展体系的理论与实践［M］. 北京：社会科学文献出版社，2004.144～145.151.

［110］蔡畅宇. 论火灾与可持续发展观的内在联系［J］. 武警学院学报，2001，17(6)：29～33.

［111］吴宗之. 安全生产是可持续发展的重要组成部分［N］. 中国安全生产报，2004-3-13.

［112］董华，张吉光，李淑清. 城市公共安全与可持续发展［J］. 软科学，2004，18(3)：65～68.

［113］徐志胜，冯凯，白国强等. 关于城市公共安全可持续发展理论的初步研究［J］. 中国安全科学学报，14(1)：3～6.

［114］中共中央. 中共中央关于制定国民经济和社会发展第十一个五年规划的建议［A］. 本书编写组.《中共中央关于关于制定国民经济和社会发展第十一个五年规划的建议》辅导读本［M］. 北京：人民出版社，2004.27.

［115］杨宝明. 安全发展是可持续发展重要保障［EB/OL］. http：//www.hebei.com.cn，2005-12-28.

［116］章友德. 城市灾害学——一种社会学的视角［M］. 上海：上海大学出版社，2004.37～38.

［117］林俊义. 开发中国家的公害问题［J］. 科学月刊，1980，11(4)：1.

［118］章友德. 城市灾害学——一种社会学的视角［M］. 上海：上海大学出版社，2004.201～202.

［119］国务院办公厅. 国务院办公厅关于印发安全生产"十一五"规划的通知［EB/OL］. http：//www.gov.cn，2006-08-25.

［120］康沛竹. 中国共产党执政以来防灾救灾的思想与实践［M］. 北京：北京大学出版社，2005；156～157.

［121］金磊. 北京城市综合减灾规划的理念与实践［EB/OL］. http：//www.bjdkj.gov.cn，2004-11-19.

[122] 舒慈煜. 俄罗斯消防体制实行重大改革 国家消防总局走出内务部同紧急情况部结合 [J]. 消防技术与产品信息, 2003(2): 52～53.

[123] 中共中央. 中共中央关于加强党的执政能力建设的决定 [A]. 中央保持共产党员先进性教育活动领导小组办公室. 保持共产党员先进性教育读本 [M]. 北京: 党建读物出版社, 2005.59～60.71～74.

[124] 中共中央. 中共中央关于制定国民经济和社会发展第十一个五年规划的建议 [A]. 本书编写组.《中共中央关于关于制定国民经济和社会发展第十一个五年规划的建议》辅导读本 [M]. 北京: 人民出版社, 2004.4～5.27.

[125] 杜兰萍. 正确认识当前和今后一个时期我国火灾形势仍将相当严峻的客观必然性 [J]. 消防科学与技术, 2005, 24(1): 14.

[126] 陈燕天. 用法制化、社会化、规范浙江公安高等专科学校学报/公安学刊, 2002.74(6): 34～36.

[127] 朱力平. 城市化进程中公安消防工作初探 [J]. 浙江公安高等专科学校学报/公安学刊, 2002.74(6): 34～36.

[128] 赵秀玲. 城市化与城市公共安全管理 [J]. 南阳师范学院学报(社会科学版), 2004.4(5): 44～46.

[129] 佚名. 防止污染企业进入中国西部的对策 [EB/OL]. http://www.lwwcn.com/article/120/Article 20456_1.asp.

[130] 杨立中, 江大白. 中国火灾与社会经济因素的关系 [J]. 中国工程科学, 2003, 5(2): 62～67.

[131] 谢尔顿·克里姆斯基, 多米尼克·戈尔丁. 风险的社会理论学说 [M]. 北京: 北京出版社出版集团/北京出版社, 2005.403～412.

[132] 范维澄, 廖光煊, 钟茂华. 中国火灾科学的今天和明天 [EB/OL]. http://www.china-fire-ren.com/article/lunwen/2004519141317htm.

[133] Koberk. Measurementinself-organizingsystems [J]. Journal of Qual. and Particip, 1996, 19(1): 38.

[134] 吴启鸿, 肖学锋, 朱东杰. 今后若干年内我国火灾发展趋势的探讨 [J]. 消防科学与技术, 2003, 22(5): 367～370.

[135] 范维唐, 钟群鹏, 闪淳昌. 我国安全生产形势、差距和对策 [M]. 北京: 煤炭工业出版社, 2003.356～357.(原文数据计算有误)

[136]、[137] 范维唐, 钟群鹏, 闪淳昌. 我国安全生产形势、差距和对策 [M]. 北京: 煤炭工业出版社, 2003.360～361.

[138] 范维唐, 钟群鹏, 闪淳昌. 我国安全生产形势、差距和对策 [M]. 北京: 煤炭工业出版社, 2003.360.

[139]～[141] 范维唐, 钟群鹏, 闪淳昌. 我国安全生产形势、差距和对策 [M]. 北京: 煤炭工业出版社, 2003.351.

[142]～[145] 崔援民, 宁金彪, 李忱 等. 现代管理方法论新论 [M]. 石家庄: 河北科学技术出版社, 1997.386～387.429～439.

[146] 史培军. 再论灾害研究的理论和实践 [J]. 自然灾害学报, 1996, 5(4): 6～17.

[147] 史培军. 三论灾害研究的理论和实践 [J]. 自然灾害学报, 2002, 11(3): 1～9.

[148] 万艳华. 城市灾害风险分析与评价 [A]. 万艳华. 城市防灾学 [M]. 北京: 中国建筑工业出版社, 2003.116～117.

[149] 吴彤. 自组织方法论概论——探索事物的一种途径 [A]. 吴彤. 自组织方法论研究 [M]. 北京: 清华大学出版社, 2001.3～19.

[150] 吴彤. 自组织方法论概论——探索事物的一种途径 [A]. 吴彤. 自组织方法论研究 [M]. 北京:

清华大学出版社，2001.3、10、18.

[151] 冯健. 转型期中国城市内部空间重构 [M]. 北京：科学出版社，2004.1, 6.

[152] 顾朝林. 概念规划——理论·方法·实例 [M]. 北京：中国建筑工业出版社，2005.3~4.

[153] 吴志强，于泓. 城市规划学科的发展方向 [J]. 城市规划，2005，160(6)：2~10.

[154] 吴全德. 天道崇美·人性好美——美妙的黄金分割及发现 DNA 双螺旋 50 周年 [J]. 科技管理（中国人民大学复印报刊资料），2003(6)：65~68.

[155] 冯健. 转型期中国城市内部城市空间重构 [M]. 北京：科学出版社，2004.98~99.

[156] John M. Watts, Jr, John R. Hall, Jr.. Introduction to fire risk analysis [M], SFPE handbook of fire protection engineering. Boston：Society of Fire Protection Engineers and National Fire Protection Association，1995：5-1.

[157] Adam, B. Timescapes of modernity：the environment and invisible hazards [M]. London：Routledge. 1998.

[158] Beck, U. Risk society：towards a new modernity [M]. London：Sage. 1992.

[159] Beck, U. Ecological politics in an age of risk [M]. Cambridge：Polity. 1995.

[160] 马克思，恩格斯. 马克思恩格斯全集 [M]. 北京：人民出版社，1992.

[161] 章友德. 城市灾害学——一种社会学的视角 [M]. 上海：上海大学出版社，2004：49~55.

[162] 康沛竹. 中国共产党执政以来防灾救灾的思想与实践 [M]. 北京：北京大学出版社，2005：147~156.

[163] 康沛竹. 中国共产党执政以来防灾救灾的思想与实践 [M]. 北京：北京大学出版社，2005：156~157.

[164] 本书编写组. 学习党的十五届五中全会精神——"十五"期间中国经济和社会发展的重大战略问题讲解 [M]. 北京：中央文献出版社，2000.1~12.

[165] 江泽民. 全面建设小康社会，开创中国特色社会主义事业新局面——在中国共产党十六次代表大会上的报告 [M]. 上海：上海人民出版社，2002.18~21.

[166] 胡锦涛. 树立和落实科学发展观 [A]. 中央保持共产党员先进性教育活动领导小组办公室. 保持共产党员先进性教育读本 [M]. 北京：党建读物出版社，2005.280~285.

[167] 中共中央. 中共中央关于加强党的执政能力建设的决定 [A]. 中央保持共产党员先进性教育活动领导小组办公室. 保持共产党员先进性教育读本 [M]. 北京：党建读物出版社，2005.59~60.71~74.

[168] 中共中央. 中共中央关于制定国民经济和社会发展第十一个五年规划的建议 [A]. 本书编写组. 《中共中央关于关于制定国民经济和社会发展第十一个五年规划的建议》辅导读本 [M]. 北京：人民出版社，2004.4~5.27.

[169] 中华人民共和国国务院. 国家中长期科学和技术发展规划纲要（2006~2020 年）[A]. 中共中央，国务院. 中共中央国务院关于实施科技规划纲要增强自主创新能力的决定 [M]. 北京：人民出版社，2006.48~49.

[170] 钱学森. 要从整体上考虑并解决问题 [N]. 人民日报，1990-12-31.

[171] 沈伟民. 城市火灾：达摩克利特剑在何方? [J]. 上海消防，2002(11)：94.

[172] 上海证大研究所. 长江边的中国——大上海国际都市圈建设与国家发展战略 [M]. 上海：学林出版社，2003.2.

[173] 公安部消防局. 中国火灾统计年鉴 2000 [M]. 中国人民公安大学出版社，2000.208~211.

[174]、[175] 陆寒寅. 供给创新和非对称突破——世纪之交世界经济结构变动研究 [M]. 上海：学林出版社，2005.11.

[176] 公安部消防局. 中国火灾统计年鉴2000 [M]. 中国人民公安大学出版社，2000.208～211.
[177] 吴启鸿. 火灾形势的严峻性与学科建设的迫切性 [J]. 消防技术与产品信息，2005(3)：5.
[178] 公安部消防局. 中国火灾统计年鉴2000 [M]. 中国人民公安大学出版社，2000.207.
[179] 公安部消防局. 中国火灾统计年鉴2000 [M]. 中国人民公安大学出版社，2000.208～211.
[180] 吴启鸿. 火灾形势的严峻性与学科建设的迫切性 [J]. 消防技术与产品信息，2005(3)：4～5.
[181] 吴敬琏. 中国增长模式抉择 [M]. 上海：上海远东出版社，2006.48～53.
[182] 公安部消防局. 中国火灾统计年鉴1999 [M]. 中国人民公安大学出版社，1999.232～234.
[183] 公安部消防局. 中国火灾统计年鉴2000 [M]. 中国人民公安大学出版社，2000.203～205.
[184] 公安部消防局. 中国火灾统计年鉴2001 [M]. 中国人事出版社，2001.302～304.
[185] 公安部消防局. 中国火灾统计年鉴2002 [M]. 中国人事出版社，2002.217～221.
[186] 公安部消防局. 中国火灾统计年鉴1999 [M]. 中国人民公安大学出版社，1999.233.
[187] 公安部消防局. 中国火灾统计年鉴2000 [M]. 中国人民公安大学出版社，2000.204.
[188] 吴敬琏. 中国增长模式抉择 [M]. 上海：上海远东出版社，2006.48～53.
[189] 公安部消防局. 中国火灾统计年鉴2000 [M]. 中国人民公安大学出版社，2000.210.
[190] 金磊. 城市灾害防御与综合危机管理——安全奥运论 [M]. 北京：清华大学出版社，2003.165～178.
[191] 公安部消防局. 中国火灾统计年鉴2000 [M]. 中国人民公安大学出版社，2000.210.
[192] 吴敬琏. 中国增长模式抉择 [M]. 上海：上海远东出版社，2006.46.
[193] 公安部消防局. 中国火灾统计年鉴2000 [M]. 中国人民公安大学出版社，2000.212.
[194] 孙绍骋. 中国救灾制度研究 [M]. 北京：商务印书馆，2004.37.
[195] 公安部消防局. 中国火灾统计年鉴2000 [M]. 中国人民公安大学出版社，2000.208～211.
[196] 李世雄，杜兰萍，沈友第等. 我国消防安全形势、差距和对策 [A]. 范维唐，钟群鹏，闪淳昌. 我国安全生产形势、差距和对策 [M]. 北京：煤炭工业出版社，2003.351～363.
[197] 公安部消防局. 中国火灾统计年鉴2000 [M]. 中国人民公安大学出版社，2000.212.
[198] 吴敬琏. 中国增长模式抉择 [M]. 上海：上海远东出版社，2006.105～119.
[199] 浙江省消防总队. 浙江省近五年来火灾形势分析及对策 [EB/OL]. http：//www.zjxf119.com 浙江消防网·学术交流·防火研究. 2004.
[200] 吴敬琏. 中国增长模式抉择 [M]. 上海：上海远东出版社，2006.5～10.115～139.
[201] 李世雄等. 我国消防安全形势、差距和对策. 收录于范维唐主编的我国安全生产形势、差距和对策 [M]. 北京：煤炭工业出版社，2003.356～360.
[202]、[203] 杨立中，江大白. 中国火灾与社会经济因素的关系 [J]. 中国工程科学，2003，5(2)：62～66.
[204] 马斯·C·谢林. 微观动机和宏观行为 [M]. 北京：中国人民大学出版社，2005.
[205] 吴启鸿. 火灾形势的严峻性与学科建设的迫切性 [J]. 消防技术与产品信息，2005(3)：5.
[206] 吴敬琏. 中国增长模式抉择 [M]. 上海：上海远东出版社，2006.116～117.
[207] 王方华. 中国经济重心北移了吗 [J]. 上海管理科学，2005，27(6)：主编寄语.
[208] 吴敬琏. 中国增长模式抉择 [M]. 上海：上海远东出版社，2006.116～117.
[209] 吴敬琏. 中国增长模式抉择 [M]. 上海：上海远东出版社，2006.46～48.
[210] 冯跃威. 石油博弈 [M]. 北京：企业管理出版社，2003.299～309.
[211] 蒋军成，郭振龙. 工业装置安全卫生预评价方法 [M]. 北京：化学工业出版社，2004.7.
[212] 黄崇福. 自然灾害风险评价理论与实践 [M]. 北京：科学出版社，2005.

[213] 吴敬琏. 中国各地不可一窝蜂发展重化工业 [EB/OL]. http://www.gzii.gov.cn, 2004-07-13.
[214] 刘烈龙. 我国经济市场化测度与评价 [J]. 理论月刊, 2001, (10): 21~22.
[215] 吴良镛. 从战略规划到行动计划: 城市规划体制改革初论 [J]. 城市规划, 2003(12): 8.
[216] 唐凯. 新形势催生规划工作新思路——致吴良镛教授的一封信 [J]. 城市规划, 2004(2): 23.
[217] 陈锋. 转型时期的城市规划与城市规划的转型 [J]. 城市规划, 2004(8): 9~19.
[218] 仇保兴. 城市经营、管治和城市规划的变革 [J]. 城市规划, 2004(2): 18.
[219] 马庆国. 管理统计——数据获取、统计原理、SPSS工具与应用研究 [M]. 北京: 科学出版社, 2002. 315~316.
[220] 岳超源. 决策理论与方法 [M]. 北京: 科学出版社, 2003.
[221] 郭亚军. 综合评价理论与方法 [M]. 北京: 科学出版社, 2002. 39~40.
[222] 郭亚军. 综合评价理论与方法 [M]. 北京: 科学出版社, 2002. 59.
[223] A Charnes, W W Cooper, A Y Lewin, L M Seiford. Data Envelopment Analysis: Theory, Methodology and Application [M]. Dordrecht: Kluwer Academic Publishers, 1994.
[224] 苏为华. 多指标综合评价理论与方法研究 [M]. 北京: 中国物价出版社, 2001.
[225] 魏权龄. 评价相对有效性的DEA方法——运筹学的新领域 [M]. 北京: 中国人民大学出版社, 1988.
[226]、[227] 丁以中, Jennifer S. Shang. 管理科学——运用Spreadsheet建模和求解 [M]. 北京: 清华大学出版社, 2003. 341~348.
[228] 周一星. 北京的郊区化及引发的思考 [J]. 地理科学, 1996, 16(3): 198-205.
[229] 周一星, 孟延春. 沈阳的郊区化: 兼论中西方郊区化的比较 [J]. 地理学报, 1997, 52(4): 289~299.
[230] 周一星, 孟延春. 中国大城市的郊区化趋势 [J]. 城市规划汇刊, 1998(3): 22~27.
[231] 周一星. 对城市郊区化要因势利导 [J]. 城市规划, 1999, 23(4): 13~17.
[232] Zhou Y X, Ma L J C. Economic restructuring and suburbanization in China [J]. Urban Geography, 2000(21): 205~236.
[233] 冯健. 转型期中国城市内部空间重构 [M]. 北京: 科学出版社, 2004.
[234] 冯健. 杭州城市工业的空间扩散与郊区化研究 [J]. 城市规划汇刊, 2002(2): 42~47.
[235] 冯健. 杭州市人口密度空间分布及其演化的模型研究 [J]. 地理研究, 2002, 21(5): 635~646.
[236] 冯健. 杭州市暂住人口的空间分布及其演化 [J]. 城市规划, 2002, 26(5): 57~62.
[237] 冯健. 杭州城市形态和土地利用结构的时空演化 [J]. 地理学报, 2002, 58(3), 343~353.
[238] 冯健. 杭州城市郊区化发展机制分析 [J]. 地理学与国土研究, 2002, 18(2): 88~92.
[239] 冯健, 周一星. 杭州市人口的空间变动与郊区化研究 [J]. 城市规划, 2002, 26(1): 58~65.
[240] 冯健. 我国城市郊区化研究的进展与展望 [J]. 人文地理, 2001, 16(6): 30~35.
[241] 冯健. 转型期中国城市内部空间重构 [M]. 北京: 科学出版社, 2004.
[242] 袁方, 李培林, 吴锋, 等. 社会学家的眼光: 中国社会结构转型 [M]. 北京: 中国社会出版社, 1998. 34~44.
[243] 袁方, 李培林, 吴锋, 等. 社会学家的眼光: 中国社会结构转型 [M]. 北京: 中国社会出版社, 1998. 7.
[244] 张声华. 上海流动人口的现状与展望 [M]. 上海: 华东师范大学出版社, 1998.
[245] 冯健. 转型期中国城市内部空间重构 [M]. 北京: 科学出版社, 2004. 98~99.
[246] 2004年全国人大对宪法进行修改, 明确规定: 合法的私人财产不可侵犯.
[247] 陈振明. 公共管理学——一种不同于传统行政学的研究途径 [M]. 北京: 中国人民出版社, 2003.

[248] Jay M. Sharitz, Albert C. Hyde, eds. Classics of public administration [M]. Oak Park, Illinois: More Publishing Company. Inc. 1978.

[249] Falix A. Nigro, Floyd G. Nigro, Modern public administration (7th, ed) [M] New York: Haper & Row Publishers, Inc., 1989.

[250] Frederick S. Lane, Current issues in public administration [M]. New York: St. Martin's Press, 1982.

[251] Richard J Stigllman Ⅱ, Public administration: Concepts & Cases (4 th, ed.) [M]. Boston: Houghton Mifflin Company, 1988.

[252] Joseph A. Uveyes Jr., The dimensions of public administration [M]. Boston: Holbrook Press Inc., 1975.

[253] 袁方,李培林,吴锋,等. 社会学家的眼光：中国社会结构转型 [M]. 北京：中国社会出版社, 1998. 29~30.

[254] 吴宗之. 安全社区建设指南 [M]. 北京：中国劳动社会保障出版社, 2005. 1~3.

[255] 金磊. 安全奥运论：城市灾害防御与综合危机管理 [M]. 北京：清华大学出版社, 2003, 181~183.

[256] 佚名. 和谐社区走进朝阳 望京要做亚洲一流"安全社区" [EB/OL]. http://www.villachina.com/2005-11-07/564707.htm.

[257] 佚名. 我国首个获国际认可的安全社区建设方法 [EB/OL]. http://www.bast.net.cn/kjzt/pabj/aqsqxln/93097.shtml.

[258] 党亚力. 安全社区：让公众远离伤害 [EB/OL]. http://www.cpd.com.cn/gb/newspaper/2006-05/08/content_597738.htm.

[259] 徐钦. 王隘社区外来人口消防安全培训 [EB/OL]. http://cmspub.cnnb.com.cn/dfwmzx/system/2007/11/22/010021816.shtml(东方文明在线).

[260] 佚名. 南宫村组织流动人口安全教育培训 [EB/OL]. http://www.bjft.gov.cn/affair/township/township14116.htm. 2005-03-16.

[261] 高培勇. 财政与民生（中国财政政策报告 2007/2008）[M]. 北京：中国财政经济出版社, 2008. 3~4.

[262] 周建明,胡鞍钢,王绍光. 和谐社会构建：欧洲的经验与中国的探索. 北京：清华大学出版社, 2007.

[263] 王昀,陆慕祥. 完善转移支付还需明确目标分清事权 [EB/OL]. http://www.justice.gov.cn/node2/node22/lhsb/node3767/node3770/u1a18632.html.

[264] 江干区政协社会法制委员会. 关于加强我区流动人口管理和服务的调研报告 [EB/OL]. http://www.zx.jianggan.gov.cn/View_Article.asp?ID=108.

[265] 吴启鸿. 火灾形势的严峻性与学科建设的迫切性 [J]. 消防技术与产品信息, 2005(3)：4~5.

[266]、[267] 杨立中, 江大白. 中国火灾与社会经济因素的关系 [J]. 中国工程科学, 2003, 5(2)：62~66.

[268] 吴敬琏. 中国增长模式抉择 [M]. 上海：上海远东出版社, 2006. 105~119.

[269] 吴敬琏. 中国增长模式抉择 [M]. 上海：上海远东出版社, 2006. 5~10. 115~139.

[270] 公安部消防局. 中国火灾统计年鉴 2002 [M]. 中国人事出版社, 2002. 220.

[271] 邓小平. 邓小平文选(第三卷) [M]. 北京：人民出版社, 1993. 286~287, 347~349.

[272] 何诚颖. 中国产业结构理论和政策研究 [M]. 北京：中国财政经济出版社, 1997. 28~34.

[273] 吴敬琏. 中国增长模式抉择 [M]. 上海：上海远东出版社，2006. 169.

[274] 陈志武. 为什么中国人出卖的是"硬苦力" [J]. 新财富，2004(9).

[275] 孙绍骋. 中国救灾制度研究 [M]. 北京：商务印书馆，2004. 246.

[276] 金磊. 构造中国的安全文化管理体系 [N]. 安全生产报，1994-05-28.

[277] 金磊. 城市灾害防御与综合危机管理——安全奥运论 [M]. 北京：清华大学出版社，2003. 165～178.

[278] 袁方，李培林，吴锋，等. 社会学家的眼光：中国社会结构转型 [M]. 北京：中国社会出版社，1998. 50～52.

[279] 王运忠. 成都市首家街道区域跨行业消防安全协会在武侯区正式成立 [EB/OL]. http://www.scga.gov.cn/system/2008/07/07/010940167.shtml.

[280] 普淑娟，张艳丽. 我市烟花爆竹行业安全管理协会成立 [EB/OL]. http://www.bizll.com/new_view.asp?id=16223.

[281] 楼珍仙. 我市危化品行业安全生产协会成立 [EB/OL]. http://sznews.zjol.com.cn/sznews/system/2006/11/06/000128442.shtml.

[282] 储皖中，李纲，王德昌. 社会消防由行业协会挑大梁 [EB/OL]. http://news.sohu.com/20080102/n254414966.shtml.

[283] 刘洪瑞，李庆. 行业消防管理工作的现状与对策 [EB/OL]. http://www.cpd.com.cn/gb/newspaper/2006-03/03/content_570139.htm.

[284] 李鹏. 关于制定国民经济和社会发展的"九五"计划和 2010 年远景目标建议的说明（1995 年 9 月 25 日）[EB/OL]. http://www.chinanews.com.cn，2002-05-26.

[285] 吴启鸿. 火灾形势的严峻性与学科建设的迫切性 [J]. 消防技术与产品信息，2005(3)：5～6.

[286] 李世雄，杜兰萍，沈友第，等. 我国消防安全形势、差距和对策 [A]. 范维唐，钟群鹏，闪淳昌. 我国安全生产形势、差距和对策 [M]. 北京：煤炭工业出版社，2003. 356.

[287] 邓小平. 邓小平文选(第三卷) [M]. 北京：人民出版社，1993. 370～383.

[288] 吴敬琏. 中国增长模式抉择 [M]. 上海：上海远东出版社，2006. 46～48.

[289] 钟雯彬. 建立公共消防安全供给的新秩序 [J]. 中国西部科技，2005，(11)：69～71.

[290] 宋春红. 适应市场经济 完善消防立法 [J]. 山西高等学校社会科学学报，2007，19(4)：83～85.

[291] 高锦田，杨殿波. 论公共消防安全管理中的利益诱导手段 [J]. 武警学院学报，2006，125(6)：15～17.

[292] 王安华，李杰生. 关注国企转型中的消防安全解决方案——天府饭店重大火灾隐患卖了 [J]. 中国西部科技，2006，(2)：11～16.

[293] 吴敬琏. 中国增长模式抉择 [M]. 上海：上海远东出版社，2006. 159～172.

[294] 托马斯·C·谢林. 微观动机和宏观行为 [M]. 北京：中国人民大学出版社，2005.

[295] 吴敬琏. 中国增长模式抉择 [M]. 上海：上海远东出版社，2006. 169. 193.

[296] 邓小平. 邓小平文选(第三卷) [M]. 北京：人民出版社，1993. 223～225，370～383.

[297]、[298] 本报编辑部. 感恩：奠基企业社会责任感 [N]. 每日经济新闻，2005-12-27，A2 版.

[299] 金磊. 城市灾害防御与综合危机管理——安全奥运论 [M]. 北京：清华大学出版社，2003. 183～187.

[300]、[301] 周江涛，王文山. 农村城市化转变消防面临的问题及其对策 [J]. 消防科学与技术，2003，22(5)：416～418.

[302] 全国老龄工作委员会. 中国人口老龄化发展趋势预测研究报告 [R]. 2006.

[303] 公安部消防局. 新时期老年人群的消防安全 [J]. 消防科学与技术, 2006, 25(6): 827～828.
[304] 王彩焕. 上海外地来沪人员消防安全调查报告 [EB/OL]. http://www.119.cn/txt/2007-05/25/content_1593788.htm.
[305] 江苏省消防总队防火部. 把握火灾规律 研判火灾形势 我省将采取针对性措施 全力提升防控火灾能力 [EB/OL]. http://www.js119.com/kepu/folder18/folder235/folder249/folder262/2007/0302/2007-03-0231953.html.
[306] 王彩焕. 上海外地来沪人员消防安全调查报告 [EB/OL]. http://www.119.cn/txt/2007-05/25/content_1593788.htm.
[307] 张文辉, 朱力平, 沈荣芳. 数字消防——消防信息化的开放模式 [J]. 灾害学, 2005, 20(4): 8～12.
[308] 朱力平, 沈荣芳. 数字消防——消防管理现代化发展的必然趋势 [J]. 同济大学学报(社会科学版), 2003, 14(3): 98～102.
[309] 上海市民防办. 防灾减灾应急指挥中心的智能化系统 [EB/OL]. http://www.zjxf119.com(浙江消防网).
[310] 张文辉, 朱力平, 沈荣芳. 长三角区域性应急救援的问题和对策分析 [A]. 上海市社会科学界联合会. 当代中国: 发展·安全·价值 [M]. 上海: 上海人民出版社, 2004.
[311] 张文辉, 沈荣芳. 长三角区域性应急救援体系的建设 [J]. 灾害学, 2006, 21(1).
[312] USNRC, PRA-Procedures Guide, A guide to the performance of probabilistic risk assessments for nuclear power plant. WASH-1400(NUREG-75/014) [R], 1975.
[313] IAEA, Assessing and managing health and environmental risks from energy and other complex industrial system. IAEA-TECDOC-453 [R], 1988.
[314] IAEA, Validation of Models using Chernobyl fallout data from the Central Bohemia Region of the Czech Republic, Scenario CB, IAEA-TECDOC-795 [R], Vienna, 1995.
[315] IAEA, Validation of Models using Chernobyl fallout data from the Southern Finland, Scenario S, IAEA-TECDOC-904 [R], Vienna, 1996.
[316] 吴宗之, 刘茂. 重大事故应急救援系统及预案导论 [M]. 北京: 冶金工业出版社, 2003.41.
[317] P. Bosc, O. Pivert. Some approaches for relational database flexible querying [J]. International Journal of Information Systems, 1992(1).
[318] John M. Bryson. Srategic planning for public and nonprofit organizations [M]. San Francisco: Jossey-Bass Publishers, 1995.5.
[319] John M. Bryson. Srategic planning for public and nonprofit organizations [M]. San Francisco: Jossey-Bass Publishers, 1995.3～5.
[320] Jack Koteen. Strategic management in public and nonprofit organizations [M]. London: Praeger Publishers, 1997. Preface. p. xiv.
[321] [美] 亨利. 公共行政与公共事务 [M]. 北京: 中国人民大学出版社, 2002.537.
[322] Mark H. Moore. Creating public value: strategic management in government [M]. Camberidge, Massachusetts: Harvard University Press, 1995.13～16.
[323] 陈振明. 公共管理学——一种不同于传统行政学的研究途径 [M]. 北京: 中国人民出版社, 2003.460.
[324] Prter Tarlow, Event risk management and safety [M]. NewYork: John Wiley & Sons, Inc., 2002.
[325] John Bryson, Strategic planning for public and nonprofit organization [M]. Sacramento: Jossey-Bass, Inc., 1988.

致　　谢

　　我的博士生导师、原同济大学经济管理学院院长沈荣芳教授，在指导我撰写本书书稿，以及开展课题研究和写作博士学位论文过程中倾注了大量心血。沈先生完全是从培育后一代高校教育科研工作者的角度，精心选题，格外要求，谆谆教导；而我自量才疏学浅，至今犹恐不及。书稿能够很快得到出版社重视和支持，首先要归功于沈先生长期以来给予的悉心教诲。

　　本书能够顺利出版，离不开中国建筑工业出版社的大力支持。中国建筑工业出版社不仅非常重视本书的选题和研究内容，而且提供了非常优厚的待遇，以版税制方式进行支持，迅速将本书推向社会。责任编辑许顺法老师自始至终都热忱支持本书的出版事宜，直接关心和指导本书书稿的撰写和整理工作。为此，要特别感谢中国建筑工业出版社，特别感谢许顺法老师。

　　这次出版的缘起在于同济大学公共管理系副主任周向红博士的热心鼓励和推介。在出版过程中，周向红老师不仅提供了许多指导，还多次趁着差旅之便帮忙与出版社进行接洽。为此，要特别感谢周向红老师。

　　事实上，自从涉足城市公共安全和灾害管理的学习研究，直至本书书稿的完成，尽管一路艰辛与坎坷，却始终离不开各有关方面和太多人的支持和帮助。

　　所以，借此机会，还要特别感谢原上海防灾救灾研究所常务副所长陈德俭教授，浙江省公安局消防总队原总队长、江苏省公安局消防总队原总队长、现任公安部消防厅总工程师朱力平博士，公安部上海消防研究所原所长、现任公安部第三研究所所长胡传平博士，以及我的硕士生导师、同济大学商学院原院长吴东明教授。

　　特别感谢中国工程院院士、清华大学公共安全中心主任范维澄教授，科技部农村与社会发展司麻名更同志和郑明艳女士，国家安全生产监督管理局安全科学技术研究中心刘铁民教授、吴宗之教授和张兴凯教授。

　　特别感谢同济大学经济与管理学院原院长、现任中国科技管理研究院副院长尤建新教授，同济大学经济与管理学院原副院长彭正龙教授，上海交通大学屠梅曾教授、谢富纪教授和李本乾教授，复旦大学管理学院刘杰教授，同济大学研究生院副院长、现任同济大学经济与管理学院院长霍佳震教授，同济大学经济与管理学院副院长、同济大学城市建设与灾害研究所所长韩传峰教授、同济大学经济与金融系原主任陈飞翔教授和副主任叶耀明教授。

　　特别感谢上海、浙江、江苏（包括所属的一些市或区）的科技部门、消防部门、统计部门，公安部天津消防研究所和南宁市应急联动中心，《工业工程与管理》、《社会科学》、

《中国人类工效学》、《灾害学》和《中国公共安全》等期刊，及其许多领导与同志长期以来给予的指导和帮助。

特别感谢上海防灾救灾研究所副研究员韩新博士，公安部上海消防研究所杨政博士、杨小时硕士、吴军硕士、刘高文硕士，以及同济大学经济与管理学院张毅博士、张茂林博士、邱灿华博士、隋明刚博士、孙遇春博士、张耀伟博士、徐梅博士、粟山博士、陈蕾博士、高永平博士、胡志伟博士、马辉博士、袁东硕士，以及滕桦老师和赵红老师。

在书稿撰写过程中，笔者也借鉴学习了学界业界的观点或经验，在此亦特表感谢。

特别鸣谢上海市委统战部副部长周箴教授、上海市瑞金医院原副院长俞卓民教授、上海市瑞金医院急诊部、肾脏科和消化科等相关科室以及上海公惠医院的医护人员、上海新闻出版署李禾禾老师。特别感谢在我母亲九死一生的重危时刻，诸位恩贤奋力救治。

特别感谢其他所有帮助和关心过我的老师、领导、同事、同学、家人与亲友，在此再一次向各位表示最诚挚的谢意！限于篇幅却无法一一道来，有些挂一漏万之憾。

难忘过去的日子，难忘相伴而行的人，今后更难忘，唯有感恩的心或能逐一回报。今后，文辉愿意秉持这份感恩的心，作出应有的回报。路漫漫其修远兮，文辉将继续以出世之心践入世之行，报效祖国、服务人民、奉献社会、告慰英灵。

同济大学经济与管理学院　同济大学城市建设与灾害研究所　张文辉

后 记

"5·12"四川汶川大地震之后不久,党和政府更加重视灾害研究工作和灾害治理实践,指出"要把自然灾害预测预报、防灾减灾工作作为关系社会经济发展全局的一项重大工作进一步抓紧抓好"。在2008年这样重特大灾情接连发生的严峻形势下,许多灾害科学与管理的研究工作显得日益迫切。

当前,我国城市的火灾风险日益暴露出现代化转型时期特有的结构性和体制性特征与趋势,并因此蕴含着深刻的科学问题和巨大的创新余地。概括而言,城市火灾的风险水平取决于特定国情条件下的城市化、工业化和市场化的发展道路、演进方式和相应的城市社会经济的结构关系,也取决于城市能源结构和能源消费方式以及历史火灾的惯性作用。为此,城市消防安全工作必须充分利用各种安全资源,按照科学发展观,走安全发展之路。

以城市现代化转型和重构为背景,以安全资源利用为目标,以风险的结构性体制性变迁为主线,结合案例城市的火灾风险状况与特点,本书系统地展开了城市区域重大火灾风险的宏观研究,首次提出并实现了适用于转型期的我国大中城市重大火灾风险的宏观认知、综合评估和战略防范的理论和方法的系统研究。这也为转型期城市重大灾害风险研究中的共性问题和通用策略提供了一种宏观型、资源利用型(而非资源配置型)的研究模式和技术路线。

上述研究与即将举办的2010年上海世博会的主题是一脉相承的。2010年上海世博会提出的主题是"城市让生活更美好"。应该说,这也正是城市防灾减灾工作的最终目标。本届世博会组织者将与世界各国政府和人民一起共同探索以下三个主要问题:(1)什么样的城市让生活更美好?(2)什么样的生活观念和实践让城市更美好?(3)什么样的城市发展模式让地球家园更美好?城市安全是美好生活的前提。从这个意义上,本书有关转型期城市重大火灾宏观风险及消防安全战略规划的研究,是与"城市让生活更美好"这一主题相契合的。

本书是笔者在近几年来主持或参与研究科学技术部和上海市科委的相关课题,撰写课题研究报告和博士学位论文的基础上进行再研究而完成的,并在一定程度上结合了相关读者的工作特点和实际需求以及城市公共安全工作的基本形势。

本书可供从事城市消防管理的干部和科研人员、主管城市消防工作的高层管理干部,以及从事城市公共安全、城市规划与建设、城市灾害管理等城市管理工作的高层管理干部阅读使用;也可供从事城市其他方面管理工作的高层管理干部、MPA学员阅读参考。

这里再谈几点有关写作的体会,与读者们进行沟通。

我的博士生导师沈荣芳教授经常教导学生,"写作,要写给人看,要替人着想"。鲁迅先生则曾经指出，读书要"随便翻翻"。因此，任何的书本，都存在"怎么写"与"怎么读"的问题。作者要为读者服务，是为社会服务的切实体现。

就博士学位论文以及相关课题研究成果进行再研究而修改成书稿，难易兼备。所谓"易"，是在学术性要求方面，学位论文、研究报告与书稿是相通的，容易修改成书稿。所谓"难"，是在通俗性要求方面，学位论文、研究报告以及期刊论文等相关成果与书稿属于不同的研究成果表现形式，它们之间存在一定距离。这就需要尽可能考虑到"怎么写"与"怎么读"的问题，要把这两个方面结合在一起，这样才能兼顾图书出版的学术性和通俗性要求。

事实上，本书的内容体系相当庞博，具有系统性和宏观性特征，存在一定的研究难度，因此，也容易在通俗简约方面有欠安排。但是，作为作者，不管怎样至少要从阅读的便捷性出发，照顾到读者的需要和口味而去谋篇布局，使得书稿尽量便于翻阅。学海无涯苦作舟，但是，"书"海无涯苦作舟，这就未必。相信这正在逐步成为当代文化界的共识。

作为具有一定专业性的书稿，各个篇章内容难免深浅错落不一，读者可以依自所需，各取所好。但是，考虑到网络时代的"秒钟效应"和现代读者更加注重"浏览式"阅读的基本态势，书稿专门在体例或格式上作出了许多调整。比如，对有些主要字段采用粗体字排版，让有关文字内容尽量以"模块化"方式清晰地显示出来，以便于读者翻阅；另外，还专门增补了不少案例、专栏、图片或新闻素材，在诠释相关学术观点的现实价值的同时，尽量增强通俗性和可读性，以引起更广泛读者的思考和参与，共建美好城市家园，实现"城市，让生活更美好"的共同愿景。

书稿中采用了几幅图片，向原作者表示感谢。因联系不上原作者，请原作者与出版社或本书作者联系。

本书仍然会有一些不尽理想的方面，甚至可能还有一定的错漏不当的情况，一切无知和谬误均应归责于笔者自己，也希望学界业界的各位专家同仁能够不吝批评指正。

同济大学经济与管理学院　同济大学城市建设与灾害研究所　张文辉

尊敬的读者：

感谢您选购我社图书！建工版图书按图书销售分类在卖场上架，共设22个一级分类及43个二级分类，根据图书销售分类选购建筑类图书会节省您的大量时间。现将建工版图书销售分类及与我社联系方式介绍给您，欢迎随时与我们联系。

★建工版图书销售分类表（详见下表）。

★欢迎登陆中国建筑工业出版社网站www.cabp.com.cn，本网站为您提供建工版图书信息查询，网上留言、购书服务，并邀请您加入网上读者俱乐部。

★中国建筑工业出版社总编室　　电　话：010—58934845
　　　　　　　　　　　　　　　　传　真：010—68321361

★中国建筑工业出版社发行部　　电　话：010—58933865
　　　　　　　　　　　　　　　传　真：010—68325420
　　　　　　　　　　　　　　　E-mail：hbw@cabp.com.cn

建工版图书销售分类表

一级分类名称（代码）	二级分类名称（代码）	一级分类名称（代码）	二级分类名称（代码）
建筑学（A）	建筑历史与理论（A10）	园林景观（G）	园林史与园林景观理论（G10）
	建筑设计（A20）		园林景观规划与设计（G20）
	建筑技术（A30）		环境艺术设计（G30）
	建筑表现·建筑制图（A40）		园林景观施工（G40）
	建筑艺术（A50）		园林植物与应用（G50）
建筑设备·建筑材料（F）	暖通空调（F10）	城乡建设·市政工程·环境工程（B）	城镇与乡（村）建设（B10）
	建筑给水排水（F20）		道路桥梁工程（B20）
	建筑电气与建筑智能化技术（F30）		市政给水排水工程（B30）
	建筑节能·建筑防火（F40）		市政供热、供燃气工程（B40）
	建筑材料（F50）		环境工程（B50）
城市规划·城市设计（P）	城市史与城市规划理论（P10）	建筑结构与岩土工程（S）	建筑结构（S10）
	城市规划与城市设计（P20）		岩土工程（S20）
室内设计·装饰装修（D）	室内设计与表现（D10）	建筑施工·设备安装技术（C）	施工技术（C10）
	家具与装饰（D20）		设备安装技术（C20）
	装修材料与施工（D30）		工程质量与安全（C30）
建筑工程经济与管理（M）	施工管理（M10）	房地产开发管理（E）	房地产开发与经营（E10）
	工程管理（M20）		物业管理（E20）
	工程监理（M30）	辞典·连续出版物（Z）	辞典（Z10）
	工程经济与造价（M40）		连续出版物（Z20）
艺术·设计（K）	艺术（K10）	旅游·其他（Q）	旅游（Q10）
	工业设计（K20）		其他（Q20）
	平面设计（K30）	土木建筑计算机应用系列（J）	
执业资格考试用书（R）		法律法规与标准规范单行本（T）	
高校教材（V）		法律法规与标准规范汇编/大全（U）	
高职高专教材（X）		培训教材（Y）	
中职中专教材（W）		电子出版物（H）	

注：建工版图书销售分类已标注于图书封底。